U0636300

国防工业出版社

"十二五"国家重点出版规划项目

《航天器和导弹制导、
导航与控制》丛书

Spacecraft
Guided Missile

顾问　陆元九　屠善澄　梁思礼

———

主任委员　吴宏鑫

———

副主任委员　房建成

国防科技图书出版基金

宋征宇　著

运载火箭地面测试与发射控制技术

The Test and Launch Control Technology for Launch Vehicles

国防工业出版社

National Defense Industry Press

图书在版编目(CIP)数据

运载火箭地面测试与发射控制技术/宋征宇著 . —北京：
国防工业出版社,2016.8

(航天器和导弹制导、导航与控制丛书)

ISBN 978 - 7 - 118 - 10918 - 4

Ⅰ.①运…　Ⅱ.①宋…　Ⅲ.①运载火箭—地面测控系
统　②运载火箭—发射控制系统　Ⅳ.①V475.1　②V55

中国版本图书馆 CIP 数据核字(2016)第 138241 号

运载火箭地面测试与发射控制技术

编　著　者　宋征宇　著

责　任　编　辑　肖　姝

出　版　发　行　国防工业出版社(010 - 88540717　010 - 88540777)

地　址　邮　编　北京市海淀区紫竹院南路23 号,100048

经　　　售　新华书店

印　　　刷　三河市腾飞印务有限公司

开　　　本　710 × 1000　1/16

印　　　张　22½

印　　　数　1 - 2000 册

字　　　数　336 千字

版　印　次　2016 年 8 月第 1 版第 1 次印刷

定　　　价 106.00 元　　　　　　　　　(本书如有印装错误,我社负责调换)

致读者

本书由国防科技图书出版基金资助出版。

国防科技图书出版工作是国防科技事业的一个重要方面。优秀的国防科技图书既是国防科技成果的一部分,又是国防科技水平的重要标志。为了促进国防科技和武器装备建设事业的发展,加强社会主义物质文明和精神文明建设,培养优秀科技人才,确保国防科技优秀图书的出版,原国防科工委于 1988 年初决定每年拨出专款,设立国防科技图书出版基金,成立评审委员会,扶持、审定出版国防科技优秀图书。

国防科技图书出版基金资助的对象是:

1. 在国防科学技术领域中,学术水平高,内容有创见,在学科上居领先地位的基础科学理论图书;在工程技术理论方面有突破的应用科学专著。

2. 学术思想新颖,内容具体、实用,对国防科技和武器装备发展具有较大推动作用的专著;密切结合国防现代化和武器装备现代化需要的高新技术内容的专著。

3. 有重要发展前景和有重大开拓使用价值,密切结合国防现代化和武器装备现代化需要的新工艺、新材料内容的专著。

4. 填补目前我国科技领域空白并具有军事应用前景的薄弱学科和边缘学科的科技图书。

国防科技图书出版基金评审委员会在总装备部的领导下开展工作,负责掌握出版基金的使用方向,评审受理的图书选题,决定资助的图书选题和资助金额,以及决定中断或取消资助等。经评审给予资助的图书,由总装备部国防工业出版社列选出版。

国防科技事业已经取得了举世瞩目的成就。国防科技图书承担着记载和弘扬这些成就,积累和传播科技知识的使命。在改革开放的新形势下,原国防科工委率先设立出版基金,扶持出版科技图书,这是一项具有深远意义的创举。此举势必促使国防科技图书的出版随着国防科技事业的发展更加兴旺。

设立出版基金是一件新生事物,是对出版工作的一项改革。因而,评审工作需要不断地摸索、认真地总结和及时地改进,这样,才能使有限的基金发挥出巨大的效能。评审工作更需要国防科技和武器装备建设战线广大科技工作者、专家、教授,以及社会各界朋友的热情支持。

让我们携起手来,为祖国昌盛、科技腾飞、出版繁荣而共同奋斗!

国防科技图书出版基金

评审委员会

国防科技图书出版基金
第七届评审委员会组成人员

主 任 委 员　潘银喜

副主任委员　吴有生　傅兴男　赵伯桥

秘 书 长　赵伯桥

副 秘 书 长　邢海鹰　谢晓阳

委员（按姓氏笔画排序）

才鸿年	马伟明	王小谟	王群书	甘茂治
甘晓华	卢秉恒	巩水利	刘泽金	孙秀冬
芮筱亭	李言荣	李德仁	李德毅	杨　伟
肖志力	吴宏鑫	张文栋	张信威	陆　军
陈良惠	房建成	赵万生	赵凤起	郭云飞
唐志共	陶西平	韩祖南	傅惠民	魏炳波

《航天器和导弹制导、导航与控制》丛书编委会

顾　　问　陆元九*　　屠善澄*　　梁思礼*

主任委员　吴宏鑫*

副主任委员　房建成*
（执行主任）

委员（按姓氏笔画排序）

马广富	王　华	王　辉	王　巍*	王子才*
王晓东	史忠科	包为民*	邢海鹰	任　章
任子西	刘　宇	刘良栋	刘建业	汤国建
孙承启	孙柏林	孙敬良*	孙富春	孙增圻
严卫钢	李俊峰	李济生*	李铁寿	杨树兴
杨维廉	吴　忠	吴宏鑫*	吴森堂	余梦伦*
张广军*	张天序	张为华	张春明	张弈群
张履谦*	陆宇平	陈士橹*	陈义庆	陈定昌*

陈祖贵	周　军	周东华	房建成	孟执中*
段广仁	侯建文	姚　郁	秦子增	夏永江
徐世杰	殷兴良	高晓颖	郭　雷*	郭　雷
唐应恒	黄　琳*	黄培康*	黄瑞松*	曹喜滨
崔平远	梁晋才*	韩　潮	曾广商*	樊尚春
魏春岭				

常务委员 （按姓氏笔画排序）

任子西	孙柏林	吴　忠	吴宏鑫*	吴森堂
张天序	陈定昌*	周　军	房建成	孟执中*
姚　郁	夏永江	高晓颖	郭　雷	黄瑞松*
魏春岭				

秘　书　　全　伟　　宁晓琳　　崔培玲　　孙津济　　郑　丹

注：人名有 * 者均为院士。

总　序

　　航天器(Spacecraft)是指在地球大气层以外的宇宙空间(太空),按照天体力学的规律运行,执行探索、开发或利用太空及天体等特定任务的飞行器,例如人造地球卫星、飞船、深空探测器等。导弹(Guided Missile)是指携带有效载荷,依靠自身动力装置推进,由制导和导航系统导引控制飞行航迹,导向目标的飞行器,如战略/战术导弹、运载火箭等。

　　航天器和导弹技术是现代科学技术中发展最快,最引人注目的高新技术之一。它们的出现使人类的活动领域从地球扩展到太空,无论是从军事还是从和平利用空间的角度都使人类的认识发生了极其重大的变化。

　　制导、导航与控制(Guidance Navigation and Control,GNC)是实现航天器和导弹飞行性能的系统技术,是飞行器技术最复杂的核心技术之一,是集自动控制、计算机、精密机械、仪器仪表以及数学、力学、光学和电子学等多领域于一体的前沿交叉科学技术。

　　中国航天事业历经 50 多年的努力,在航天器和导弹的制导、导航与控制技术领域取得了辉煌的成就,达到了世界先进水平。这些成就不仅为增强国防实力和促进经济发展起了重大作用,而且也促进了相关领域科学技术的进步和发展。

　　1987 年出版的《导弹与航天丛书》以工程应用为主,体现了工程的系统性和实用性,是我国航天科技队伍 30 年心血凝聚的精神和智慧成果,是多种专业技术工作者通力合作的产物。此后 20 余年,我国航天器和导弹的制导、导航与控制技术又有了突飞猛进的发展,取得了许多创新性成果,这些成果是航天器和导弹的制导、导航与控制领域的新理论、新方法和新技术的集中体现。为适应新形势的需要,我们决定组织撰写出版《航天器和导弹制导、导航与控制》丛书。本丛书以基础性、前瞻性和创新性研究成果为主,突出工程应用中的关键技术。这套丛书不仅是新理论、新方法、新技术的总结与提炼,而且希望推动这些理论、方法和技术在工程中推广应用,更希望通过"产、学、研、用"相结合的方式使我国制导、导航与控制技术研究取得更大进步。

本丛书分两个部分:第一部分是制导、导航与控制的理论和方法;第二部分是制导、导航与控制的系统和器部件技术。

本丛书的作者主要来自北京航空航天大学、哈尔滨工业大学、西北工业大学、国防科学技术大学、清华大学、北京理工大学、华中科技大学和南京航空航天大学等高等学校,中国航天科技集团公司和中国航天科工集团公司所属的研究院所,以及"宇航智能控制技术""空间智能控制技术""飞行控制一体化技术""惯性技术"和"航天飞行力学技术"等国家级重点实验室,而且大多为该领域的优秀中青年学术带头人及其创新团队的成员。他们根据丛书编委会总体设计要求,从不同角度将自己研究的创新成果,包括一批获国家和省部级发明奖与科技进步奖的成果撰写成书,每本书均具有鲜明的创新特色和前瞻性。本丛书既可为从事相关专业技术研究和应用领域的工程技术人员提供参考,也可作为相关专业的高年级本科生和研究生的教材及参考书。

为了撰写好该丛书,特别聘请了本领域德高望重的陆元九院士、屠善澄院士和梁思礼院士担任丛书编委会顾问。编委会由本领域各方面的知名专家和学者组成,编著人员在组织和技术工作上付出了很多心血。本丛书得到了中国人民解放军总装备部国防科技图书出版基金资助和国防工业出版社的大力支持。在此一并表示衷心感谢!

期望这套丛书能对我国航天器和导弹的制导、导航与控制技术的人才培养及创新性成果的工程应用发挥积极作用,进一步促进我国航天事业迈向新的更高的目标。

丛书编委会
2010 年 8 月

前　言

　　运载火箭要可靠、稳定地飞行,并将有效载荷准确地送入预定轨道,离不开箭上各系统的重要作用,而地面测试与发射控制对确保运载火箭任务的成功同样起着至关重要的作用。地面的测试与发射控制,一方面,是对运载火箭功能与性能的全面检查和确认,以提前消除各种技术风险;另一方面,其本身也是射前工作的重要组成部分,对任务的可靠性,尤其是发射场的安全性等,起到了决定性的作用。为了应对航天发射市场愈发激烈的竞争,各国都认识到了地面测试和发射控制在其中能够发挥的重要作用。在 2010 年美国 NASA 公布的空间技术发展路线中,列举地面发射系统(Ground and Launch System Processing, GLSP)为第 13 个领域,并在分析中指出,各种地面操作(不仅仅指测试与发射控制)成本占项目总成本的40%,因此需要进一步简化操作、提高效率、降低成本,实现"运输即发射"(Ship and Shoot)的目标。这其中与地面测试和发射控制系统(简称测发控系统)相关的内容包括箭地一体化的自动化命令与控制系统、先进的发射技术、故障诊断与隔离等。随着我国航天发射进入高密度阶段,如何有效地在确保可靠性安全性的情况下提高效率、降低成本、增强快速进入空间的能力,已成为衡量我国航天竞争力的重要因素。

　　本书就是在上述背景下撰写的。全书共分为七章,以运载火箭地面测发控系统的设计为重点,兼顾单机级的测试和仿真测试,并对快速测发控进行了专题论述,较为全面地反映了运载火箭电气系统在地面测试和发射控制方面的各项技术及最新进展。

　　第 1 章介绍国外运载火箭测发控技术发展以及我国相关技术现状。其中,美国的地面测发控系统以 NASA 主导的项目为重点进行介绍,从最早满足航天飞机发射控制需求的发射处理系统(Launch Processing Syetem,LPS),发展到国家发射处理系统(National Launch Processing System,NLPS)以及后期的测试与发射控制系统(Checkout and Launch Control System,CLCS),以 CLCS 为基础,NASA 在 Ares 火箭和空间发射系统(SLS)等新项目中对这一体系不断完善,重点提升其信息化、智能化处理能力。关于欧洲的技术现状,以 Ariane 5 为重点,对其测试和发射中心的配置、测发控系统的构成(涵盖火箭与卫星的测试)及其可靠性设计进行简要介绍。日本则选取了其最新研制的固体小型运载火箭,其快速测发控方面的技术成果是该型火箭的主要创新点之一。本章最后简要回顾和展望了我国运载火箭测发控技术的发展。

第 2 章从总体上介绍运载火箭电气系统的测试技术,首先梳理了当前的测试技术体系,按照设备级测试、系统级测试、发射场测试和软件测试这四个项目进行阐述。随后介绍了测试系统的研发,包括测试系统设计的流程、可测试性设计的基本方案等;测试设备的设计,涉及各种总线技术,包括当前最先进的板级总线以及设备互连总线等。本章最后讨论了未来测试技术的发展方向。

第 3 章介绍设备级测试技术,分为功能性测试和可靠性测试两大部分。在功能性测试的介绍中,将箭上设备按照控制器类产品、惯性设备、总线网络这三类分别介绍;可靠性试验则分别介绍了可靠性增长试验和可靠性强化试验。本章最后对产品验证(验收)试验中几个容易混淆的问题进行了分析说明。

第 4 章介绍系统级测试技术,分为分系统级测试和系统级测试两大类。分系统级测试是一种功能性的静态测试,其中"分系统"的概念是相对的。对于总体而言,控制系统本身就是一个分系统;但此处的"分系统",指的是多台设备组成的小型子系统。分系统级测试必须涵盖系统连接状态下对所有配套产品的功能检查,且测试项目应能适应发射现场实施。系统级测试指的是完整的电气系统所进行的模拟飞行过程的测试,主要指总检查测试。总检查测试也是分级考核的,通过该项测试,对整个运载火箭的电气性能进行考核,对地面测发控系统与飞行控制系统的协调匹配性进行考核,对整个箭上与地面系统之间的电磁兼容性进行验证。对于新研火箭,需要开展发动机/动力系统试车,本章也将其归为系统级测试。

第5章讨论仿真试验技术,这是另一类系统级测试技术。本章首先介绍了国内外航天领域仿真试验技术的现状,重点是美国为未来SLS组建的电子系统集成验证测试环境。随后介绍了控制系统仿真试验的基本原理,在此基础上,从建模和仿真计算这两个方面展开论述,其中建模涉及控制系统重要单机以及箭体运动模型的设计,包括小偏差运动模型和六自由度仿真模型等;而仿真计算则介绍了计算流程、数值积分方法和仿真试验条件,其中仿真试验条件的确定,体现了对系统性能的评价准则。

第6章介绍发射控制技术,以目前普遍采用的远距离发射控制技术为蓝本,对发射控制的流程、前后端测发控系统的组成,以及前后端网络系统进行了介绍。由于发射控制的重要性,与发射控制相关的软件,其安全性等级较测试用软件要高,因此在本章以发射控制软件为牵引,对整个地面测发控软件系统进行介绍,包括软件的可靠性设计以及地面软件特有的相关技术等。

第7章介绍快速测试与发射控制技术,重点对如何提高测试效率、如何简化发射中心操作、如何通过智能化数据分析手段减少现场技术保障人员等进行了讨论分析,反映了当前在该领域的最新研究成果。在本章中也补充了国外运载火箭在实际使用中所取得的经验。

由于作者水平所限,本书不可能涉及运载火箭地面测试与发射控制的所有环节,而是主要从传统测发控系统出发,兼顾电气系统设备级测试、动力测控以及仿真试验等内容。书中没有对具体的硬件电路设计赋予太多笔墨,更多地是从测试原理、目的、流程等方面进行阐述,以期读者把握问题的本质。同时,技术发展很快,许多最前沿的研究成果还未能及时反映到本书中。

本书的编写得到了很多同志的帮助,特别感谢李新明等同志。感谢国防科技图书出版基金的资助和国防工业出版社的大力支持。

作者

2016 年 2 月

目　录
CONTENTS

第 1 章
概　述

　　运载火箭要可靠、稳定地飞行，并将有效载荷准确地送入预定轨道，离不开箭上各系统的重要作用，而地面测试与发射控制对确保运载火箭任务的成功同样起着至关重要的作用。地面的测试与发射控制，一方面，是对运载火箭功能与性能的全面检查和确认，以提前消除各种技术风险；另一方面，其本身也是射前工作的重要组成部分，对任务的可靠性，尤其是发射场的安全性等，起到了决定性的作用。为了应对航天发射市场愈发激烈的竞争，各国都认识到了地面测试和发射控制在其中能够发挥的重要作用。据美国国家航空航天局（NASA）统计，各种地面操作（不仅仅指测试与发射控制）成本占项目总成本的40%，因此需要进一步简化操作、提高效率、降低成本[1]。随着我国航天发射进入高密度阶段，如何有效地在确保可靠性安全性的情况下提高效率、降低成本、增强快速进入空间的能力，已成为衡量我国航天竞争力的重要因素。

　　本章将对国内外运载火箭测发控技术的发展进行介绍，其中与系统级测试和发射控制有关的内容在后续相关章节中还会涉及。

▶ 1.1　国外运载火箭测发控技术的现状

⊿ 1.1.1　美国

1.发射控制系统

美国有较为完善的航天机构，其航天发射场分为两大类，一类由 NASA 负责,另一类则由美国联合发射联盟(ULA)经营。NASA 负责三个空间中心,包括:位于肯尼迪(Kennedy)空间中心的发射控制中心,火箭的发射主要在此实施;位于约翰逊(Johnson)空间中心的任务控制中心,火箭上升段的地面控制主要由该中心负责,飞船在轨运行的控制也在此开展;位于马歇尔(Marshall)空间飞行中心的工程支持中心,它将为上述两个中心提供技术支持。以未来美国重型运载火箭 SLS 为例,三个中心在发射日的各自任务安排如图 1 – 1 所示[2]。

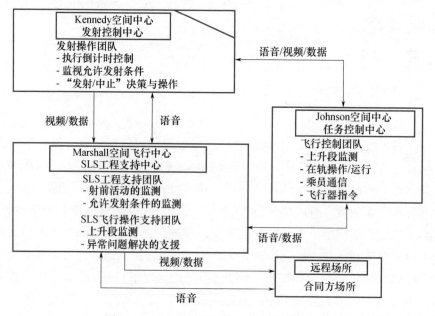

图 1 – 1　SLS 发射日各航天中心的任务分工

Kennedy 空间中心用于实现火箭的发射[3],也是本书重点介绍的内容。其基础设施最早从满足航天飞机的测试与发射控制开始,称为发射处理系统(Launch Processing Syetem,LPS),LPS 由计算机、数据链路、显示器、控制器、硬件接口单元以及软件等通过网络集成在一起,1979 首次投入使用(STS – 1, Orbiter Processing Facility,OPF),1981 年完成了首次载人飞行任务。从 1996 年开始着手系统升级,初期命名为"国家发射控制系统"(National Launch Processing System,NLPS),后又命名为测试与发射控制系统(Checkout and Launch Control System,CLCS)。

CLCS 的目的是更新 LPS 中的过时技术,并开始采用商用货架产品,构建分布式的、可扩展的体系架构,具有更强的故障容错能力以及故障–安全的措施,同时为每个控制终端提供更多的数据和信息,降低操作和维护的成本。

在上述设计理念的指导下,CLCS 包括四个主要的部分。

(1) 仿真系统。包括各类数学模型,如轨道器、固体助推器、地面支持设备、外部贮箱、有效载荷等。它将为实时处理系统(RTPS)提供诊断与确认的功能。

(2) RTPS。该系统具有实现与终端产品(即箭上设备等)的指令交互以及信息监视等功能。

(3) 数据中心。它是 RTPS 软件的知识库和各种数据记录。

(4) 业务和信息支持服务系统。该系统用于与其他子系统进行网络通信。

CLCS 组成如图 1 – 2 所示。

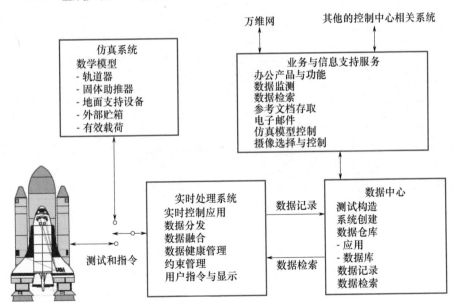

图 1 – 2　CLCS 组成

RTPS 是 CLCS 的关键处理部分,它由四条网络组成,分别称作实时控制网络(RTCN)、显示控制网络(DCN)、应用网络(UN)和内部集合网络(ISN),根据任务的优先级和实时性,分别连接至命令与控制处理器(CCP)、数据分发处理器(DDP)、指令与控制工作站(CCWS)等。RTPS 的功能框图如图 1 – 3 所示。

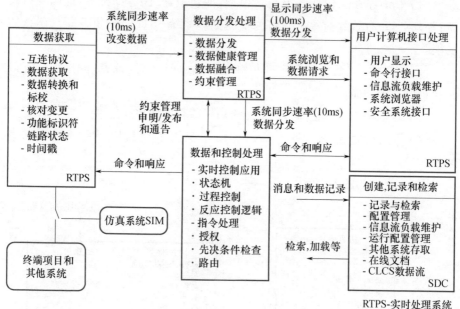

图 1 – 3　RTPS 的功能框图

在 RTPS 中,网关代替了前端处理器,用于数据的获取、数据的转换与标校、数据变化检查等。而 CCP 同样将指令经由网关传送至终端设备。

航天飞机有一套较为复杂的信息处理流程。CCP 中的各种实时应用程序(EIM)传送至 DDP 中,由"约束管理功能"检查其合法性;通过后,该指令送至网关,再由网关送至终端设备。同样,网关检测到终端设备的信号发生变化后,采集并传送至 DDP,再将变化的数据分发至 CCP 和 CCWS。DDP 中的"约束管理功能"也会通知 CCP 中的实时应用程序是否有超差情况发生。

在航天飞机测发控系统设计的基础上,NASA 以 Ares 火箭研制为契机,利用信息技术发展的成果,提出了适用于未来运载火箭的测试与发射控制系统体系架构,如图 1 – 4 所示[4]。

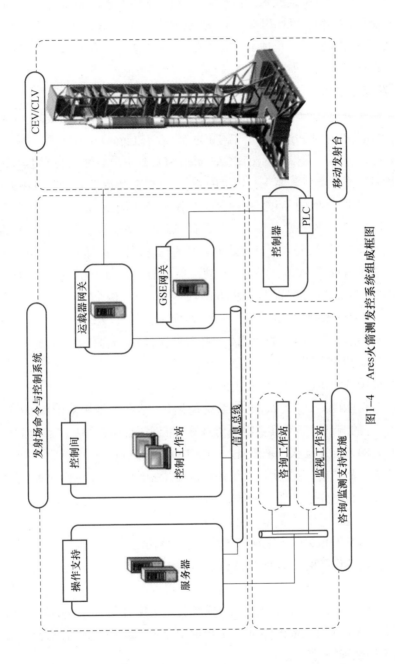

图1—4 Ares火箭测发控系统组成框图

整个系统的分工组成更加清晰明了,包括命令与控制系统、活动发射平台内的控制器(主要由 PLC 组成)、咨询/监测支持设施三大部分,控制终端、服务器、运载火箭网关接口、地面支持系统网关接口等均通过网络连接在一起,信息同样通过网关获取。

2. 系统测试

美国军方对运载火箭、上面级以及空间飞行器等测试制定了明确的要求[5-7],在这些标准和规范中,测试分为单元测试(unit test)、子系统测试(subsystem test)和整个飞行器的测试(vehicle test),其中单元测试与本书第 3 章介绍的设备级测试类似。而飞行器级的测试,可以在制造工厂或发射场进行,又可以分为两种类型的测试:一种称为"射前确认测试"(prelaunch validation test),其目的与我国在总装厂的出厂测试,以及火箭运至发射场后全箭的总检查测试相同,均是验证火箭是否处于良好的状态;另一种称为"后续操作测试"(follow - on operational test),这与在轨运行的有效载荷等相关,运载火箭不适用。而"射前确认测试"根据文献[6]的定义,也分为两个阶段:阶段 a:系统集成测试,主要考核运载火箭自身,称为"匹配试验";阶段 b:初始操作测试(initial operational test),对运载火箭、地面系统、测控系统、有效载荷进行联合测试,一般称为"全区联合演练"。

射前确认测试的主要工作重点包括:

(1)功能性测试,例如,电气系统的测试,结构系统中对泄漏、机构操作性、阀门等的测试。如果确实需要仿真器才能完成测试,需要注意由此造成的技术状态即系统连接状态的变化。点火电路的测试也是主要工作内容之一,在连接火工品之前,需要测量系统提供的能量密度是否超过了引爆的门限,而连接后需进行电路连续性的测试。

(2)推进子系统的泄漏以及功能测试。

(3)与发射相关的关键地面支持设备的测试。

(4)箭载设备的兼容性测试,包括电磁兼容性、无线指令与链路的可靠性等。

NASA 对其主管项目也有规定,参考美国星座计划(constellation program)的介绍[8],NASA 将火箭的测试用 V 形模型表示,如图 1 - 5 所示,是一个逐步集成、不断完善的过程。

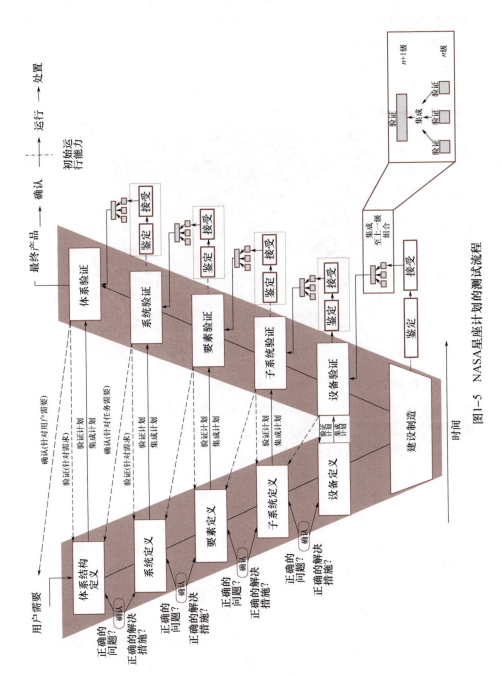

图1-5 NASA星座计划的测试流程

最底层的测试为设备级,类似我们所熟悉的单元测试;最顶层的为体系级,类似我们所提的全系统测试,包括火箭、有效载荷、测控系统等。我们一般将设备级以上的测试统称为系统级测试。

对于一个新研的火箭,发动机的测试也必不可少,例如,Ares 火箭开展的主推力系统的测试[9],如图 1-6 所示,在考核发动机工作性能的同时,也对电气系统、推力矢量控制系统等进行演示验证。

图 1-6 Ares 火箭开展的主推力系统的测试

在我国,这类测试称为发动机-动力系统试车,控制系统和增压输送系统也参加,是一个多系统相结合的匹配性测试,一般也尽可能模拟真实的飞行时序开展试验,但允许各个系统根据试验考核的对象对自身组成适当简化。

Ares 火箭也开展了运载器集成化地面振动测试(图 1-7)(Integrated Vehicle Ground Vibration Test, IVGVT),我们称之为全箭振动试验,其目的是为火箭的结构动力学模型和飞行控制模型提供可信的参数。

上述的许多测试是研制性测试,一旦测试达到目的,在后续火箭的发射和运营中将不再开展。而电气系统的集成测试,则是每一次发射系统级测试的重要内容,是对火箭性能的最终验证和确认。

美国针对 SLS 项目建设了“集成化电子系统测试设施”(IATF),开展电气系统的验证、确认和鉴定验收测试[10,11]。当火箭的承制方,如波音公司,完成火箭的制造和测试之后,将由 NASA 对其电气系统的性能进行验证性的测试,这区别于生产厂家的出厂测试,也不同于在发射场的“射前确认测试”。该测试分为三

图1-7 星座计划的全箭振动塔

个层次递增进行,因此对测试设施的要求也分为三类,如图1-8所示。

(1) SLS软件开发设施(SDF),用于开发和测试飞行软件;

(2) 系统集成测试设施(SITF),将飞行软件与主要的芯级设备进行联试,软件运行在飞行计算机中;

(3) 系统集成实验室(SIL),在这里,芯级的电子设备、其他助推级的电子设备、发动机控制装置,以及发射控制系统和乘员系统的设备(或相应的仿真设备)都将参与测试。

值得注意的是,在测试中,NASA始终强调"硬件在回路"(HWIL)[12]仿真系统的重要性。

图1-9为系统集成实验室中测试场景,包括设备的布局以及利用仿真工具实现的飞行仿真场景。

当火箭、有效载荷以及测控网络等开展系统级联试时,美方称其为"飞行要素集成测试"(Flight Element Integrated Test,FEIT),如图1-10(a)所示[8],包括乘员运载火箭(CLV,载人运载火箭)、乘员探索飞行器(CEV,载人飞船)、地面系统(GS)、任务系统(MS),以及天基控制与遥测系统(C&T)等。这与"美军标"所示"射前确认测试"作用相同。如果是多个飞行器协同完成的航天活动,则称其为"多要素集成测试"(Muitl-Element Integrated Test,MEIT),在FEIT的基础上,又增加了货运运载火箭(CaLV,含地球分离级EDS)、月面进入舱(LSAM)等,彼此之间的信息交互如图1-10(b)所示。

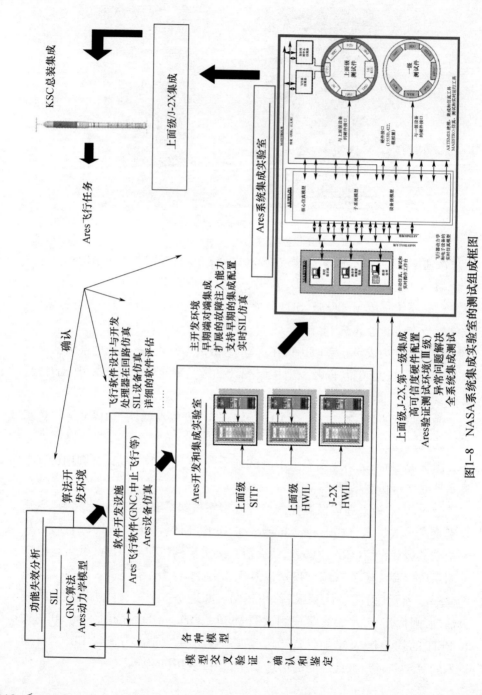

图1-8 NASA系统集成实验室的测试组成框图

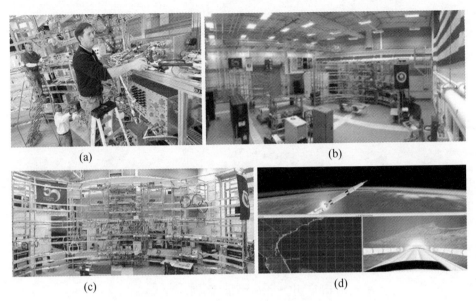

图1-9　系统集成实验室中试验场景

(a)测试场景1;(b)测试场景2;(c)测试设备布局;(d)仿真场景。

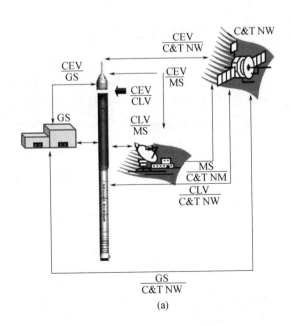

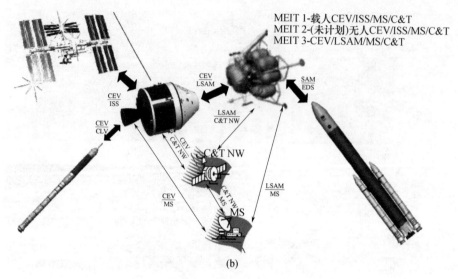

图 1-10　星座计划的系统联合试验

（a）CEV/CLV/GS/MS/C&T 飞行要素集成测试（FEIT）；（b）多要素集成测试（MEIT）。

3. 故障诊断与健康管理

为了提高测试效率,美国在测发控系统中较早地开展了以专家系统或健康检测系统等为代表的自动化故障检测隔离和重组（FDIR）技术的研究及应用。专家系统曾经是人工智能领域最重要和最活跃的研究与应用领域之一,其研究始于 20 世纪 60 年代,七八十年代专家系统的研究取得迅猛发展,在工业、国防等领域得到广泛应用。80 年代,专家系统进入控制领域,其主要应用包括故障诊断等。美国航天飞机的地面测试系统也开展了相应的研究[13],将原有的系统从依赖人工数据监测分析的方案（图 1-11）转为基于专家系统进行数据分析的方案（图 1-12）。

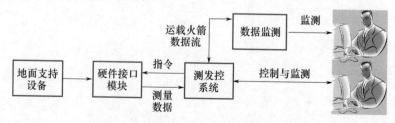

图 1-11　传统的人工数据监测分析方法

在图 1-11 中,所有的数据分析均需要工程师亲自全程来监控,有些故障条件下,即使现场的工程师可能也无法解决,就需要其他更加有经验的工程师来排除问题,由此投入了大量的人力,对工程师也造成了很大压力。

而专家系统,可以根据火箭领域一个或多个资深专家提供的知识和经验,自动地进行推理和判断,模拟人类专家的决策过程。因此,专家系统是一种基于知识的系统。在图 1-12 中,测试数据首先经过解析,形成格式化的数据后,存入数据库,这些数据可以看作涉及此次测试的"事实"。而知识库中存取的是专家知识,主要是各种规则,也包括分析对象的模型,这取决于所采用的推理机制。而推理机制根据数据库中的有关事实和知识库中的专家知识按一定的推理方式进行推理,从而得出测试数据是否满足要求的结论,并通知有关技术人员。

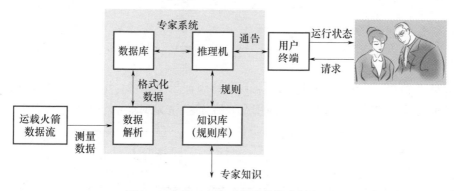

图 1-12 基于专家系统的数据分析方法

关于星座计划,NASA 将 ETDP 项目(Exploration Technology Development Program)开发的 FDIR 原型系统集成到 Ares 火箭地面系统中用于故障诊断,如图 1-13 所示,大量采用功能失效模型(FFM);对动力系统的诊断还结合了流体/液压系统的模型,以提高诊断效率。

在美国航天界,故障诊断逐渐集成至健康管理系统中,该系统会对传统的测发控系统产生影响,一般有两种方案[14,15],图 1-14 为第一种方案组成框图。在该方案中,FDIR 独立于原有的测发控系统之外,这保持了原有系统的软件体系架构,采用了基于模型的推理机制(TEAMS)和数据驱动(基于自学习)的推理机制(IMS)。FDIR 应用总线信息和应用服务程序获取数据并完成分析工作。另一种则称为嵌入式 FDIR 或集成化 FDIR,如图 1-15 所示。FDIR 主要集

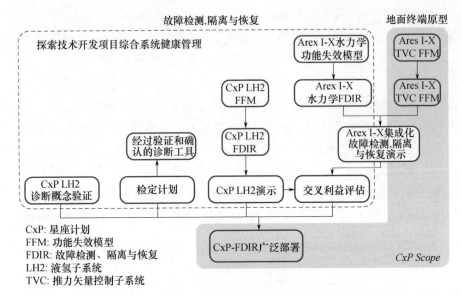

图 1 - 13　ETDP 项目应用于星座计划的 FDIR 原理框图

成在三个功能领域:①FDIR 服务器分区,这里使用了上述介绍的两个专家系统推理工具,即 TEAMS 和 IMS;②应用服务器分区;③显示服务器分区。

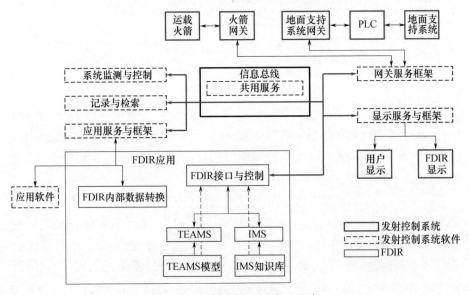

图 1 - 14　相对独立的 FDIR 方案

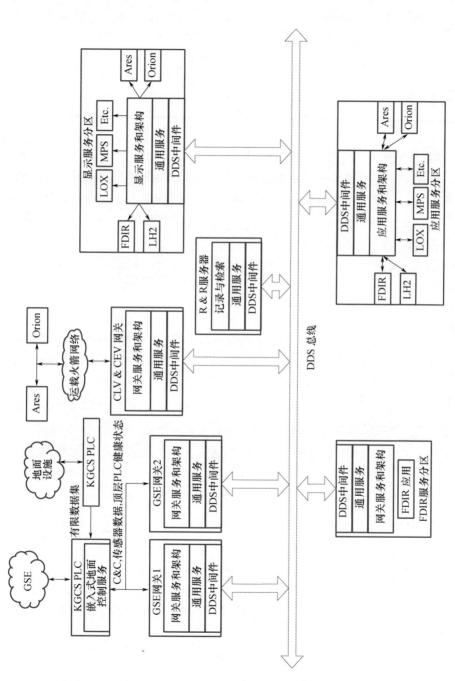

图1-15 嵌入式FDIR或集成化FDIR

尽管美国在故障诊断与 IVHM 方面开展了大量研究,但综合各方面的文献看,NASA 使用的 FDIR 工具主要集中在三个方面[14-20]:SHINE、TEAMS、IMS,其中 SHINE 主要为 TEAMS 的故障仿真提供参考。

1.1.2 欧洲

本节主要介绍 Ariane 火箭以及 VEGA 小型运载火箭。

1. Ariane 火箭

法国 Ariane 火箭共有三个发射场[21],其中 ELA – 3 将只用于 Ariane 5 的发射。与 ELA – 1(用于 Ariane 1、Ariane 2、Ariane 3 的发射)与 ELA – 2(用于 Ariane 4 的发射)不同的是,其主要特点是将发射区的工作降至最少,在发射区将直接进入 8h 准备阶段。

Ariane 火箭 ELA – 3 的主要配置如图 1 – 16 所示。整个区域划分为两大功能块。

1)准备区

准备区包括三个典型的建筑,即火箭装配大楼(Launcher Integration Building, BIL)、星箭组装大楼(Final Assembly Building, BAF)和控制中心(Launch Control Center, CDL)。

在 BIL 内,火箭的各个舱段,包括芯级、上面级、仪器舱、固体助推器等将在此起竖并安装在活动发射平台上。活动发射平台本身是 7 层的钢结构建筑,为安装和测试提供条件。火箭电气系统的测试将主要在此阶段进行,包括动态的飞行控制功能检查等,以及安装火工品和附加设备,并为转运到 BAF 做准备。

在 BAF 中,有效载荷与火箭将完成对接,并开展(芯级)未加注状态下的模拟发射测试,检查各种安全控制措施以及测量站的工作情况。需要说明的是,为了减少在发射区的工作,许多原本在发射区的操作内容提前在 BAF 中开展,如上面级推进剂的加注、芯级气体置换等。

控制中心包括两个火箭测控大厅、三个有效载荷控制室,以及办公室等。控制室中主要是各种计算机设备,并与分散在 BAF、BIL,以及活动发射平台内的设备组成测发控系统。

2)发射区

发射区主要为活动发射平台提供发射服务,包括芯级的加注、喷水降噪

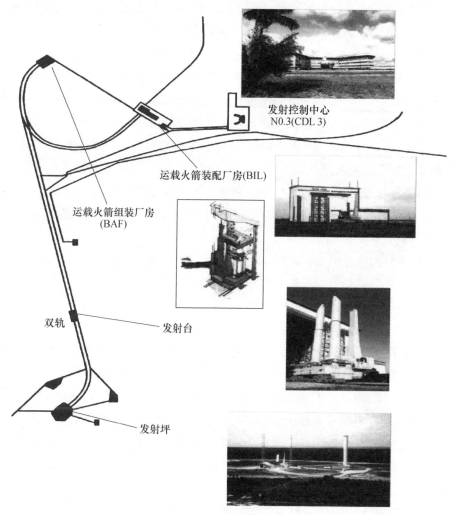

图 1 - 16　Ariane 火箭 ELA - 3 的主要配置

等,以及提供测发控所需的地面至发射台的电、液接口及相关设备等,这些被安置在紧邻发射台的一个低矮建筑中。

发射区的工作从射前 8h 开始,其中包括 6h 的芯级加注工作,以及对箭载电气设备的检测和监控。在射前 6min,进入最后的同步操作阶段,控制和指令的时序均由测发控系统自动发出,例如点火器解保、转电,以及对箭地接口的监测等,并与整个时统进行同步,为最后的点火做准备。

ELA-3汲取了以往的教训,要求降低测发控系统(也包括整个地面系统)失效率,尤其是发射准备和射前阶段的失效率;重点提高可用性和安全性,同时提高可靠性和可维护性,并且要优化发射操作的费用。测发控系统分为前端设备和后端设备,后端设备主要在控制中心,前端设备分布在BAF、BIL,以及活动发射平台中。Ariane 5将测发控系统分为四大类:

(1)通用设备检测系统(CCS),用于监测电源、空调、着火,以及气、液泄漏等,与火箭没有直接的联系,为此在ELA-3中将这部分功能与火箭的测发控系统独立了出来。

(2)操作控制检测系统(CCO),它由以下几部分组成:

① 前端处理器,通过箭地接口实现在线连接,这些设备均安装在活动发射平台内;

② 由各种执行单元组成的处理设备,以及存储和管理设备等;

③ 处理设备与前端处理器的网络接口;

④ 备用的语音通信设备等。

(3)上面级检测系统。

(4)有效载荷检测系统,均是在特定时段针对某一舱段的测试系统。

为了提高测试效率,各个舱段的测试可以并行开展,甚至在其处于半组装状态时也可以测试。其中前端的许多测发控设备安装在活动发射台内。Ariane 5的活动发射平台分为三层:第一层是各种推进剂和流体设备;第二层是指令与控制系统;第三层是电源与空调。所有设备安装在减噪、正压且空调通风的房间内,电子设备配有减振器。采用活动发射平台而不是固定的建筑作为测试站,可以节省经费。

在Ariane 5地面测试和发射控制系统中也大量采用了冗余设计,其测发控设备由专用和通用设备组成,分布于四个不同的场所,基本采取了主、从备份的拓扑结构。其系统配置[22]如图1-17所示。

直接与箭上产品进行测控连接的设备称作各种"输入/输出接口处理器"(I/O Processor)或"处理设备"。其中:用于供配电和主要测控工作的设备称作"供电和事务I/O处理器";与箭上总线设备通信的称作"1553B I/O处理器";用于动力系统测控的称作"流体I/O处理器"(分为箭地两部分);用于故障情况下应急处理的称作"安全I/O处理器"。上述设备均为定制设备,采用了实时操作系统 VRTX32,应用软件主要用 Ada 语言编写。在所有处理设备中安装有用于冗余管理的"可重配置处理板",完成故障检测、隔离和重组功能,每一个单元的健康状态通过对硬件和软件的监测连接在一起,形成"输出监测综合链路"。为提高可靠性,该处理板采用了自检、"看门狗"等设计措施并选用高质量等级的电子元器件,并确保不存在会诱发不恰当冗余切换的单故障点。

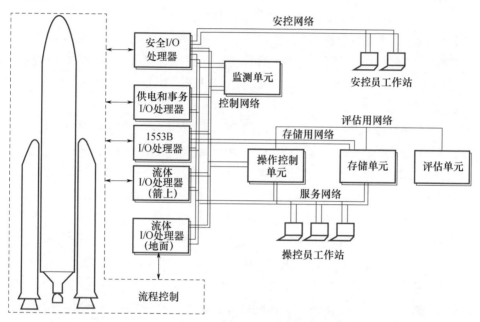

图 1-17 Ariane 5 火箭操作控制中心

每一个处理器(处理设备)设计有七种工作状态:

(1) 激活态:处于正常且主控状态。

(2) 被动态:处于备份工作状态;包含热备份和温备份,温备份中仅有跟踪和监测主备份设备工作状态的功能在运行。

(3) 运行态:加电自检后首先处于运行态,然后根据配置文件转换为激活态或被动态。

(4) 功能态:应用软件被调用,进入功能态。

(5) 冻结态:所有处理被禁止,如果原先是激活态,则转入被动态,但并没有被复位。

（6）初始态：复位后所处的状态。

（7）断电状态：设备没有供电。

根据冗余管理的需要，各个冗余部件实现状态的转换。安全处理（或者理解为应急处理）独立于其他系统，当发生两度故障时，由该系统接管控制并转换至"故障 – 安全"状态。

2. VEGA 小型运载火箭

基于前后端设备的远程测发控系统在各型火箭中均得到了体现，在上面介绍的 Ariane 5 火箭发射控制系统中，各种专用的"处理器"就是前端设备，而各种控制单元、存储单元、显示单元等是后端设备。这种结构在 ESA 研制的小型运载火箭 VEGA 中，又被定义为高层控制系统（High Level Control System，HLCS）和低层控制系统（Low Level Control System，LLCS）[23]，如图 1 – 18 所示。

在该拓扑结构中，测试配置系统（TCS）用于对测试项目进行规划、收集数据、存储以及确认等；后处理系统（PPS）用于对测试数据的详细分析和生成测试报告。HLCS 的作用类似于后端测控大厅的各种控制终端，其指令由前端的 LLCS 来具体实现。LLCS 设备有两种：一种称为"飞行器检测设备"（Space Check – out Equipment，SCOE），包括供电（PS SCOE）、1553B 监测（1553/SPY SCOE）、流体控制（Fluid SCOE）、遥测处理（TM SCOE），以及各种电气接口终端（Wiring SCOE）等，这些 SCOE 与 Ariane 5 的各种"处理器"类似；另一种为各种仿真器或等效器，如火工品等效器（PYRO Simulator）、遥测传感器的仿真器（TMS Simulator）、上面级组合体等效器（UC Simulator）、多功能单元（MFU，位于火箭四级，其功能与箭载计算机类似）仿真器，这些仿真设备提供系统测试时的负载或信号激励功能。

1.1.3 日本

传统的运载火箭在发射前的准备时间很长，而日本 Epsilon 固体小型运载火箭从设计伊始就将简化操作、缩短时间作为主要的技术指标，且其固体火箭的特点为此创造了便利条件。对箭上产品的监测将由火箭自身来完成，从而将地面的监测压缩到最低限度。在这种情况下，其设计者期望火箭的发射不受地域的限制，通过网络，甚至用一台笔记本电脑即可控制发射。图 1 – 19 为该火箭电气系统组成框图[24]。

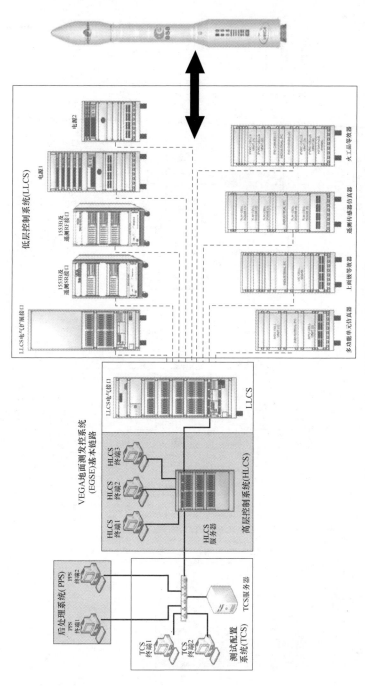

图1-18　ESA VEGA运载火箭发射控制系统组成

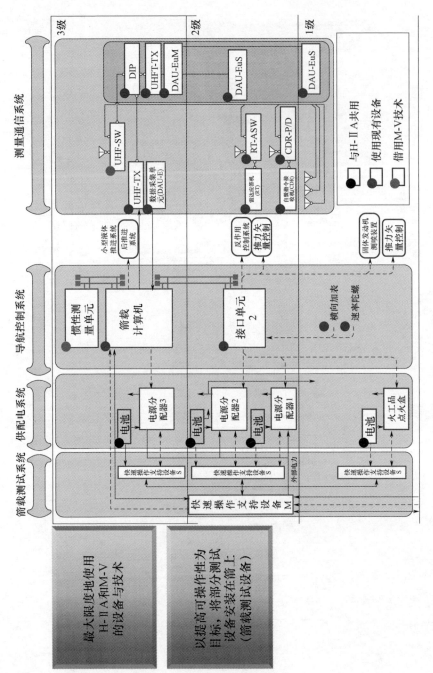

图1-19 日本Epsilon火箭电气系统组成框图

根据日本对发射场现场电气系统检查的分析,以 HⅡA 为例,测试占 39% 的时间,火工品等起爆器回路的检查占 37% 的时间,安装电池占 6% ,其他装配占 18% 。为简化操作节省时间,Epsilon 在以下方面进行了改进设计:

(1) 简化箭地之间的接口,箭地之间的接口采用一体化设计;

(2) 采用箭载测试设备,用于火工品回路检查、模拟起飞及分离信号、监测电池电压等;

(3) 测试采用自动/自主测试方案,箭地测试设备之间的功能重新优化分配。

Epsilon 的特点是改进测发控技术,追求快速、经济和自主测试。为此,该火箭将部分测试设备安装至箭上,形成了箭载测试系统[24,25]。箭载测试设备包括两类产品:一类称作快速操作支持设备(ROSE);另一类称作小型火工品回路检测设备(MOC),如图 1-20 所示。

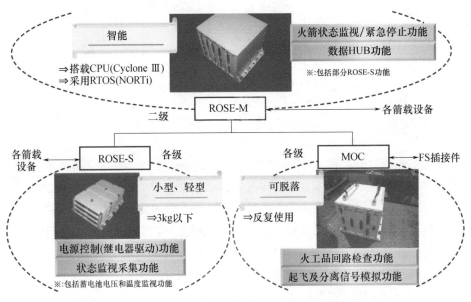

图 1-20 Epsilon 箭载测试设备的主要功能

ROSE 和 MOC 各司其职。ROSE 据称采用了人工智能技术,ROSE-M 安装在二级,除了完成火箭状态监测、紧急停止功能以外,兼具部分 ROSE-S 的功能,同时承担数据的集线器,并负责与地面通信。ROSE-S 安装在火箭的各级,完成各级的电源控制与状态监测采集功能。MOC 也安装在各级,用于完成火工品回路的测试、模拟测试中所需的起飞和分离信号等。MOC 与 ROSE－S 均将数据传送至 ROSE－M,由其传送至地面。需要说明的是,日本提出 MOC 设备应在发射前脱落,从而用于下一次发射。通过这种设计,减少了现场技术人员和操作时间。

Epsilon 火箭[26]也采取了自动化测试和自主诊断系统的方案,其原理框图如图 1－21 所示。

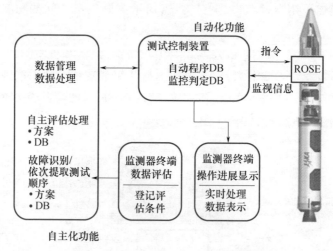

图 1－21　Epsilon 测试及诊断原理框图

地面系统将各种测试方案、测试步序、测试指令、测试的正常响应等都存储在数据库(DB)中,在数据分析时,依次从数据库中读入指令,启动执行程序,通过 ROSE 接口,实现对箭上产品的测试和信息采集。Epsilon 建立了一套动态数据的趋势评估系统,将历次呈现良好波形的数据确定为正常的数据,同样也存储在数据库中;然后采用模式识别技术,将评估对象波形与正常数据进行核对,确定"正常"还是"有些异常"。

为了定位故障,Epsilon 同样从分析故障模式着手,并整理出现此类故障时导致数据异常的监控项目,存储在数据库中,这也可以看作知识库。当模式识别发现异常时,将监控项目的实际结果与数据库对比,从而给出故障定位的结论。

Epsilon 也采取逐级递增的集成测试流程[24],如图 1－22 所示。

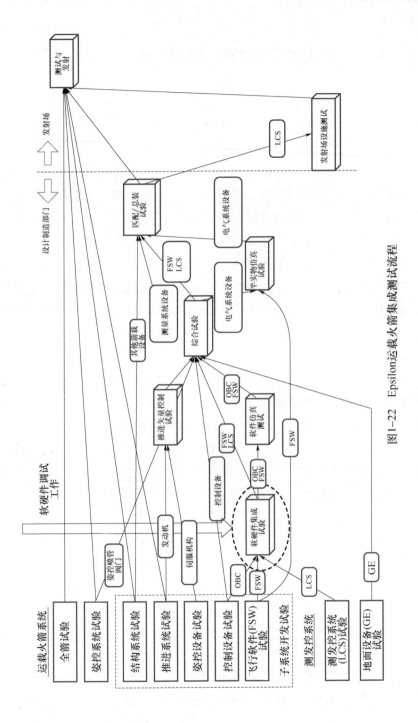

图1-22 Epsilon运载火箭集成测试流程

▶ 1.2 我国运载火箭测发控技术的发展

我国运载火箭测发控技术的发展得益于长期自主研发的传统[27]。在航天发展的初期,测试采用手动操作,用电表和人工读数进行测量,用拨动开关和继电器实现状态控制。20 世纪 60 年代开始自动化测试,测试系统由程控电路、测量电路、激励信号源电路、采样及分路开关等组成。1971 年远程运载火箭首飞成功后,由箭载计算机(简称箭机)实现程控电路,与测量电路、激励信号源、采样开关等组成"箭测方案"。从箭测方案起,系统具备了对惯性器件当量、传递系数、稳定回路动态测试的能力。

电子技术的发展带来了数字化的革命,火箭控制系统也不可避免地受到了影响。而数字化也带动了测控技术的发展,航天部内四家单位分工合作完成了 CAMAC(Computer Automatic Measurement And Control)功能模块的开发,将 CAMAC 用于大型运载火箭,如 CZ – 2E 火箭的测试系统中,而 CZ – 2E 则是 CZ – 2F 的前身。

航天发射一直是一项高风险的活动,随着中国航天的不断发展,因产品质量问题而产生的事故也逐渐发生,并使人认识到测试与发射控制中心距离发射塔架过近而带来的风险,适逢载人航天工程开始研制,从而首次采用了远距离测发控的方案,即测试设备分布在前端和后端,二者之间通过网络连接,前后端的距离要考虑到发射塔架严重爆炸下对后端测控大厅的影响。后端测试设备主要为计算机产品,而前端测试设备安装在距离塔架不远的地下室内,前端测试设备接收后端指令,既能自动完成测发控工作,也可在前端完全通过人工手动操作来完成功能。在发射前 40min,所有前端人员完成撤离。

随着工业领域测试技术的发展,各种标准的测试模件广泛使用,如 VXI、PXI 等,原有的"箭测方案"逐渐成为辅助手段。

上述测试主要指静态的功能测试,对于模拟飞行的总检查测试,测试主要由地面模件等完成。这种测试方案在现有运载火箭中广泛采用,已使用了多年。

运载火箭是用于发射服务的,因此测发控技术是设计火箭需要重点考虑的内容。长期以来,火箭测发控技术一直定位于对箭上产品性能的测试、确保射前箭上产品功能正常,而忽略它的使用和服务特性,使得测发控系统落下了"专家系统"的名声,即只有专家才能操作的系统。为提高使用性,控制系统经过了多年的努力提升自动化水平,包括自动化的测试和判读,目前测发控工作早已不是火箭各系统工作的短限,但技术的进步带来了要求的提高,而要求的提高又暴露出测发控系统的不足,从而促进了测发控技术的持续发展。

参 考 文 献

［1］ Fox J J. TA – 13: Ground and Launch Systems, 2015 NASA Technology Roadmaps［EB/OL］.（2015 – 09 – 28）［2015 – 12 – 04］. http://ntrs. nasa. gov/search. jsp? R = 20150022201&qs = N%3D0%26No%3D20.

［2］ Watson M D, Epps A, Woodruff V. Launch vehicle control center architectures［C］// SpaceOps 2014 Conference, May 5 – 9, 2014, Pasadema, USA. Reston: AIAA, 2014 – 1669.

［3］ Hurt G R. History of command and control at KSC［R］. NASA:Kennedy Engineering Academy Series, KSC – 2007 – 198,2007.

［4］ Ferrell B, Lewis M, Perotti J, et al. Usage of fault detection isolation & recovery（FDIR）in constellation（CxP）launch operations［C］//SpaceOps 2010 Conference,April 25 – 30, 2010, Hunstville, Alabama, USA. Reston: AIAA 2010 – 2181.

［5］ United States of America, Department of Defense. Test requirements for launch, upper stage, and space vehicles:MIL – STD – 1540C［S］. Washington DC. : Department of Defense, 1994,9.

［6］ United States of America, Department of Defense. Test requirements for ground equipment and associated computer software supporting space vehicles:MIL – STD – 1833［S］. Washington DC. : Department of Defense, 1989,11.

［7］ Perl E. Test requirement for launch, upper – stage, and space vehicles［R/OL］.［2006 – 09 – 06］. http://everyspec. com/USAF/TORs/download. php? spec = TR2004 – 8583 – 1A. 026768. pdf

［8］ Strong E, Consellation program office, Johnson Space Center. Test & Verification Approach for the NASA Constellation Program［EB/OL］.［2008 – 02 – 27］. http://ntrs. nasa. gov/archive/nasa/casi. ntrs. nasa. gov/20080009753. pdf.

［9］ Cockrell C. Integrated system test approaches for the NASA Ares I crew launch vehicle［C］//59th IAF Congress, October 3, 2008, Glasgow: United Kingdom ,2008.

［10］ NASA. Space launch system program（SLSP）integrated avionics test facilities（IATF）verification, validation, and accreditation（VV&A）plan［R］. NASA:Marshall Space

Flight Center, SLS – PLAN – 137,2013.

[11] George C. SLS system integration lab and thrust vector control test lab at Marshall center's propulsion laboratory [R]. NASA: NASAfacts, FS – 2014 – 03 – 17 – MSFC, G – 53230,2014.

[12] Tobbe P, Matras A, Walker D, et al. Real – time hardware – in – the – loop simulation of launch vehicle [C] // AIAA modeling and Simulation Technology Conference, August 10 – 13, 2009, Chicago, USA. Reston: AIAA. 2009 – 6130.

[13] Semmel G S, Davis S R, Leucht K W, et al. Space shuttle ground processing with monitoring agents [J]. IEEE Intelligent Systems, 2006,21(1):68 – 73.

[14] Schwabacher M, Martin R, Waterman R, et al. Ares I – X ground diagnostic prototype [C] // AIAA Infotech@ Aerospace Conference, April 20 – 22, 2010, Atlanta, USA. Reston: AIAA, 2010 – 3354.

[15] Spirkovska L, Iverson D L, Hall D R, et al. Anomaly detection for next – generation space launch ground operations [C] // AIAA SpaceOps 2010 Conference, April 25 – 30, 2010, Huntsville, USA. Reston: AIAA, 2010 – 2182.

[16] Kurtoglu T, Johnson S B, Barszcz E, et al. Integrating system health management into the early design of aerospace systems using functional fault analysis [C] // International Conference on Prognostics and Health Management, October 6 – 9, 2008, Denver, USA. Piscataway: IEEE, c2008:1 – 11.

[17] Ferrell B, Oostdyk R. Modeling and performance considerations for automated fault isolation in complex systems [C] // IEEE Aerospace Conference Proceedings, March 6 – 13, 2010, Big Sky, USA. Piscataway: IEEE, c2010: 1 – 8.

[18] Johnson S B, Gormley T J, Kessler S S, et al. System health management: with aerospace applications [M]. USA: John Wiley & Sons Ltd, 2011.

[19] Iverson D L. Inductive system health monitoring [C] // Proceedings of the International Conference on Artificial Intelligence, June 21 – 24, 2004, Las Vegas, USA. Las Vegas: IC – AI '04, c2004:605 – 611.

[20] Biswas G, Mack D, Mylaraswamy D, et al. Data mining for anomaly detection [R]. NASA: Langley Research Center, NASA/CR – 2013 – 217973,2013.

[21] de Dalmau J. The Ariane Launch Facilities[R]. ESA:ESA bulletin, 1994.

[22] Dega J L. The redundancy mechanisms of the Ariane 5 operational control center[C] // Proceedings of Annual Symposium on Fault Tolerant Computing, Jun. 25 – 27,1996,Sendai, Japan. Washington DC:IEEECS, c1996:382 – 386.

[23] Angioli E, Chicarella C, Ciaccini M, et al. The EGSE and CCV for ESA VEGA launcher [C] // 2012 IEEE First AESS European Conference on Satellite Telecommunications (ESTEL),Oct. 2 – 5,2012,Rome,Italy. Piscataway:IEEE, c2012: 1 – 7.

［24］早田卓益,南海音子,井上知也,et al. The Avionics System for the Epsilon Launch vehicle
　　　［R］. JAXA：Institute of Space and Astronautical Science, STCP－2012－011,2012.

［25］MORITA Y. A year to launch：Japan's Epsilon launcher and its evolution［C］//63rd Inter-
　　　national Astronautical Congress,2012,IAC－12－D2.1.8. October 1－5,2012,Naples,
　　　ltaly.

［26］Institute of Space and Astronautical Science, JAXA. 自动·自律点#システム［EB/OL］.
　　　［2012－10］. http://www. isas. jaxa. jp/j/column/epsilon/10. shtml.

［27］宋征宇,张磊. 中国运载火箭测试技术的发展与展望［C］//首届国防科技工业试验
　　　与测试技术高层论坛论文集. 北京：中国计算机自动测量与控制技术协会,2007：
　　　15－18.

第 2 章
运载火箭电气系统的测试技术

火箭的测试贯穿研制和发射服务的全过程,对所有的测试项目进行介绍是比较困难的,内容也十分繁杂,牵涉众多专业。在各类测试中,许多测试项目是研制性的试验,一旦测试通过,在后续发射服务中将不再进行,如有关结构强度的各种试验。而电气系统的测试则是每发火箭均要实施。因此,本章以电气系统为对象介绍各种测试技术。

即使对电气系统而言,要完成什么样的测试项目才是全面的测试,不同的火箭以及不同的应用需求,使得测试工作也各有差异,例如,对可靠性指标的不同要求,将会对测试工作产生很大的影响。本章从测试体系的角度,对各种测试项目或测试技术进行分类。但由于考虑问题的出发点不同,也产生了各种分类方法。本章对几种主要的分类方法进行梳理,以给读者留下较为清晰的印象。

在此基础上,本章从设备级测试、系统级测试、发射场测试和软件测试这四个方面,对测试项目进行概要性的介绍,详细内容将在后续章节展开论述。针对这些测试项目的需求介绍测试系统的设计,包括测试系统研发的基本流程、可测试性设计以及典型的测试设备等。在测试设备的介绍中,重点关注基于标准总线的测试系统以及环境适应性设计。本章最后对未来测试技术的发展做了展望。

▶ 2.1　测试技术体系

运载火箭的电气系统主要分为两大类,即控制与测量分系统,其中测量分系统主要用于飞行过程中对箭上设备遥测信号的采集、传输以及接收安控指令等,其本身也属于测试系统范畴。控制系统作为火箭飞行的神经中枢,是地面测试的重点[1]。除此以外,发动机、地面支持系统等,也都存在各自的测试需求。火箭的测试,体现出由子系统、分系统至全箭系统的集成测试过程,而科学合理的试验与评估方法可以缩短研制周期、提高试验效益,并可降低使用风险。

经过 50 多年的发展,中国运载火箭形成了比较完善的控制系统试验技术和方法,并在型号研制和成功飞行试验中起到了非常重要的"保驾护航"作用。根据测试的场所和工作项目进行分类,每枚运载火箭所经历的测试项目如图 2 - 1 所示[2-4]。

在图 2 - 1 中,地面等效器状态的测试主要起到地面设备自检的作用。分系统测试主要在各个分系统的综合实验室进行,分系统间匹配测试一般在总装测试中进行。总检查测试则是指模拟飞行过程的全电气系统联试,在大部分情况下,各舱段的分离接插件在测试中保持连接状态,但也进行一两次模拟分离过程、断开分离接插件的测试。在总装出厂测试和靶场测试中,也会安装电池,开展真正转由电池供电的模拟飞行测试。在发射场的测试中,绝大部分测试工作在技术区完成。

如果按照试验中产品的特性分类,试验体系可以分为实物试验、半实物试验和虚拟仿真试验,如图 2 - 2 所示。

顾名思义,实物试验指的是在真实产品上进行的试验。当制造出正式的产品后,一般要取其中一件有代表性的正式产品进行鉴定试验,其目的是验证产品设计是否符合规范要求并有足够的余量,因此鉴定试验的试验条件必须极为严格,一般取预示环境 99% 概率、90% 置信度的统计估计值(P99/90)[5],或者是在验收试验条件上再加上一定的余量。产品通过鉴定试验后,可以认为它的设计已经得到充分考核,设计的可靠性已得到保证,并能够经受预计的最恶劣环境和一定次数的验收试验。经过鉴定试验的产品是不能再用来发射的,因为担心其有效寿命已被耗尽。

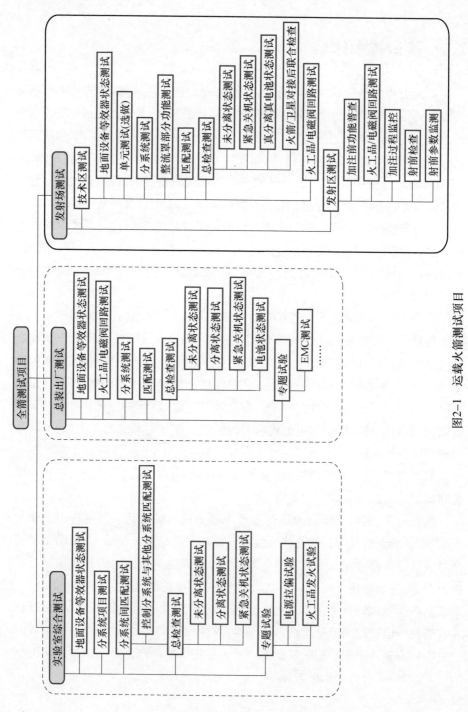

图2-1　运载火箭测试项目

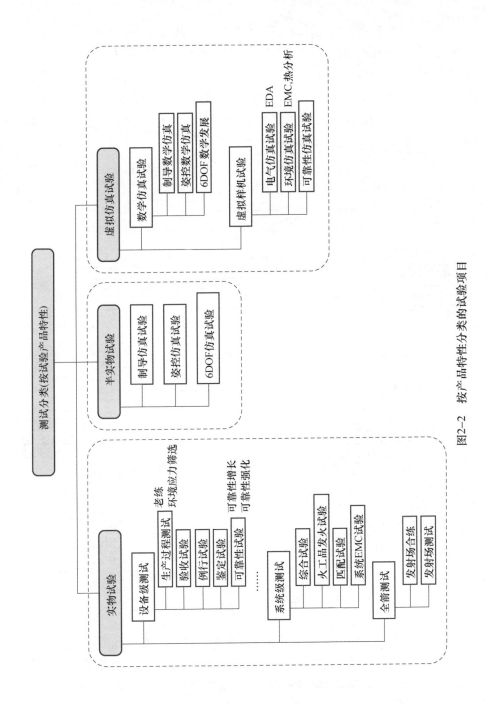

图2-2 按产品特性分类的试验项目

对交付使用的每一件产品均要进行验收试验,其目的是要暴露产品制造和装配质量上的潜在缺陷,包括制造、工艺、装配、所用元器件及材料的缺陷等,尽量排除早期故障。验收试验实际上包含了可靠性标准中的环境应力筛选。一般说来,验收试验的条件取预示环境的 95% 概率、50% 置信度的统计估计值(P95/50),即最高期望环境,但是验收试验的条件还应足够严格以暴露这些缺陷。

按照试验中所考核的产品特性,测试还可以分为功能(性能)试验、可靠性试验和环境适应性试验,如图 2-3 所示。

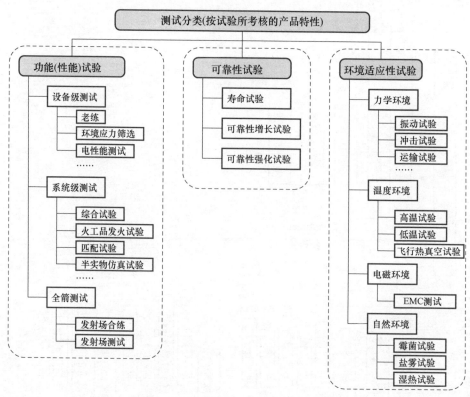

图 2-3　按考核特性分类的试验项目

环境适应性的测试,是航天飞行产品区别于地面设备的主要不同点。以力学环境为例,箭上产品在发射阶段中会经受各种力学环境,虽然受力时间比较短暂,但它对产品结构可靠性和设备的正常工作有重要影响。

▶ 2.2　测试项目简介

为了便于后续讨论,本节从设备级测试、系统级测试、发射场测试以及软件测试共四个方面,对有关测试内容作总体介绍。

⚗ 2.2.1　设备级测试

设备级的测试项目可参考相应的标准[6,7],每个型号还会制定具有型号特色的要求。这些测试包括四大类:

(1) 生产过程中的测试,如筛选试验、验收试验等,每台产品均进行;

(2) 批生产的抽例试验,即例行试验,从一批产品中抽取一台或几台开展;

(3) 鉴定试验,一般在产品技术状态不再发生变化的情况下,仅进行一次;

(4) 可靠性试验,一般用于发现产品的薄弱环节,通过改进设计再试验验证的方法,以提高产品的可靠性,一般安排一两次试验。

设备级测试项目统计见表2-1。

表2-1　设备级测试项目统计

序号	测试项目	筛选试验	验收试验	例行试验	鉴定试验	备注
1	绝缘测试		√			
2	抗电强度测试		√			
3	电性能测试		√			常温下进行
4	电压拉偏试验		√			
5	环境应力筛选	√				温循、随机振动。随机振动试验在不安装减振器的条件下按固定的功率谱密度进行测试
6	老练	√				
7	低温试验		√	√		
8	高温试验		√	√		

（续）

序号	测试项目	筛选试验	验收试验	例行试验	鉴定试验	备注
9	低频扫描振动		√	√		
10	高频随机振动		√	√		
11	噪声试验		√	√		对噪声不敏感的设备可以不开展
12	冲击试验			√		
13	加速度试验			√		
14	运输试验		√	√		
15	寿命试验			√		
16	气密试验		√			没有气密性要求的设备可以不开展
17	低气压试验			√		
18	湿热试验			√		当采用同一试验件参加多个试验时,其试验顺序可参考湿热试验 – 霉菌试验 – 盐雾试验的顺序开展
19	霉菌试验				√	
20	盐雾试验				√	包括实验室加速条件下的试验和自然环境试验两种。对于在沿海发射场需要长期存放的设备,建议两种方式均采用。加速试验能够为设计提供快速的参考,而自然环境试验更真实,也弥补加速试验条件可能不能完全等效实际情况的不足
21	热真空试验				√	
22	飞行环境高温试验				√	
23	飞行环境低温试验				√	
24	EMC 及雷电防护试验				√	包括辐射敏感度/传导敏感度/传导发射/辐射发射四项内容,每项内容根据国军标要求和系统规定的指标开展

　　根据试验项目可能对产品造成的影响,将上述项目分配在各个阶段进行。其中例行试验用于对批生产的质量一致性进行考核,采用抽检的方式;鉴定试验用于考核设计和生产的质量,除了验收试验、例行试验等项目提供鉴定依据以外,还需增加相应试验项目,这些新增的项目往往仅开展一次,因为一旦其

通过了试验,在技术状态变化不大的情况下,试验结果具有代表性。试验顺序按照各项试验对设备的影响合理安排,特殊试验项目可增加试验件另行安排。电性能测试是对电气产品进行功能与性能检查的重要测试项目,一般在常温下进行;但是电性能测试不仅限于此,在其他所有测试项目中,凡是需要加电进行测试的,均需开展电性能测试,并将其测试结果与常温下电性能测试结果进行比对。因此,电性能测试要具备完备的检测功能。

试验目的和方法均有相应的文献可以参考,这里以力学环境试验为例进行简要说明[8]。

1. 加速度试验

加速度试验主要是模拟箭上产品在发射过程中经受因运载火箭产生的稳态或准稳态加速度惯性载荷。加速度环境的模拟一般有两种方法:

(1) 静载荷试验。它是使用液压作动筒 – 杠杆系统在试件上产生分布和集中的载荷。

(2) 离心机试验。它是将试件装在绕固定轴转动的长臂的一端,当该臂以一定的角速度转动时,试件就受到一离开轴心的惯性载荷。

2. 振动试验

振动试验是航天产品研制中最重要和数量最大的试验项目之一,试验模拟方法主要分为两种:

(1) 随机振动试验。它是用来模拟飞行中的声振环境,即火箭发动机排气噪声和高速飞行时的气动噪声通过整流罩和结构传递到产品的声振环境,它是宽频带的随机振动。

(2) 正弦振动试验。它是用来模拟飞行中的正弦和瞬态振动环境,是由火箭发动机点火、关机、级间分离等产生的瞬态振动环境,频率 5 ~ 100Hz 之间。

3. 冲击试验

产品经受的冲击主要是由箭上各种火工装置工作时产生的一类特殊的冲击,一般称为爆炸冲击。这种冲击作用时间短,一般在 20ms 之内,其特点是高频极丰富的振荡型,高加速度、低速度和小位移。目前,爆炸冲击环境的模拟试验所用的设备一般有以下三种:

(1) 用真实的火工品在实际的航天器结构上或在模拟的结构上进行爆炸

冲击模拟。

（2）机械式爆炸冲击试验装置。

（3）在振动台上实现冲击响应谱合成。

设备级的另一项测试项目是可靠性测试，分为可靠性增长试验和可靠性强化试验，将在后续章节具体介绍。

⚑ 2.2.2　系统级测试

运载火箭系统级的测试，从技术上继承了导弹型号测试的成果[9]，但随着自身的发展，已经体现出较大的不同。系统级测试指的是多个单机组成的子系统所开展的功能性、匹配性试验，包括系统综合试验、仿真试验等，如图 2 - 4 所示。

综合试验有集成测试的目的，将控制系统所有配套单机组成完整的系统，开展电气性能的测试，一般地面测发控系统也参加。对于首次研制使用的型号，要开展发火试验，即引爆真实火工品的试验，主要考核控制系统的时序控制逻辑是否满足要求、引爆电流设计是否合理、在供电回路中是否存在潜通路等，这样的试验一般也只安排一次。

当火箭动力系统也是全新时，将在地面开展控制与动力系统的匹配试验，考核控制系统控制发动机点火以及关机等功能，是在地面环境下对发动机性能和发动机控制功能进行的最为真实的试验，控制系统一般根据试验需要裁剪为适合的组成来参与试验。每类发动机单独开展这项试验，如助推级、芯一级等。这样的试验一般也只安排一次。

整舱综合环境试验是将仪器舱的结构与电气系统按真实使用配置集成在一起，施加多方向的振动，一方面获取整舱的力学环境参数；另一方面控制系统将考核振动条件下惯性器件的精度，主要通过导航计算来综合评估惯组的性能。

舱段分离试验主要考核分离设计，由于飞行过程中是由控制系统来完成分离控制工作，因此在此类试验中控制系统也参与，并同时验证分离冲击对控制系统设备的影响。

控制系统在单机 EMC 试验的基础上，将开展系统级的电磁兼容试验，即在散态（桌面）而不是安装在箭上的情况下，验证设备间的电磁兼容性。重点考核传导敏感度和辐射敏感度两个方面。

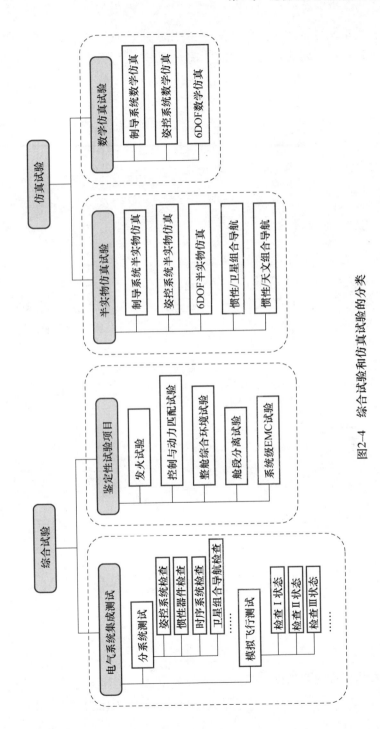

图2-4 综合试验和仿真试验的分类

另一类系统级测试是仿真试验,主要用于考核制导姿控设计的正确性以及设计余量。在不同的阶段模型的实现方式不一样,数学仿真阶段所有模型均为数学模型,半实物仿真阶段根据需求接入部分实物,诸如发动机负载、过载信号、箭体运动等通过等效负载或模拟器来模拟。传统的仿真试验指制导与姿控系统的数学仿真和半实物六自由度(6DOF)仿真,随着各种组合导航系统的应用,也需要开展惯性/天文导航、惯性/卫星导航试验等。

当有效载荷差别不大时,半实物仿真试验一般不用每次发射均开展,可以用数学仿真替代。

🖄 2.2.3　发射场测试

发射场电气系统测试流程随火箭以及有效载荷的不同而有所差别,但大致可以归纳为如图 2 - 5 所示的几个主要工作节点。靶场的工作分为技术中心和发射中心两个方面,绝大部分工作在技术中心开展,包括箭体卸装、火箭组装、设备安装、与有效载荷对接等工作。进入发射中心,主要开展推进剂加注和组织发射。

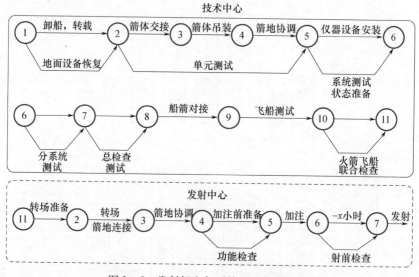

图 2 - 5　发射场电气系统测试流程安排

1. 技术中心主要工作

(1)恢复地面测发控设备。利用模拟箭上设备功能的等效器对测发控设备进行自检。

（2）单元测试。随着产品可靠性和成熟度的提高,绝大部分电子设备在靶场不再开展单元测试,仅保留惯性器件靶场标定等工作,未来也有可能取消。

（3）系统测试状态准备。主要将地面测发控系统与火箭进行电气连接和状态检查。

（4）分系统测试。即将控制系统划分为一个个相对独立的子系统,通过施加固定的激励检查各设备的静态响应。一般分为惯性导航设备的检查、姿态控制系统的检查、时序控制系统的检查等,所有测试和判读自动进行。

（5）总检查测试。即模拟飞行测试,是全系统集成测试,包括模拟射前的各种测发控流程。

（6）火箭与有效载荷的联合测试。在火箭与有效载荷分别检测结束后,进行联合测试。火箭仍按照模拟飞行的流程测试,并检验火箭与有效载荷之间的各种接口关系。

2. **发射中心主要工作**

转场至发射中心后,其测试的工作主要包括:

（1）功能检查。类似分系统测试,但考虑到安装火工品等箭上状态的变化,分系统测试项目中部分不再适合开展的项目将略去。这也是火箭转场后对电气系统一次全面的自检。

（2）射前检查。这是加注后进入临射前程序时的检查,重点对关键产品进行一次再确认,其测试项目也属于分系统测试的范畴。

由于在发射中心火箭已安装了火工品,因此不再开展模拟飞行测试,以及与时序控制相关的分系统测试项目。

在这之后,火箭将进入射前发射控制阶段,测试系统将主要处于参数监视的状态。

2.2.4　控制系统软件测试技术

按照软件工程化[10]要求,软件全生命周期内的测试可参照图 2 - 6 进行,V 形模型的右半部分,分为单元测试、组装测试、系统测试和验收测试,其中验收测试一般要求在第三方确认测试中进行。

软件测试有许多方法[11,12],一般分为白盒测试、黑盒测试[13-15],如图 2 - 7

所示。

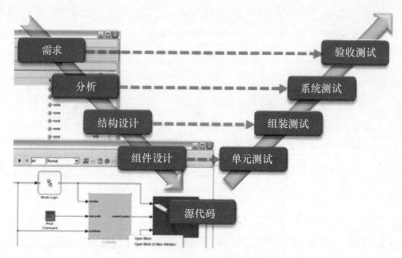

图 2-6   软件全生命周期的测试工作

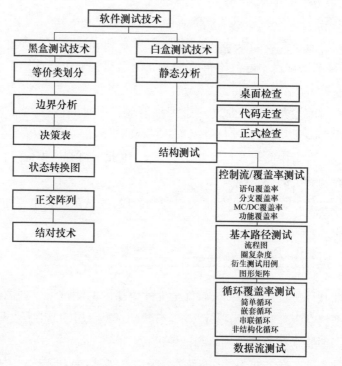

图 2-7   软件测试技术

近年来,关于软件测试研究一直十分活跃,尤其是嵌入式软件。地面软件中,嵌入式软件所占比例相对较少,因此这部分内容可参考相应文献[16,17]不再展开介绍,而非嵌入式测发控软件的测试将在后续章节进行介绍。

2.3　测试系统的研发

2.3.1　测试系统设计的基本流程

1. 顶层设计与需求分析

测试系统与其他系统如结构、推进和控制系统等不同,这些系统能够独立地开发和测试,而测试系统需要紧密结合在每个被监测的子系统中,因此,测试系统实质上是一个分布式的系统,而不是集中式体系架构。但从系统功能的角度,测试系统还是常视为独立的子系统,因为这样做的好处是可以按照传统的做法分配需求和责任,并且由专职团队来完成该系统的设计。这种分工和开发理念[18]见图 2 - 8(a)。

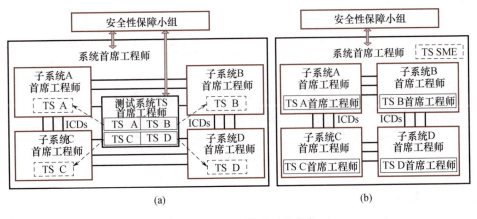

图 2 - 8　测试系统的功能角色

(a)由专职团队完成测试的系统架构;(b)集成一体化测试的系统架构。

另外,测试系统也往往被视作一种功能,一种每个系统必须具备的,用于保证可靠性、安全性和可维修性的能力,如图 2 - 8(b)所示。这也充分体现了测试需求的多样性。尤其随着 BIT 技术的广泛推广,这种观念也愈发得到了认同。

两种观点充分说明,随着被测对象的复杂化,对测试的认识也愈加多样性,在这种情况下,更要加强测试的顶层设计,充分把握具体任务对测试系统的要求,与被测对象同步分析设计,而不能采取事后补救的模式。

测试系统的设计流程仍可以沿用系统工程的理论,从顶层按照 SIMILIAR 流程[18]进行处理,这也可以映射到常见的 V 形开发模型,如图 2-9 所示。

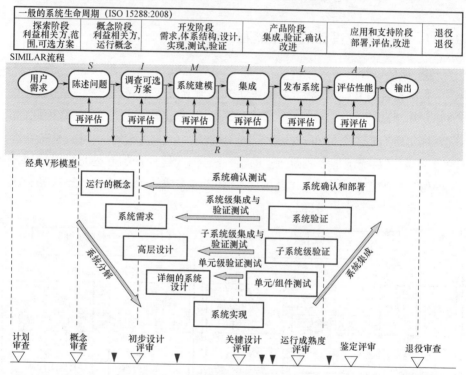

图 2-9　测试系统的设计流程

1) 探索阶段

在探索阶段主要辨识用户对测试系统的需求,探讨满足需求的各种方案,以及明确测试系统所能实现的范畴,例如,从一开始就要思考以下问题:

(1) 整体任务的需求是什么? 测试系统能够在哪些方面降低其技术风险?

(2) 任务的特点或性能是什么? 测试系统如何有助于实现这些指标?

(3) 尽管在测试系统上花费了额外的开销,是否仍有可能在整个项目的生命周期内得到收益且该收益是可量化的,如何实现这一目标?

(4)定义任务或用户对测试系统的需求。

(5)明确测试系统的功能范畴:

① 必要性分析:为什么需要这样一种测试系统?

② 目标定义:定义测试系统的功能,尤其是测试系统的输入/输出功能。

③ 描述产品范围,例如:测试需要定位到什么级别的故障,是设备级还是板级;是采用专用的测试系统,还是自主式的健康检测系统;等等。

④ 制定验收准则。

⑤ 分析限制条件。

⑥ 明确假设条件,即上述分析是在什么条件下得出的结果。

(6)明确测试系统的接口,例如:哪些由 BIT 实现;哪些由专门的测试设备来完成;哪些需要被测系统自身去采样;哪些可以利用其他系统提供的数据;等等。

(7)数据清单,包括在线数据、离线数据和参考数据等。

2)概念阶段

在概念阶段,从用户使用的角度对测试系统的特性进行分析,包括与使用者的交互等。首先分析正常工作的场景,在这种情况下测试系统仅起到监控的作用,不应对正常工作的被测对象产生干扰;然后分析被测对象出现异常情况的场景,测试系统应该能够做出响应,如警告、报错等。

在这期间重点关注的问题包括:

(1)谁更关心测试的结果,他们有什么样的认识?

(2)系统(或被测产品)设计人员如何将测试系统的输出用于自身的判断?

(3)测试系统在被测对象的何种工作模式(正常、异常或兼而有之)下运行?

(4)测试系统自身正常或异常的工作模式是什么,它们如何影响被测对象的安全性?

(5)在被测对象故障情况下测试系统如何工作?

(6)测试系统如何与被测对象信息交互?

(7)测试系统能否控制危险,维护安全性并保护财产?

除此以外,概念分析还要关注可用的资源、工作流程以及与其他系统的协调性等。

3）系统需求分析

需求分析是测试系统设计的重要依据,一般包括产品需求和过程/程序需求,如图 2 - 10 所示。

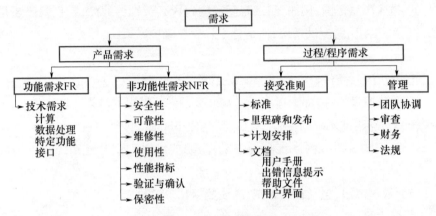

图 2 - 10　需求的分类

产品需求分为功能性和非功能性需求两种。功能性需求定义功能,而非功能性需求明确属性,如可靠性、安全性、可维修性、使用性、性能、保密性等。测试系统的顶层需求分析是上述需求分析的子集,将主要针对被测对象的非功能性需求而开展,如图 2 - 11 所示。

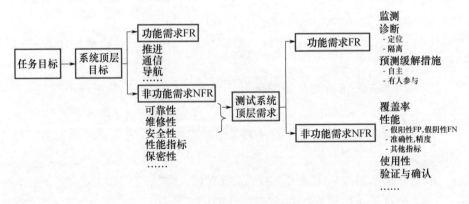

图 2 - 11　测试系统的需求分类

在图 2－11 中，针对被测对象的非功能性需求，进一步梳理出测试系统的功能性和非功能性需求。功能性需求包括监测、诊断、预测、缓解措施等，而非功能性需求包括覆盖率、性能（误报率、漏报率等）、使用性、验证要求等。

需求分析中要明确测试系统的如下特性：

（1）测试系统要处理什么样的故障模式？

（2）是否对每个子系统均要进行处理？

（3）在准备阶段和临射前，其功能有什么区别？

（4）是否需要考虑便携式维修和维修管理等范畴？

（5）是否所有的测试功能均要留有一定余量？

（6）测试系统输出的容差有什么限制？

（7）是否所有的软硬件接口均已明确并覆盖？

（8）测试系统自身的维修性，如校准、更新、升级等需求，是否已涵盖？

（9）测试系统自身的可测试性设计需求什么，能否注入故障以验证其性能？

（10）是否考虑了被测对象的所有非功能性需求？

除此以外，一个完整的测试系统需求分析，还要考虑以下过程需求：

（1）所有测试系统的需求是否可以回溯到概念阶段对任务特性和风险的分析？

（2）是否已有合适的开发团队，其组织机构是什么？

（3）开发团队的技术负责人是否与被测系统的技术负责人进行过充分的交流？

（4）测试系统的需求是否正确地分配到其组成的每一个部分？

（5）开发过程的时间节点是否已经明确？

（6）需要提供和维护哪些文档？如参考文档（FMECA 报告、危险性分析报告）、测试文档等。

（7）需求更改的流程是什么？

（8）需求分析是否包含与最终用户相关的系统运行、维护等的需求，而不仅仅是产品开发需求。

在上述分析之后，开展测试系统自身的详细设计，并进行测试、验证和确认，这部分工作与其他系统开发工作相似。

2. 测试性分析

要完成测试,仅依靠测试系统自身是不够的,被测对象必须可测、易测,才能取得实际效果。可测,指的是设备或系统留有测试点,并且测试点的信号能够表征其是否正常工作。易测,指的是测试操作容易实施,方便在使用现场,尤其是发射场、总装测试厂房进行。这些要求需要通过测试性分析和设计来实现。

测试性的概念最早产生于航空电子领域,与可维修性需求密切相关,按照 MIL – HDBK – 2165A《系统及设备的测试性程序》的定义,测试性指的是"系统和设备能及时准确地确定其工作状态(可工作、不可工作、工作性能下降)并隔离其内部故障的一种设计特性"[19],以提高测试性为目的的设计称为可测性设计。可测性设计能够提高故障检测的覆盖率,缩短测试时间,可以对被测对象进行层次化的逐级测试,降低维护费用。但也会带来一些不足,如额外增加了软硬件成本,也增加了系统设计时间。

我国对测试性研究起步于 20 世纪 80 年代中后期,制定了《装备测试性大纲》等国家军用标准[20]。而在航天领域,一些型号依据工程经验和国外相关标准,制定了 QJ—3051《航天产品测试性设计准则》等相关标准[21]。但总体看来,我国航天领域在测试性设计方面还未形成系统性的研究和应用局面,主要体现在以下方面[22,23]。

1)测试一直被认为是辅助手段,没有得到真正的重视

认为只有在故障情况下才需要测试,如果产品设计得十分可靠、生产过程的质量控制得到保障,测试系统就可以简化,在测试上的投入就显得浪费。随着近年来航天质量产品的提升,这种观点的认同度有逐渐扩大的趋势,并且测试设备的通用性差,每一台产品均需要对应一个专用的测试设备,也加剧了对成本的浪费。此外,测试功能的增加,也降低了系统或产品设计的固有可靠性,如何权衡还没有得到统一的认识。

2)对测试性的要求停留在定性阶段

在一些型号大纲中会明确测试性要求,但均是定性的描述,对测试覆盖率、虚警率、故障隔离率等没有提出量化要求,即使提出后也没有有效的验证手段。

3)测试性设计与被测系统的设计脱节

无论是针对单个产品还是系统,这设计脱节现象均存在。例如,单机设计

人员在开发产品时,会设计简易的调试工装,而这往往被当作最终的测试系统来使用。调试工装是单项性能的串行调试,这不符合按真实使用条件考核设备的宗旨。此外,在系统设计中,测试人员是被动地依据系统人员提出的要求开展设计,没有积极地参与到测试方案是否合理、测试覆盖率是否充分、是否可以有其他优化方案等的讨论中。

4) 测试的手段还比较落后

直测是常用的手段,这导致连接线缆众多,同时还不能保证获取所有需要的信息;对测试结果是否正常、异常情况下如何隔离故障等需求,没有智能化的分析手段,需要有经验的工程师甚至原设计才能做出正确判断,导致应用效果不佳,人力方面投入过大。

由于运载火箭是一次性使用的产品,在维修性方面的保障要求与重复使用飞行器相比要弱一些,因此测试性的工作没有得到充分重视。但随着可重复使用运载器的出现以及市场竞争的加剧,对快速发现故障、减少技术保障人员、增强反应能力等提出了愈来愈高的要求,这时必须系统性地考虑测试问题。结合我国航天型号研制阶段的划分,测试性分析工作[24]可安排如下(图 2 – 12):

图 2 – 12　各研制阶段的测试性分析与设计工作

(1) 在方案论证阶段主要确定测试性要求。在产品生命周期的不同阶段,对测试覆盖率和故障隔离的粒度可以有不同的要求。在发射现场,故障定位到整机即可;而在生产现场,故障要定位到具体的器件与组件。哪些测试可以用自动化的手段进行,不受场地的限制;哪些测试可能手动测试更简略,如果采用自动化手段,将大大增加测试系统的复杂度,效费比不高;等等。这实际上是测试的需求分析工作。

（2）在方案设计阶段主要分配测试性要求并制定工作计划。将测试性要求作为设计的一个要求加以明确，即不仅要明确产品或系统的功能与性能，还要指出如何去测试和验证。同时制定测试性工作计划，对测试性要求的落实情况进行复核和确认。

在方案论证转入方案设计的评审中，要组织对测试性大纲进行评审。

（3）在初样研制阶段开展具体的设计、试验和改进等工作。针对一个具体的产品，通过 FMEA 分析，找出主要的故障模式和原因，将故障率高、危险性大的故障模式作为测试性设计的重点，从而确定诊断方案；制定测试性设计准则，包括如何权衡因增加测试性设计导致系统复杂而带来的固有可靠性下降等问题。同时开展固有测试性设计，确定故障检测与隔离的方法，考虑 BIT 技术的应用，最后进行测试性分析。

需要注意的是，测试性要求与测试性实现是反复迭代的过程，必然存在取舍，并非所有测试性要求均要实现，尤其在影响可靠性的情况下。

从初样开始进行测试性验证，并进行改进，这一工作一直持续到试样阶段。图 2-13 给出了测试性分析与设计的迭代过程。

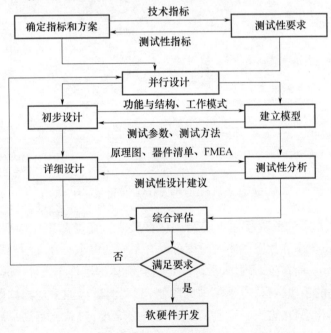

图 2-13　测试性分析与设计的迭代过程

🖎 2.3.2　被测系统的可测试性设计

测试性设计需要考虑以下多种因素：

（1）测试接口要标准、通用、简单；

（2）测试点的设置应支持产品各个层次测试的需求；

（3）要考虑工效学、自动化、障碍物、可达性、可观性；

（4）由 BIT 和传感器构成的自检测应轻便、易操作、易实现；

（5）能一次完成多个功能的测试；

（6）能对多个独立的功能部件进行并行测试；

（7）尽可能通过系统级测试实现故障检测来缩短测试时间；

（8）测试应直观、非破坏性，并尽量不使用专用工具等。

尽管考虑的因素很多，但主要把握五个基本要素：

（1）控制点，即系统外部控制输入的直接控制作用点，用于给被测对象的特定状态施加控制激励或内部结构变换指令；

（2）观测点，即外部可直接观测其状态的位置，由此可判断是否正常工作；

（3）输入/输出通道；

（4）故障隔离与定位机制；

（5）内嵌 BIT 测试。

下面将从设备级和系统级两个方面分别介绍。

1. **设备级的测试性设计**

设备级测试一般在设计或生产单位开展，此阶段测试资源较多，受场地限制因素少，一般有以下几种方法。

1）将一些关键信号引至专用测试插头

运载火箭的电子产品在体积、质量等方面的限制较其他运载器宽松一些，因此可以设计一个专用测试插头，将重要的信号引至该插头，通过对这些信号的直接测量来验证产品性能。在实际飞行中，这个插头可能并不需要连接至系统，可以盖上屏蔽保护罩。

2）采用基于边界扫描的 BIT 测试

边界扫描最早用于数字集成电路的测试，其标准 IEEE1149.1 逐步完善，并扩展到模拟电路领域。边界扫描测试需要边界扫描器件的支持,该器件有特殊的内部架构,包括测试访问端口 TAP、TAP 控制器、指令寄存器和数据寄存器。所有没有时间限制的器件,都可以按标准进行电路静态互连测试,这些边界扫描单元位于器件的核心逻辑和外围引脚之间,可以测试电阻、逻辑门、IC 驱动、晶振、RAM、FLASH 等。

但边界扫描器件异于传统器件的实际情况,以及我国在器件自主性上的不足,限制了它的应用。

3) 基于处理器控制的 BIT 测试

如果单机内部自带处理器,那么在完成主要工作的同时,利用其剩余机时,可以开展 BIT 测试。采用传统器件,如 A/D、V/F、I/F、电子采样开关等,将输入信号、输出信号反馈采样、电压的检测信号、自身运行的各种状态(如各种状态寄存器的信息)等通过串行通信方式传送至外部通信终端进行数据分析和判断。其实质起到了数据采集的作用,该方法已得到了愈加普遍的应用。

2. 系统级的测试性设计

系统级测试性设计的基本原则如下:

(1) 通过将系统划分成各个模块来解决系统测试的复杂性。

(2) 在系统中插入测试功能,先测试单个模块,再测试模块间的相互作用,进而完成整个系统的测试。具体到运载火箭的测试,可以从以下方面着手。

① 采用系统级的专用测试插头。将重要的单机信号引至系统中的专用测试插头,一般命名为直流(DC)插头,由地面测试设备直接对其进行测量。但应该看到,这样的插头不会很多,因此直接测量的信号有限;此外,许多信号不适于长线测量,所以测试插头一般设置在仪器舱或二级舱段,在起飞前要提前脱落,以利于摆杆摆开。这使得测试插头脱落后至起飞前这段时间无法对这些信号实时监测。

随着简化发射区操作这一需求的日益增强,该方法在新的型号中已很少采用。

② 利用箭上的计算机实现测试。为了解决直连信号测试数量受限的问题,可以借助于箭上的计算机实现测试。例如,惯性器件的输出信号就没有必要引至地面测试系统进行测量,完全可以借助于箭上的计算机和系统电缆网,由计算机采样后将数字量通过串行通信传送至地面。又如,姿控系统的测试,

也无须从地面测试系统施加激励信号,可以由计算机直接输出姿控信号。

③ 递阶集成 BIT 技术。边界扫描技术可以很方便地延伸到递阶集成测试,如单板级产品利用 IEEE1149.1 标准,而设备级、系统级采用 IEEE1149.5TM 总线集成。整个系统采用相同的递阶层次结构,包括系统级、子系统级、整机级、单板级等,不同层次的可测试性机制之间通过测试总线相连。

④ 借助于遥测系统进行测试。当控制系统无法获取全部信号时,可以将一些重要程度稍弱、变化缓慢、非关键重要信号,留待遥测系统测试,控制系统自身对这些信号不再测量。

⑤ 由各智能单机实现 BIT 测试。在单机数字化、智能化的情况下,可以利用各智能单机的处理能力完成自身信号的检测,并兼顾该舱段其他非智能单机信号的采集,最终通过统一的箭地通信链路传送至地面,由地面系统进行数据分析。

上述这种方法可以节省箭地连接的接点数,并且比直接测量能够获取更多的信息,因此各种故障诊断专家系统或健康监测管理系统等也应运而生,这些内容将在后续章节展开介绍。

对于在发射场开展的测试,还要注意以下事项,并将其作为对测试系统的要求:

(1) 确保测试对产品和人员的安全。例如,在安装了火工品后,就不再适合开展与时序电路相关的测试。

(2) 确保测试不改变现场单机和系统的安装与连接状态。例如,不要通过人为地断开插头来创造测试条件,这增加了现场操作工作量和不可靠因素。

(3) 按照实际使用的剖面进行测试,即"测试所要飞行的"(test what you fly)。例如,尽可能设计闭环模拟飞行的测试状态。

▶ 2.4　测试设备简介

在构建测试系统前,需要首先了解被测对象。图 2 - 14 是某火箭控制系统组成的简化示意图,没有列出所有的配置,仅为说明测试的基本原理。

箭载计算机录取惯组、横法向加表组合、速率陀螺和卫星导航接收机的信号,经过飞行控制软件的计算,输出控制信号至各级综合控制器、伺服控制器

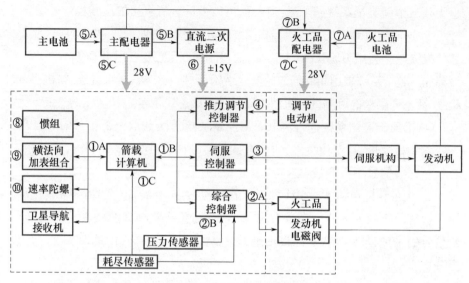

图 2 - 14　某火箭控制系统组成的简化示意图

和推力调节控制器,其中综合控制器用于控制火工品的引爆和发动机电磁阀的通断控制,从而控制火箭各舱段的分离以及发动机的点火与关机等。伺服控制器用于控制伺服机构、驱动发动机的摆动。推力调节控制器输出调节脉冲控制调节电动机的转动,从而调整发动机的推力。箭载计算机和各级综合控制器还录取推进剂耗尽传感器的耗尽信号,从而输出关机指令。综合控制器录取压力传感器的信号,实现闭环增压控制。主电池通过配电器完成向各电子仪器的配电工作,同时直流二次电源输出隔离的直流供电信号向压力传感器供电。火工品电池通过火工品配电器向火工品供电母线、发动机电磁阀和调节电动机供电。

　　针对上述系统,测量点设置在图 2 - 14 中①～⑩处。

　　测点①设置在箭载计算机端。①A 代表了惯组、横法向加表组合、速率陀螺、卫星导航接收机的输出信号;①C 表示耗尽传感器的输出;①B 表示计算机发出的推力调节指令、伺服控制指令和时序指令。这些信号计算机均能录取,因此可以直接由计算机通过箭地总线传送至地面。

　　测点②设置在综合控制器端。②A 是综合控制器输出的时序指令,在地面测试阶段,②A 处接火工品及电磁阀等效器,此信号通过等效器由地面设备进行录取;②B 为压力传感器信号,综合控制器录取后,可以传送至箭载计算机,然后也通过箭载计算机送至地面。

测点③设置在伺服控制器端。其输出的伺服驱动指令以及伺服机构反馈的位置信号,均可以由伺服控制器传送至计算机,由计算机下传。

测点④设置在推力调节控制器端。其输出的电动机驱动指令,以及电动机位置反馈信号,均可以由该控制器采样并传送至计算机,由计算机下传。

测点⑤设置在主配电器端。⑤A 为主电池测量点。⑤B、⑤C 均为配电后各路输出信号,可以由地面设备直接测量。

测点⑥设置在直流二次电源输出端。其信号可以由地面设备直接测量。

测点⑦设置在火工品配电器端。⑦A 为火工品电池测点;⑦B 为主配电器的转电、断电等信号;⑦C 为配电输出,这些均可由地面设备直接测量。

测点⑧、⑨、⑩分别为地面测试时施加激励的端口。一般采用恒流源向各惯性器件的力矩器施加信号。

在完成上述分析后,基本确定了测试系统的功能需求,其设计常采用基于标准总线的测试产品。

⊿ 2.4.1 基于标准总线的测试系统

随着自动化和测量领域标准化总线体制的应用,开放化和标准化为用户的应用创造了便利条件,几乎所有的厂商都强调产品的开放和兼容性,以节省在测试成本上的投资。用户无须更换仪器,只要更换不同板卡或软件,就能执行不同的测试项目,这促进了这些技术和产品在运载火箭测发控系统中的应用[25,26]。

早在 20 世纪 70 年代,为了让计算机控制许多独立的测量仪器,IEEE 定义了一套高速数据传输的协议——IEEE 488.1/488.2,GPIB 技术就是该标准虚拟仪器早期的发展阶段,它的出现使电子测量从独立的单台手工操作模式向大规模自动测试系统发展。典型的 GPIB 系统如图 2-15 所示。

由一台 PC、一块 GPIB 接口卡和仪器通过 GPIB 电缆连接而成,使用共同的字串语法(488.2 或 SCPI)控制仪器。在标准情况下,一块 GPIB 接口可带多达 14 台 PC,电缆长度可达 40m。GPIB 技术可以很方便地把多台仪器组合起来,形成自动测量系统,它有多种连接方式,如星形、串行等。但是 GPIB 的

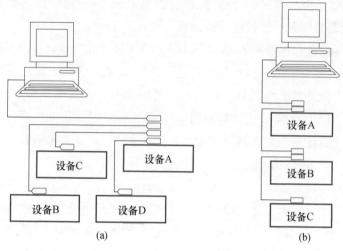

图 2 - 15　典型的 GPIB 系统

缺点也是显而易见的,无法提供多台 PC 同步和触发的功能,在传输大量数据时带宽不足。因此 GPIB 主要应用于 PC,适合于精确度要求高、传输速率要求不高时的应用。

测试总线不断发展,各种总线技术不断涌现,例如以 VME 总线发展起来的 VXI、VXS 等,以 PCI 总线为基础发展起来的 cPCI、PXI、PCI - Express 等。

GPIB 的优点是能够很方便地将各种不同的测试设备连在一起构成测试系统;VXI、PXI 总线系统的组成更加简洁,所有设备集成在一个机箱内。但不是所有的测试设备都能做成板卡,因此,一种借鉴各自优点的 LXI 总线逐渐得到了发展应用,它能够将不同的独立机箱设备连在一起,只不过采用的是基于 LAN 的网络互连技术而不是 GPIB 协议。

经验表明,一个复杂的测试系统很少能全部用独立的测试设备或全用总线机箱式设备构成,各种测试设备都可能在系统中发挥作用。同时各种测试技术本身也在不断发展,未来衍生出的测试方案将越来越多。

1. 仪器总线测试技术

VXI 算得上是第一个开放式的、国际性的、面向测试仪器的总线,我国在载人航天工程中首先开展了应用[27]。VXI 总线是对 VME 总线的扩展,它增加了测试所需的系统参考时钟、触发总线、定时和同步等功能。VXI 总线具有稳定的电源、强有力的冷却能力和严格的 RFI/EMI 屏蔽,很快就得到广泛的应用。

　　PXI 总线[28] 在 PCI 总线内核技术上增加了成熟的技术规范和要求,以及多板同步触发总线的技术规范,以此来满足高精度定时、同步与数据通信要求,并参考了 VXI 的标准。

　　典型的 VXI/PXI 系统组成如图 2 - 16 所示。

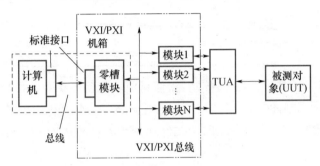

图 2 - 16　典型的 VXI/PXI 系统组成

二者的对比如表 2 - 2 所列。

表 2 - 2　VXI/PXI 技术指标对比

项目	VXI	PXI
含义	VMEbus Extension for Instrumentation 的缩写,即 VME 总线在仪器的扩展	PCI eXtensions for Instrumentation 的缩写,即 PCI 总线在仪器的扩展
扩展内容	(1) 更大尺寸 (0.8″ VME 与 1.2″ VXI); (2) 电磁屏蔽; (3) 冷却规范; (4) 触发线; (5) 更多电源类型; (6) 10MHz 时钟; (7) 本地总线	(1) 和 0.8″ cPCI 空间相同; (2) 没有电磁屏蔽规范 (可选); (3) 冷却规范; (4) 触发线; (5) 局部总线; (6) 更多电源类型; (7) 10MHz 时钟
应用场合	主要用于航天、航空、军事、工业的自动测试设备和高密度、高性的数据采集	应用于数据采集、功能测试和工业应用
传输速率	40MBs(VXI 2.0 修订版采纳了 VME 64 技术规范,理论上的数据传输速率提高到 80MBs)	33MHz/32bit 数据传输 (132MBs),在 66MHz/64bit 的总线上更可高达 528MBs

（续）

项目	VXI	PXI
软件兼容性	VXIplug&play 联盟致力于软件在不同厂家之间的兼容性,虚拟仪表软件结构(VISA)和 SCPI 编码可以适用于不同操作系统	(1) PXI 控制器必须预装 Windows 支持标准的软件结构; (2) 外设模块必须提供 WIN32 器件驱动
机箱的槽位和扩展性	机箱最大 13 槽,允许把机架连接到一起,构成数千个通道的数据采集系统	机箱最大 8 槽,通过使用 PCI – PCI 桥接器,可扩展到 256 展槽

PXI 最初只能使用内嵌式控制器,但目前功能已经扩展,可以在机箱内安装适配器与外挂式 PC 机进行联系,包括直接 PC 控制、多机箱扩展和更长的距离控制。图 2 – 17 为采用 Starfabric 串行总线零槽适配器对 PXI 系统进行扩展的示意图。

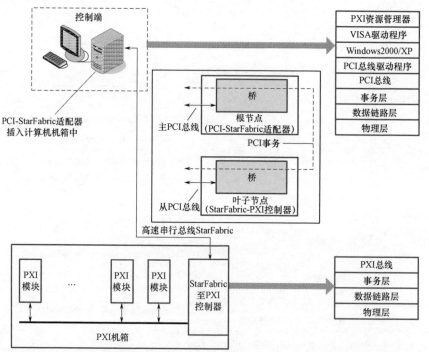

图 2 – 17   采用 starfabric 串行总线零槽适配器对 PXI 系统进行扩展的示意图

Starfabric – PXI 适配器的硬件原理框图如图 2 – 18 所示。

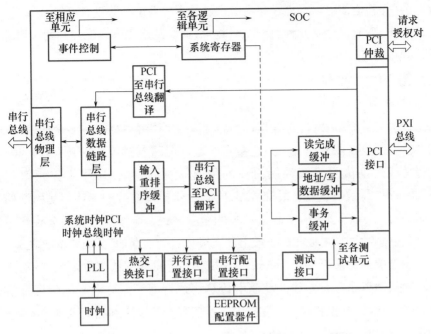

图 2-18　Starfabric-PXI 适配器的硬件原理框图

在 Starfabric 串行总线技术中, PCI-Starfabric 适配器和 Starfabric-PXI 控制器实现对等的功能, 均包括物理层、数据链路层、事务层和 PCI/PXI 接口逻辑。物理层完成对高速 8b/10b 编码的 LVDS 信号的串并转换, 串并转换完后将得到字节流数据。数据链路层完成对字节流数据包的完整性检查, 作为数据链路层, 数据包由包序列号、数据内容和 CRC 校验三部分组成。如果一个数据包通过完整性校验, 该包将被保留, 否则该包将被抛弃。通过完整性校验的数据包将被送入事务层进行处理, 事务层的功能即完成 Starfabric 总线数据到 PCI 总线和 PXI 触发总线的翻译。最终, 翻译完的信号出现在 PCI 总线上; 如果是触发信号, 将送到触发总线上。

在不考虑继承性、复杂应用环境条件的前提下, 低成本、低功耗、小型化的总线体制应会得到愈发广泛的应用。同时, 单个模件的功能不断增强, 这也促进了不同总线体制的竞争, 例如, 同样是 "机箱-背板-模件" 结构的 PLC, 也可能具备像 PXI、VXI 的应用功能。此外, 串行总线在解决高速通信上比并行总线更有效。因此, 未来的测试系统必然是并行总线、串行总线、高速网络等并存的局面,全部由串行总线和网络构成的测控系统并非没有可能。

为此,下面将介绍几种新型总线技术,这些总线未来或已经开始应用到测发控领域。

2. VPX 总线技术

1)概述

传统的计算机、嵌入式处理设备都采用共享并行总线,将多个处理机、存储器及外围设备以紧耦合方式连接在一起。但随着对速度的要求越来越快,并行总线逐渐成为系统性能提高的主要瓶颈,当并行总线工作频率超过133MHz 时,总线负载数量很难增加,同时一味提升时钟频率还容易引起信号线间的相互干扰。此外,从制造成本的角度来说,增加位宽无疑会导致引脚数、封装尺寸增加,主板和扩充板上的布线数目随之增加,系统成本随之攀升。

越来越多的系统设计人员认识到共享并行总线的诸多局限性,从而正逐渐转向采用高速串行总线。高速串行总线执行低压差分电平的串行传输协议,采用了时钟打包和时钟恢复技术以及信号的预加重和均衡处理技术,达到了单对线 10b/s 的串行传输速率。

高速串行总线技术的发展使得计算机体系结构发生了巨大的变革,嵌入式系统节点网络结构应运而生,由原来的集中模式转向分布模式。这一发展趋势如图 2-19 所示。

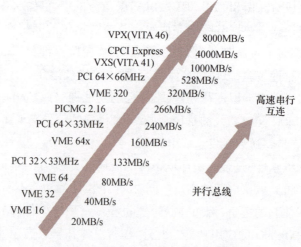

图 2-19 标准化机内总线的发展

VPX 就是基于高速串行总线的新一代总线标准[29,30]，该标准的最初目的是保护 VME 总线的应用者继承和延续 VME 总线，但最终很多规范做了彻底的革新，除了保留用户可选择的 VME 信号定义以外，电气信号定义与原 VME 标准完全不同，但是继承了原 VME 标准中机械结构及导冷抗振方面的优势，因此能够满足加固嵌入式系统的需求。

2）VPX 的端口定义和串行总线

VPX 标准的具体内容反映于 VITA46 系列技术规范，所有连接器都换成了支持高速差分信号的 Mult iG igRT2 连接器（图 2 - 20），以此获得更高的传输速度和更多的信号管脚。这种连接器是硅晶片式结构，其触点及内部布线为微型印制板电路，连接紧密、插入损耗低和误码率低。从底板方向看，它的 7 个触点按 a,b,c,d,e,f,g 顺序排列，可用于电源、单端引脚、差分引脚等形式。而且硅晶片都带有 ESD（电路板静电放电）接地层和触点层，以防操作期间受意外放电影响。

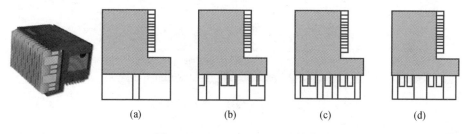

图 2 - 20　Mult iG igRT2 连接器

（a）电源信号；（b）单端与差分混合信号；（c）单端信号；（d）差分信号。

VPX 具有 3U 和 6U 两种结构形式，其连接器的信号分布如图 2 - 21 所示。

（1）电源与控制信号。所有的电源和控制信号均通过 P0 端口布线。唯一需要的控制信号是系统复位信号（SYSReset），其他信号包括参考时钟、JTAG 等。在 VPX 系统中，系统管理总线不一定非要布线在背板上。

（2）P1 端口。P1 端口包括 32 对差分信号，并进一步被分成 16 组发送（Tx）和接收（Rx）对，每组 Tx/Rx 均采用高速串行总线。P1 端口的 Tx/Rx 对从编号低到高使用，新串行交换结构技术使得嵌入式计算机系统得到更高的性能，同时减少系统成本和质量。如今有多种高性能交换结构技术可供选择，这其中的三个，即 Gigabit Ethernet（GbE）、Serial RapidIO（SRIO），以及 PCI Ex-

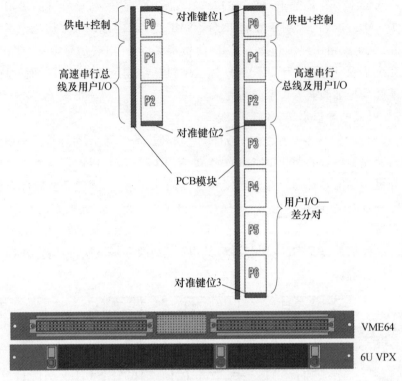

图 2 – 21   VPX 板级连接器信号分布

press（PCI – E），尤其突出。

GbE 是基于 IP 数据通信的标准，无论是平台间网络还是在同一个背板中的子系统均可采用，适用于松散耦合系统的连接，以太网是目前最普遍的网络技术。

SRIO 是 DSP 应用中高密度多处理簇互连的最好方式，在多处理器信号处理中应用广泛，比 PCI Express 和以太网更适合组建大量处理器间通信的大型多处理器系统。

PCI – E 是适合于处理器、外围设备以及板卡之间的紧密耦合通信簇，普遍应用于大量 PC 应用中，在 PC 市场的普及，使得其低成本成为优势。

图 2 – 22 给出了一块 VPX 主处理器板卡的示例，其背板采用 6 路 X4 PCIe Gen2 接口，对外采用 2 个 10/100/1000 Base – T 接口，并留有多路 GPIO 和 RS232 通信接口等。

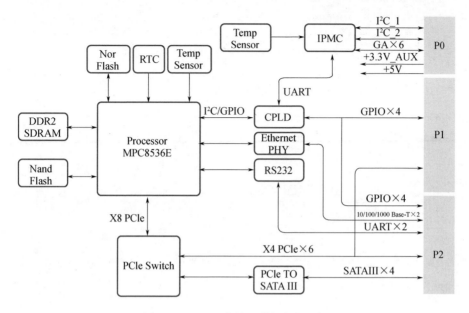

图 2 - 22　VPX 主处理器板卡的示例

3）VPX 的拓扑结构

VPX 各板卡的信号从逻辑上分为以下几层：

（1）应用层。包括电源引脚以及各种应用信号。

（2）管理层。又称智能平台管理总线（IPMB），包括板载智能平台管理控制器（IPMC）和机框管理器（ChMC），用于预测和诊断故障，并提供低压电源信号，由 VITA46.0 和 VITA46.11 定义。

（3）控制层。用于各种应用控制与开发之间的可靠通信，典型采用千兆以太网接口。

（4）数据层。高吞吐率的数据交换，典型采用 PCI - E 和串行 RapidIO 接口。

（5）扩展层。主要用于各种 I/O 接口，或者 VME 总线的桥接等。

采用串行总线，VPX 的各种板卡可以组成多种灵活的拓扑结构，一般分为四种[31,32]：

（1）交换型，如图 2 - 23 所示。所有板卡之间通过交换机（板卡）进行通信，可以采取双冗余设计以提高可靠性。

（2）主从型，如图 2 - 24 所示，类似于传统的计算机架构，由主板（Master,

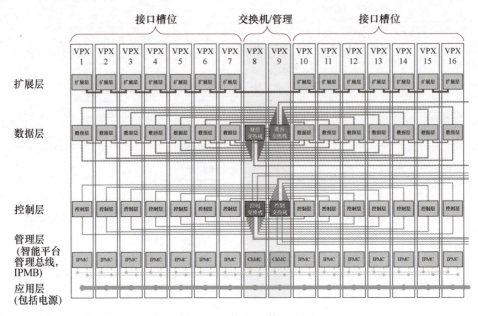

图 2 – 23　交换型结构

即安装在根槽位的板卡)控制各从板(Slave,即安装在叶槽位的板卡)的工作。

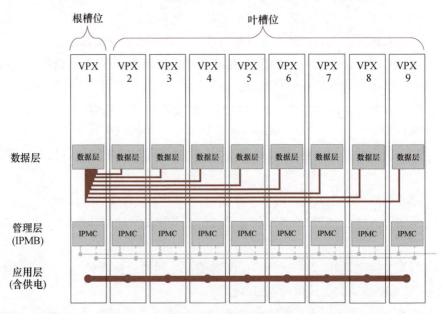

图 2 – 24　主从型结构

（3）全网型,如图 2 – 25 所示,所有板卡之间进行点对点的连接。这样的连接具有较高的可靠性,任一连接的故障均不影响其他板卡的工作。

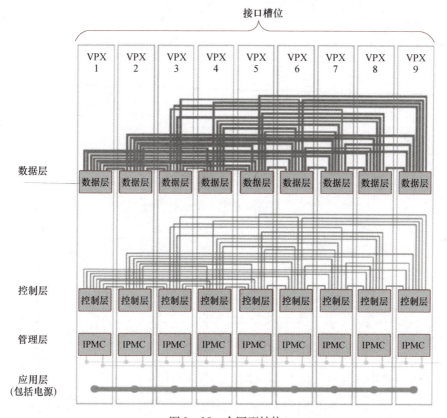

图 2 – 25　全网型结构

（4）混合型,同时兼容 VPX 和 VME 接口,如图 2 – 26 所示。

3. **TTEthernet 技术**

1）概述

以太网由于其良好的传输特性一直受到国际、国内航天应用界的关注,但普通以太网存在以下不适应航天控制的不足。

（1）实时性。普通以太网采用载波监听多路访问/冲突检测机制会引起通信冲突并导致重发,因而不具备强的实时性。

（2）确定性。普通以太网在网络负荷较大时的重发机制增加了网络通信的不确定性。

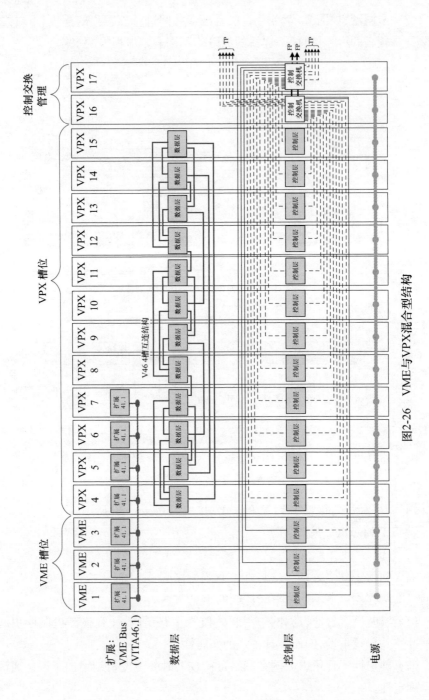

图2-26 VME与VPX混合型结构

（3）可靠性。TCP/IP 协议的重传、恢复和超时机制不完全适用于安全关键系统，而 UDP 协议又属于不可靠的面向无连接的协议。

能够借助以太网的灵活性满足载荷接入的方便性和保持一定的高带宽及速率，同时在控制领域具有强实时性，这就是 TTE 技术的出发点[33-37]。TTE 是在标准以太网基础上实现的时间触发网络协议，在网络系统中建立一个全局统一的时钟，终端之间的通信基于全局时间进行，其数据传输速率最高可达 1000Mb/s。因此，TTE 是一种确定性的一体化以太网，具有同步和异步通信功能。它主要适用于以下场合：

（1）周期性信息（周期性的上行控制指令和数据注入，周期性的下行数字量遥测、工程参数、科学数据等）较多，而非周期信息（随机的上下行数据、突发数据等）较少。

（2）大数据量的传输通常是短时传输，而且有具体时间段。

（3）控制通道的时间精确，可达到纳秒级，骨干网的时间精度一般在 $100\mu s$ 级可以满足要求。

（4）骨干网络规模和节点数在系统设计初始阶段就可以规划好，能够预知，网络负荷较为平稳。

TTE 有较强的容错能力，具备双冗余和三冗余的体系架构；网络的形式具有很强的灵活性，支持星形、线形、树形和环形的拓扑结构。其通信速率可达 100 Mb/s ~ 1Gb/s（铜线或光纤介质）。

2）TTE 通信协议和信息类型

（1）时间触发通信（time-triggered communication，硬实时）。每个终端和交换机都按照通信配置表（Message Descriptor List，MEDL）的要求，在规定的时刻开始收发数据。整个网络的通信配置表由专用工具采用离线方式生成，保证所有共享资源都不相互冲突。在网络中，每个终端在某一个时刻最多只有一条消息需要发送，不会出现多条消息竞争使用同一输出链路的情况，此外，网络中所有的操作都以全局时间为触发条件。在 TTE 协议中，实时性指的是传输延时不超过 $100\mu s$，时间精度误差不超过 $1\mu s$。

TTE 通信的编排按不同信息周期的最小公倍数确定簇（cluster）循环，假设三个应用 A、B、C 的周期分别为 2ms、4ms、6ms，则通信安排为图 2-27 形式。

（2）速率约束通信（Rate-constrained Communication，软实时）。当网络中

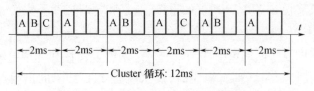

图 2 - 27　不同周期信息的通信编排

没有时间触发通信时,速率约束通信可以按照预定义的带宽进行通信。该协议主要用于对实时性要求不如时间触发通信那么严格、偶尔延时可以忍受的情况。这些数据一般不会按照固定的时间间隔周期性发送,而是在需要的时候才发送。对于这些数据,在网络通信时要预留一部分带宽以保证相应的通信服务能力。

（3）标准以太网通信（best - effort communication,非实时）。标准以太网通信被形象地形容为"尽力传"（best - effort）,采用事件触发,在交换机确认没有上述两项数据报文时,发送普通数据报文;只要有时间触发或速率约束通信,标准以太网通信将被中断。传输这类数据的一种应用是诊断数据,不需要严格的时间精度要求,并且故障是非关键的。

由此可见,三种协议中其信息分为两大类:一类是时间触发（TT）信息,主要用于时间触发通信;另一类是事件触发（ET）信息,包括 RC 通信和 BE 通信。TTE 交换机的主要功能是识别这三类信息,对 TT 信息,以抢先的模式按固定时间间隔发送;如果 ET 传送过程中需要发送 TT 信息,ET 信息将被存储在缓冲区中,在 TT 信息传输结束后,自动重传任何抢占的 ET 信息。如果 TT 信息传输的过程中需要传输 ET 信息,ET 信息也将被存储在缓冲区中并在 TT 传输结束后发送。

RC 信息有可能有较小的延迟。当 TT 和 RC 信息同时传输时,TT 信息具有更高的优先级,从而延缓 RC 信息的传输。当没有 TT 信息时,RC 将优先传输,BE 的优先级最低。图 2 - 28 所示为网络中有三种信号时的传输时间关系。

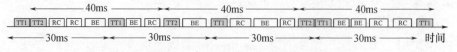

图 2 - 28　三种不同优先级信息的通信编排

协议栈中对信息的处理如图 2 - 29 所示。实时信道的优先级比标准以太网信道的优先级要高。在链路层(MAC)之上增加实时调度层,以实时调度普通数据和实时数据,两种数据在实时调度层采用基于优先级的抢占式调度方式。

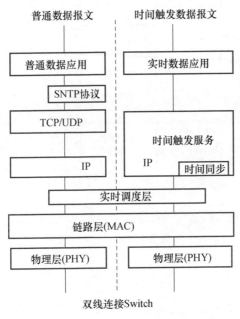

图 2 - 29　TTE 协议栈信息处理功能示意图

3) TTE 的网络结构

TTE 采用网络式拓扑结构,TTE 集群可以由一组终端通过一条或者冗余的多条通道和交换机进行连接,不同的通道通过不同的交换机相连,可以提供高可靠性的通信,同时也容易构建大型的通信网络,一个典型的网络拓扑结构如图 2 - 30 所示。

从图中可以看出,传统的以太网终端可以与 TTE 交换机和标准以太网交换机连接,但 TTE 终端只能与 TTE 交换机连接。主机通过控制器网络接口(CNI)与 TTE 控制器进行连接。

4) TTE 的同步控制

网络中存在三种节点,同步主机(Synchronization Master, SM)指网络中参与集成帧同步计算的终端节点,一般为终端,提供本地时钟参与全局统一时间计算的节点,也称为主节点。压缩主机(Compression Master, CM)指网络中参

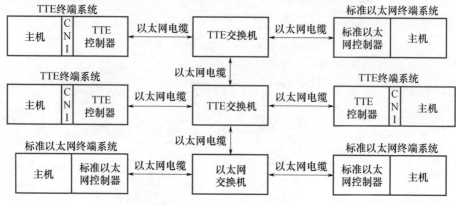

图 2 - 30　典型 TTE 网络拓扑结构

与压缩计算的交换机,按照一定的算法对各同步主节点发送的时钟进行表决计算,以生成全局统一时间,也称为压缩主节点;而其他节点(可能是交换机或终端节点)称作同步客户端(Synchronization Client, SC)或从节点,只接收统一发布的全局统一时间。

同步方法:第一步,同步主节点发送协议控制帧给压缩主节点,压缩主节点根据这些协议控制帧到达的时间计算一个平均值,并形成一个新的协议控制帧;第二步,压缩主节点发送新生成的协议控制帧,这个新的协议控制帧不仅送给各同步主节点,还送给各从节点。各节点通过对网络上同步帧的获取完成时间同步计算,使得网络上节点间的时间误差满足网络通信的需求。

协议控制帧(PCF)分为冷启动(Cold Start, CS)帧、冷启动确认(Cold Start Acknowledge,CA)帧、集成(Integration,IN)帧,是一个标准的最小长度以太网帧。图 2 - 31 描述了相应的启动和同步过程。

同步主机发送出 CS 帧,接收到 CS 帧的终端节点可判断出发送 CS 帧的是同步主机;各终端是否对自己发送出去的 CS 帧进行响应由用户可配置,在该例中,所有的终端都配置成不对自己发送出去的 CS 帧进行响应。

在该启动过程中,各终端在接收到 CS 帧后延时 T_1,发送 CA 帧,压缩主节点(同步主机)对 CA 帧进行压缩计算,生成新的 CA_1 帧;压缩 CA_1 帧随后发送到所有节点,各终端节点在接收到 CA_1 帧后,设置冷启动响应计时器 T_2,在延

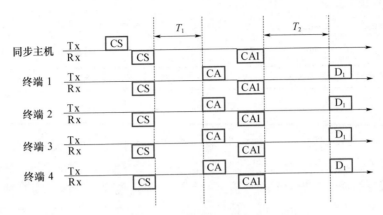

图 2 - 31　启动与同步过程示意图

时 T_2 后进入同步状态,完成系统的同步启动。

　　压缩过程[38]如图 2 - 32 所示。发送 CS 帧和 CA 帧的过程称为容错握手过程。在正常通信过程中,应由同步主机不断地发送 IN 帧到压缩主机来维持时间同步。IN 帧在每一次综合循环开始后传输,定期维持分布式时钟的同步服务。理论上,网络各 SM、SC、CM 达到同步后,调度时刻点与来自 CM 的 PCF 的固化时刻点相同,校准值为 0。在实际应用中,达到同步后,由于各个本地时钟晶振的漂移,又会造成不同步,所以在系统运行的整个过程中一直在周期性地执行时钟同步过程。

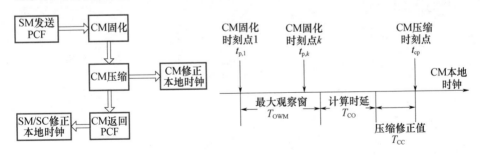

图 2 - 32　CM 压缩示意图

5）基于透明时钟的信息重构

图 2 - 33 显示了 TTEthernet 通信协议的帧格式。

透明时钟就是从发送节点到接收节点传输的累积延时,时间以 ps 为单

192bit							
32bit	32bit	32bit	8bit	8bit	4bit	44bit	32bit
集成周期	新成员关系	保留	同步优先级	同步域	类型	保留	透明时钟域

图 2 – 33   TTE thernet 通信协议的帧格式

位,记录了传输过程中产生的延迟,即一个数据从生成节点开始到目的端节点接收完成之间的总时间,包括动态传输延迟、静态传输延迟和线路延迟等。通信协议中的透明时钟域最大传输延时可以认为是最大可能的透明时钟,这个值在分系统设计时提供。最大传输延时在一个多集群范围内都有效,即属于同一个多集群集合的任何两个设备使用同一个最大传输延时。各节点采用透明时钟的值存储在 PCF 的透明时钟域中,在控制协议帧中的透明时钟域信息保证了系统中时间的同步。

　　由于系统中存在多个交换机,数据经过多个交换机转换后,到达终端的顺序可能与初始发送的顺序不同,从而造成系统内通信的异常,利用透明时钟和最大传输延时,可以进行数据接收的重建,其示意图如图 2 – 34[39]所示。在图 2 – 34 中,SM 派发的信息时刻点为 t_d,经过延时 D_t 达到最终的接收终端,D_t 被记录在帧的透明时钟域中。此时接收时刻为 t_r。但接收终端并不在此刻接收数据,而是从 t_r 时刻起,经过 $(D_{max} - D_t)$ 延时后,在 t_p 时刻采集数据,这样做的目的就是重建数据。

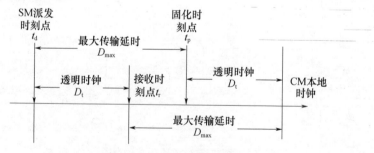

图 2 – 34   固化功能时刻图

　　图 2 – 35 的事例可能更易于理解[40],在这个序列中,同步主机发送的数据 T 和终端 1 发送的数据 D 的顺序与终端 2 接收数据的顺序不一致,数据发送过程如下:

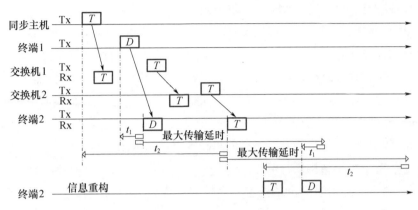

图 2-35 信息重构示意图

（1）同步主机收集数据 T，并发送到交换机 1，交换机 1 接收数据 T；

（2）终端 1 收集数据 D，并发送给终端 2，终端 2 接收数据 D；

（3）终端 2 开始计算数据 D 的接收完成时刻；

（4）交换机 1 转发数据 T 给交换机 2，交换机 2 接收数据 T；

（5）交换机 2 转发数据 T 给终端 2，终端 2 接收数据 T；

（6）终端 2 开始计算数据 T 的接收完成时刻。

图 2-35 描述的序列显示，数据 D 到达终端 2 的时间比数据 T 要早。为了重建数据 T 和 D 的发送顺序，在它们到达信息处理单元后，延时一段时间再进入消息完成状态，这个延时称为"完成延时"，其值为最大传输延时与实际传输延时之差。

实际传输延时在数据 T 和 D 传输的过程中（t_1 和 t_2）被写入数据内。消息完成状态是和单个数据相关的一个时间点，在这个时刻之后接收端可以使用这个数据，同时保证不会再接收到比这个数据更早发送的数据。在图 2-35 的描述中，数据 T 到达信息处理单元时的"透明时钟"用 t_2 来表示。"完成延时"的功能是，数据 T 和 D 会被延时，保证数据 T 和 D 在终端 2 的顺序和它们被发送的顺序一致，从而保证网络的正常通信。

2.4.2 自然环境适应性设计

相对箭上设备，地面测试设备经受更多自然环境的考验，尤其是在沿海发射场。为此，本节介绍地面设备自然环境适应性设计，其他如力、温度等环境的适应性设计可参考针对箭上产品的设计内容。

相对外部恶劣的使用环境,采用密闭三防机箱可为内部的测试设备提供一个相对优越的使用环境,对潮湿、盐雾、霉菌等不利因素进行隔离。密闭三防机箱包括结构部分、机箱电源、总线背板和散热风扇、铜箔热交换器等,其中热交换器使密闭机箱内外风道隔离,使得系统处于良好的工作环境中。机箱内部与外部密封隔离,内部防护等级一般要达到 IP65(完全防止外物侵入,完全防止灰尘进入;防止各方向飞溅的水浸入电器造成损害)。

1. 密闭机箱结构设计

一种典型的密闭机箱结构主要由机箱主壳体、热交换器、透气装置、航插等组成,其布局如图 2 - 36 所示。

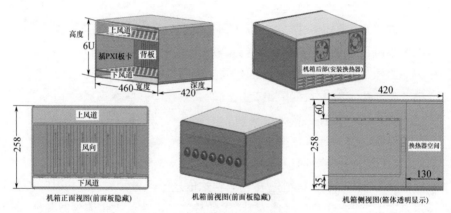

图 2 - 36 密闭三防机箱示意图

机箱外壳选用铝合金材料导电氧化,外侧涂覆专用有机涂料,满足"三防"要求。上箱壳主体和箱盖采用整体焊接、机械加工成型,箱盖连接部分作密封处理,均开密封槽,内嵌密封圈,选用的密封材料应能同时满足"三防"及密闭要求。

机箱侧壁安装有透气装置,可以使水汽排出并同时可以透气。该透气装置优点:一方面平衡由于密封、温度变化造成的密闭机箱内外压力不平衡,防止压力积聚而损坏外壳密封,从而避免灵敏元件曝露在外面;另一方面阻止外界水汽、盐分等进入机箱内部。图 2 - 37 为戈尔透气装置现场使用参照图。

图 2 - 37 戈尔透气装置现场使用参照图

机箱前面板采用 ITO 导电膜屏蔽视窗,它既能满足透视内部机箱工作状态的要求,又能满足机箱整体的电磁兼容性要求。

2. 机箱散热设计

电子设备的输入功率通过元器件(电阻性负载)转换成热能,并在设备内部散发出来,使设备机内温升增高,致使元器件的基本失效率增大,从而使设备的可靠性降低。为了解决这个技术问题,需采取使发热元器件散热冷却的措施来降低设备内部的温升,从而保证设备的可靠性。热设计是提高设备可靠性的有效措施之一,其目的是将机箱内温度控制在一定范围内,如 0~55 ℃。

密闭三防机箱的散热设计可以采用热交换器(铜箔热交换芯),其最主要的特点:其自身设计是密闭式的,内外空气隔绝;换热能力大、不会因过冷而结露;外形紧凑轻巧、安装维护方便。热交换器主要由壳体、铜箔热交换芯、内外风机、风道隔板、热交换器控制器等组成。其中影响热交换器性能的主要参数:内外风机的风量、风压;铜箔热交换芯的铜箔片数、铜箔结构等。在沿海发射场,外风机应选用防盐雾型离心风机。

热交换器外形如图 2-38 所示。

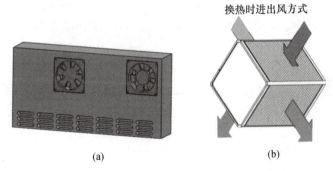

换热时进出风方式

(a)　　　　　　　　　　(b)

图 2-38　热交换器及热交换芯三维外形示意图
(a)热交换器;(b)热交换芯三维外形示意图。

热交换芯由多层铜箔复叠而成,铜箔之间间距为几毫米,机箱内的热空气和外界冷空气在热交换芯内通过铜箔进行热量交换。机箱内热空气流经换热芯时,通过铜箔和铜箔另外一侧的冷空气进行热交换,机箱内热空气被冷却,温度降低,进入机箱内;外侧冷空气流经热交换芯时,通过铜箔与其另外一侧的机箱内热空气进行热交换,温度升高,排到外界空气中。外界冷空气和机箱内热空气分别在铜箔两侧流动,不交叉,确保机箱内空气环境清洁。

密闭机箱的散热风道如图 2 - 39 所示。

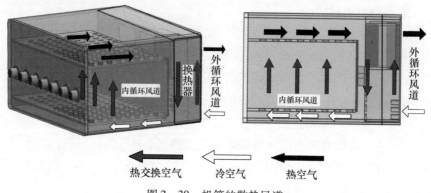

图 2 - 39　机箱的散热风道

2.4.3　地面测试供配电设备

供配电系统是地面测试系统的另一个重要组成部分,在测试阶段由地面电源对被测设备供电,仅在起飞前转由箭上电池供电。供配电系统由地面电源及供配电装置组成,地面电源主要有直流电源与中频电源两种,一般安放在前端测试电源间。

直流稳压电源的原理框图如图 2 - 40 所示。

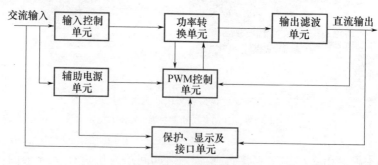

图 2 - 40　直流稳压电源的原理框图

输入控制单元通过控制三相接触器,控制交流输入电源的通断,并检测输入电压;功率转换单元完成电源内部功率转换,是开关电源的核心部分;输出滤波单元使电源输出平滑的直流电压,减小电源纹波;辅助电源单元产生电源内部正常工作所需的 12V、5V 等辅助电源；PWM 控制电路单元产生一定宽度的脉冲信号，控制功率管导通的时间，从而控制输出电压；保护、显示及接口单元检测电源输出电压、电流，并在过压、过流情况下切断电源输出。

中频电源用于伺服机构地面测试阶段电动机的供电，起飞后伺服机构由发动机提供液压能源，不再需要电源供电。中频逆变电源的工作原理框图如图 2-41 所示。

三相交流电输入整流后，送至输入滤波电路；缓启动电路(图中省略)延时一段时间，如 30s 后，在电压检测正常的情况下，将直流电压输送到由 IGBT 构成的桥式逆变电路。逆变电路采用三组单相逆变结构，每组均采用桥式逆变方案，三组电路除了相位彼此相差 120°以外，其余参数完全相同。逆变电路由微处理器进行控制，微处理器输出相位分别为 0°、120°和 240°的三相基准正弦信号并送到波形控制电路；通过波形控制电路输出三相 SPWM 波，SPWM 脉冲随采样电压的变化而变化，进而达到控制输出电压瞬态特性的目的；SPWM 波分别驱动三组 IGBT，得到逆变脉宽按正弦波规律变化的高频脉冲波，再经过输出变压器和输出滤波电路，得到稳定的三相交流电。

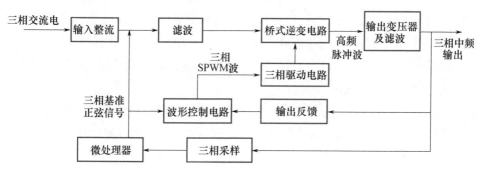

图 2-41 中频逆变电源的工作原理框图

供配电装置包括电源控制组合和供配电组合，前者完成电源本身的启、停、调压、切换等功能，后者实现对箭上设备的配电功能。

2.4.4 测试系统的功能验证

在 2.3.1 节测试系统的设计流程中已经指出，测试系统本身也要进行测试和验证，需要构建相应的运行环境，这其中最主要的是对被测对象的模拟，这类模拟设备一般称作"等效器"。

等效器用于测发控设备的调试检查。它接收地面测发控系统发来的激励信号或控制指令，经内部处理后，模拟出箭上各设备的响应，送至地面测试设备测量和发控设备显示。典型的功能包括：

（1）对地面的各种控制信号给出回令，其中供电与断电控制给出电压的反馈，软件指令根据协议给出应答。

（2）模拟地面测试设备所需的各种测试信号，包括交直流电压、电流信号，时序信号，频率信号，温度（模拟量）信号等。

（3）模拟地面测控设备的负载，考核测控设备的输出能力，如恒流源负载、点火控制负载等。

（4）模拟地面发控流程的连锁条件，主要是箭上反馈并表征当前状态的开关量信号。

（5）模拟箭地通信过程，重点模拟箭载计算机对地面发控软件的响应以及测试结果的下传等。

（6）模拟箭上设备故障后的输出，考核地面设备能否及时报警等。

当某个电气系统单独测试时，等效器也应具备对其他电气系统主要功能的模拟能力，例如，当控制系统单独测试时，模拟箭上测量系统的功能。一方面创造更加真实的工作状态；另一方面增加测试覆盖率，是对地面测试系统的补充，其作用主要包括：

（1）模拟（或部分模拟）控制系统的遥测测试，包括模拟量、数字量（通信或计算机字等）、开关量（时序信号）、总线信号等的测试并存储记录。

（2）模拟各种传感器输出，如储箱压力信号、推进剂液位信号等。

（3）模拟各系统接收控制系统发出的指令，考核控制系统的输出特性。

（4）对于载人航天运载火箭而言，模拟故障检测系统向控制系统发出中止飞行指令，以及接收控制系统发出的用于故障诊断的数字量、开关量等。

等效器的设计可以借鉴 2.4.1 节介绍的基于标准总线的测试系统，同时要具有良好的用户交互界面，因此一般采用上、下位机的设计方案。下位机采用实时操作系统，或高性能的嵌入式设备来完成采样及指令输出，以满足实时性的要求；上位机采用商用操作系统，完成测试用例和状态的设置、测试的启停控制、数据显示、存储、检索等功能。

2.5　测试技术未来发展

从提高运载火箭竞争力的角度,未来对航天运输系统的需求是快速、可靠、经济地进出空间。为适应这一趋势,强化系统研制前期的虚拟验证,提升测试验证的可信度、测试覆盖性,缩短天地之间的差异,提高测试的效率等,是各系统试验技术完善和发展的重要内容。

本节重点介绍系统级的虚拟试验技术、系统级的综合环境试验技术以及降低成本的试验技术,其他快速测试和发射控制的内容将在本书的最后一章进行专题介绍。

2.5.1　系统级的虚拟试验技术

由于缺乏完整的数字化协同设计与虚拟试验平台,设计和试验分离,导致控制系统设计的性能只能通过后期实物试验验证。而虚拟试验技术[41]能够建立系统集成优化和全数字虚拟验证环境,从而加强前期设计验证能力。

例如,一个闭环反馈的控制系统,在实物系统构建之前,可以组成如图 2 - 42 所示的虚拟系统,并在工具的支持下开展仿真验证。

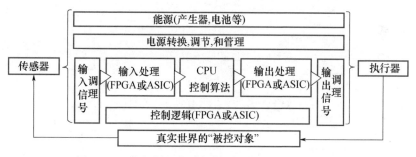

图 2 - 42　虚拟样机构建的航天器闭环反馈控制系统

系统中的设备共分为四类:①数字硬件电路;②模拟/混合信号;③嵌入式软件;④传感器、执行器、非电产品等。控制器接收传感器的信号,经过运算后输出控制信号,驱动执行机构工作;执行机构改变了飞行器的运行状态,其状态的变化又通过传感器反馈到控制器。整个系统由电池供电,并经过电源转换和配电管理等送至不同的用电设备。

　　数字与模拟信号、混合信号的联合仿真,也已经有了商业化的工具。对于传感器、执行器以及其他非电设备,一般采用数学模型(如惯性器件的模型)、等效电路模型或数学传递函数(如伺服机构)表示。IEEE 的 VHDL – AMS 语言可以进行多领域混合信号的建模,通过对其行为模型和性能的建模,从而构建完整的包含电子产品、液压设备、电机等在内的系统,并且开展热、磁等分析。目前,各种建模和协同仿真技术的发展,为系统级的虚拟验证创造了可行性,制约应用的是仿真效率。

　　虚拟样机是仿真的基础和关键。虚拟样机的设计和仿真可以分层分级构成,越是底层的设计,其模型越精细;而顶层的设计则可以提取功能模型并兼顾重要的性能指标。例如,在图 2 – 42 的虚拟系统中,当需要仿真嵌入式软件时,可以建立如图 2 – 43 所示的软硬件一体化仿真环境[42]。

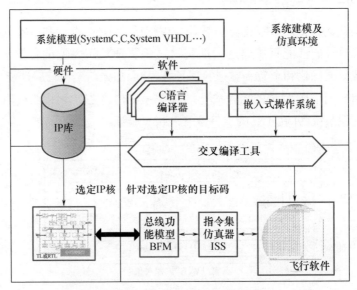

图 2 – 43　软/硬件一体化仿真环境

　　硬件环境中的 CPU 模型有以下几类:①完整的处理器模型(寄存器传输级模型,RTL),用 VHDL 或 Verilog 语言编写;②简化的处理器模型(事务级模型,TL);③用高级语言编写的行为级模型等。模型越完整,仿真的速度越慢,效率越低。

　　应用软件(包括飞行控制软件、嵌入式操作系统等)编译成该 CPU 的目标码,由指令集仿真器调用(ISS)。ISS 是一个虚拟微处理器,它将目标码进行解码和执行,对外通过处理器总线功能模型(BFM)与硬件仿真器进行交互。BFM 完成从指令级到周期级的转换,产生总线周期的序列,并实现总线接口功能,驱动这些信号进入硬件仿真环境;同时对总线周期响应进行取样,并传送回软件环境。

在虚拟试验体系框架下,方案设计阶段就可以建立数字化虚拟样机,利用设计工具、仿真工具,开展单机和系统的仿真验证工作,对系统的功能、性能进行量化考核,确定系统/设备之间的关系、接口形式、参数要求、控制流/信息流等内容,进而开展边界测试、最坏情况分析、余量摸底试验、虚拟综合环境试验等,这在实物系统中是很难开展或需要投入较大资源的。

虚拟试验技术已经从电气系统扩展到结构[43]、动力系统等,如虚拟振动试验[44-47]等。

在 20 世纪 90 年代中期,为提高航空航天产品的结构可靠性。优化航空航天产品的测试,NASA 的结构环境强度实验室提出了航空航天产品测试的基于知识的测试(Knowledge Based Testing,KBT)方法。与原来的产品测试方法不同,在 KBT 方法中,产品的测试环节在整个设计流程中被提前。KBT 的核心思想是利用快速制造技术连接起设计、分析与测试环节,以实现产品及产品测试方案的优化设计。图 2 - 44 给出了 KBT 概念的示意图。

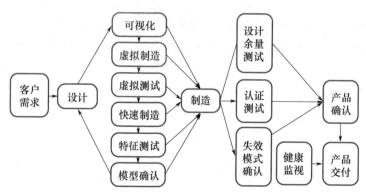

图 2 - 44 基于知识的测试

日本正在研制新一代旗舰运载火箭 H - X,其突出的特点之一是具有鲁棒性更强和可靠性极高的发动机,实现这一点的主要手段是建模分析[48,49]。首先,基于以往的经验知识和故障树/事件树分析结果辨识出所有的故障模式;其次,采用基于模型的量化风险评估技术,将概率设计分析应用于组件级的试验结果分析和基于失效机理的解析模型分析,并结合故障树/事件树计算系统的可靠性;最后,制定设计改进和零部组件级的试验计划。在此基础上,通过不确定性的量化分析,对解析模型的有效性进行评估。这区别于以往依赖发动机点火试车的做法,这些做法需要花费大量的经费。LE – X 发动机分析流程如图 2 –45 所示,它是实现高性能、高可靠性和低成本的主要手段。

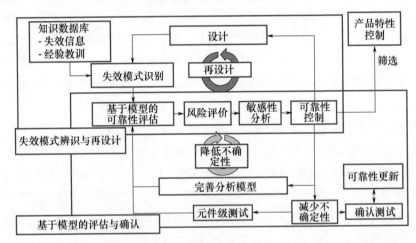

图 2 –45　日本 LE – X 发动机分析流程

在上述虚拟试验基础上,结合虚拟噪声试验[50]、虚拟热试验[51]等成果,最终可以构建电气系统虚拟试验框架体系,如图 2 –46 所示,它是个多学科的仿真试验平台。

虚拟试验的结果能够快速反馈至设计环节,将工作重心前移,避免方案设计反复,提高设计成功率。在此期间,技术状态的更改对成本和进度的影响最小。

2.5.2　系统级的综合环境试验

1. 环境条件的综合[5,8]

航天产品在飞行中,其经受的环境是多种并存的。但环境试验常单项开展,这是出于研制经费、进度和试验的便利性等做出的决策。近年来,对试验"天地"差异性的认识逐渐深入,试验本身就是要尽量能再现产品遇到的真实

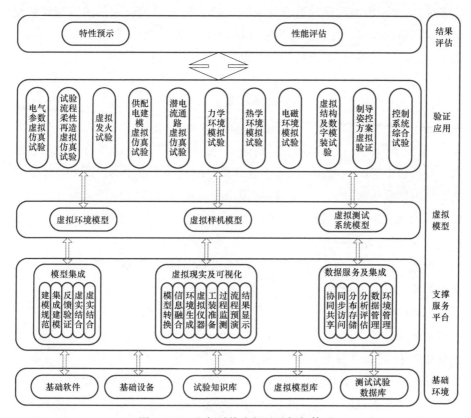

图2-46　电气系统虚拟试验框架体系

环境,如果存在多种环境,应考虑这些环境的同时作用。

美国空军早就发现,实验室的 MTBF 评估值比起现场使用中的评估值要长很多,其中 6.5:1 是由于试验条件不真实造成的。这直接导致了美国空军的 CERT 计划和广为人知的四综合(振动、温度、高度和湿度)试验,不仅要将实际作用的数种环境同时施加于被试产品,同时还要实现这些环境随时间的变化,即任务剖面的实时模拟。对火箭而言,加速度与振动环境组合会对结构件产生不利影响,美国、法国均建立起离心机和振动台综合环境试验设备。随着更加先进复杂的光电设备的应用,还需要考虑多种环境之间的协合效应(synergistic effect)。

首先,以力学环境试验为例,火箭体积庞大、设备分散,所以设备均是独立开展。但是,设备试验条件是在有限个测点的基础上,通过包络化的处理措施而确定的,并不能准确反映被测设备的真实环境,尤其当测量传感器与设备安装位置相距较大时。为了避免风险,试验条件总是按偏保守的思路最终确定,直接导致箭上设备成本、质量等的增加。尽管如此,仍不能完全避免过应力或欠应力两种隐患。

其次,火箭产品实际经受的振动往往是多方向同时发生的,而现在的振动试验是在三个轴向分别进行。即使多轴振动,也一般只在三个方向上进行线运动,实际飞行还存在转动运动。目前,一种称作6DOF的力学环境试验已经在一些项目中尝试开展,例如,ESA在其荷兰的空间技术中心(ESTEC)建立起的6自由度水压振动台[52]。但环境预示出的振动条件如何转化为线运动和角运动的试验条件,即总振动条件中多少分量是线运动产生的,多少是角运动产生的,需要合理分析确定。

再者,飞行时的结构状态与试验状态也差别较大,需要尽可能地开展整个舱段的试验,即"系统级"的集成试验,试验条件更真实。

此外,试验中利用加速度响应作为控制参数也带来了一定的问题,采用限制输入振动力的力控技术[53](force - limiting)已经开始在航天领域多轴振动试验中应用,可使产品受到更合理的考核。

热环境试验存在类似的问题。在单项测试中,热环境或热辐射的条件经常被转换为高温试验,但这种转换没有考虑设备的反射、遮挡以及温度场的特点,同样存在过应力或欠应力的情况,这导致长征火箭二级发动机尾舱的许多设备因考核不充分而在飞行中发生与热环境相关的故障。

表2-3列出了不同环境组合对设备的影响,对于影响性会相互加强的组合,应尽可能地将环境条件综合在一起考核。

表2-3 不同环境组合对设备的影响

序号	环境组合	影响
1	高温和湿度	高温会增加湿度的渗透率。湿度的损坏效应一般随温度升高而增加
2	高温和低气压	两种环境互相依从。应力降低,材料出气增加;温度增加,材料出气也增加;因此二者互相加强
3	高温与冲击、振动	对材料性质有影响,会相互加强,其影响程度与环境强度相关。其中聚合物最易受到这种组合环境作用的影响
4	高温与加速度	与3类似

（续）

序号	环境组合	影响
5	低温与湿度	随着温度降低,相对湿度会增加,导致结构强度降低,电性能改变。低温还会引起湿气的凝结
6	低温与低气压	加速密封的泄漏
7	低温与冲击、振动	低温会加强冲击和振动的作用
8	低温与加速度	低温会加强加速度作用
9	湿度与低气压	湿度增加了低压的影响,特别对电子设备。但实际效应主要由温度决定
10	湿度与振动	加速电工材料的击穿
11	低气压和振动	特别会对电子设备产生加强的效应

2. 试验设备的综合

整舱试验,如整个火箭仪器舱的试验,其优点是电磁环境更加真实。当单个设备测试时,无法有效地考核其电磁兼容性,即使在桌面连试的条件下,设备的空间相对关系、电缆的铺设等均与实际情况不符。而在整舱的综合环境试验中,各设备之间的连接、电磁传导和辐射的情况均与实际最为接近。

3. 试验状态的等效性

传统单机级的环境试验主要考核功能,而环境条件首先影响的是电子产品的性能,当性能下降到一定程度时体现为功能性故障。因此,如果不具备对性能进行考核的能力,将难以评估产品对环境的适应性。

例如,惯性器件在环境试验中,由于无法标定参数,往往在试验前和试验后,在静态条件下对性能进行检测。而在振动试验过程中,一般只监测功能,如是否出现无输出的情况等。但实际飞行一直处于过载和振动的动态条件下,已经发现动态精度与静态标定值有差异,如何对动态精度进行评估应引起重视。

综上所述,要深入研究综合试验环境模拟技术,对系统及设备的电、磁、热、力等环境条件进行模拟,构建一个综合试验环境平台,并且考虑成本、易实现等特性。同时,试验中尽可能按照真实的安装位置、接口关系和运行剖面进行考核,要具备性能考核的能力,才能辨识环境条件对产品性能的影响,并提前发现故障征兆。

⊿ 2.5.3　降低成本的试验技术

随着对可靠性要求的提高,试验将耗费大量的时间、人力和物质成本,这无疑降低了火箭的竞争力。能否通过对产品失效机理的研究,形成一些新的试验技术,在不花费大量成本的基础下,迅速地满足使用要求? 这方面的主要研究方向包括以下几点。

1. 缩短试验时间的方法[54,55]

缩短试验时间的方法有高加速寿命试验(HALT)、高加速应力筛选试验(HASS)等。高加速寿命试验是在保持失效机理不变的条件下,采用加速应力水平来进行产品的寿命试验,从而缩短试验时间,提高试验效率并降低了试验成本。若高加速寿命与实用寿命的失效模式相同,上述方法较为有效。但实际应用中上述条件可能并不存在,因此为合理确定工程上可接受的加速因子,需要通过大量的试验确定模型。

高加速应力筛选是使产品在不影响产品可靠性的情况下优化生产筛选过程。HASS 使用非破坏性的极限温度应力和温度变化率,一般在 HALT 试验明确产品的极限应力范围后,适当减少试验应力作为 HASS 的试验条件,即 HALT 是 HASS 的基础。国内 HASS 在惯性器件的筛选[56]中已经开展了有益的尝试。

2. 极小子样下的可靠性试验及分析技术

可靠性试验需要一定的子样才能对产品性能的一致性进行充分的考核。而运载火箭的应用往往是小子样甚至极小子样,如 1~2 台产品。因此,开展可靠性试验需要新增许多设备,这无疑也增加了成本。如果通过极小子样的试验也能得出合理的分析结果,无疑在经济上是十分合算的。该项技术需要开展的研究内容包括:可靠性评估技术,针对有限产品的试验结果,对产品可靠性进行评估;可靠性预计技术,如基于定检数据对产品的储存可靠性进行评估、对产品的寿命进行评估等,目前还缺乏一种通用的处理方法。

3. COTS 器件的升级筛选试验[57]

在本书介绍的测试技术中,并不包含元器件的测试项目。但是,降低火箭的成本是目前提升火箭竞争力的重要内容,其中通过合理选择元器件来降低成本是有效手段之一。为此,本书用较小的篇幅对这方面内容作简要介绍。

在火箭的设计中,电子产品倾向于采用高等级的元器件,这直接带来了电子产品价格的攀升。低等级的器件可靠性稍低,这类器件大致分为三类:

(1) 工厂宇航级,即在同一生产厂家生产,各项质量控制措施与宇航级基本一致,只是该生产线未通过宇航部门的鉴定,这类产品质量也很高,但价格较宇航级要低,用户可以增加适当的复验筛选来进一步检查。

(2)产品在同样的生产线上生产,但只进行了常规项目的筛选,没有严格按照宇航级产品的筛选要求进行。对于这类产品,用户可以自行开展补充筛选,从而降低购买成本。需要注意的是,这些采用标准筛选流程的产品与宇航级产品在零组件的一致性上可能会存在差异。

(3)统一归类 COTS 器件,即商用货架产品,包括工业级器件(-40~85℃,塑料或陶瓷封装)、宽温级器件(-55~105℃)甚至商业级器件(0~55℃)。通过合理的筛选,以及降额设计、冗余设计等,将这些产品应用在航天器上也是可行的,这称作 COTS 器件的升级筛选。

美国国防部、NASA 以及欧洲航天部门均制定了 COTS 器件应用的一些规范和标准[58,59],针对 COTS 器件应用的经验可以归结如下:

(1)对环境(工作温度、潮湿、盐雾等)进行定义;

(2)选择器件的标准是器件结温而不是环境温度;

(3)对元器件实施降额,以满足包括结温要求在内的各种限制条件;

(4)根据元器件的真实特性而不是器件手册给出的范围进行设计;

(5)对元器件进行升级筛选。

在 COTS 器件中,影响可靠性的因素主要是工作温度范围窄,塑料封装,对潮湿敏感,设计、材料、芯片、生产过程控制的可追溯性很差等。因此筛选也重点针对这些方面,并被冠以"升级"的名义。需要注意的是,升级筛选只是选出适合特定任务的产品,对是否适合其他任务,或其他同样等级的产品是否适合本任务,均没有任何借鉴意义,即试验结果仅对该批产品有效,筛选条件根据产品的特点和使用场合而定。

随着设计手段和方法的改进,测试技术也不断面临技术和管理的革新。近年来,综合模块化电子系统(Integrated Modular Avionics,IMA)在航空以及航天的应用愈来愈受到重视。IMA 采用通用化设计平台、模块化电子设备,通过组合化、集成化构成整机产品;通过基于操作系统的设计,将底层硬件与应用软件隔离;通过分区操作系统的设计,实现不同应用的隔离。针对这一趋势,测试技术也体现出分层、分级的趋势。当设计平台和重用构件的成熟度达到了较高水平后,测试的重点将集中在应用测试和集成测试,这样也能大大降低测试的成本。限于篇幅,有关这方面的内容不再赘述。

参考文献

[1] 徐延万. 控制系统:中、下[M]. 导弹与航天丛书——液体弹道导弹与运载火箭系列. 北京:宇航出版社,1992.

[2] 胡海峰,等. 运载火箭控制系统试验体系与技术发展研究[C]//第三届国防科技工业试验与测试技术发展战略高层论坛. 北京:2010.

[3] 蔡远文,余国浩. 运载火箭测试方法研究[J]. 航天控制,2004,22(1):55 – 57.

[4] 郭莹,何薇,郗旻,等. 运载火箭出厂测试状态控制优化技术研究[J]. 航空制造技术, 2014(16):99 – 103.

[5] 金恂叔. 航天器的环境试验及其发展趋势[J]. 航天器环境过程,2002,19(2):1 – 10.

[6] 国防科学技术工业委员会. 运载器、上面级、航天器试验要求:GJB1027A – 2005[S]. 北京:国防科工委军标出版发行部,2006,4.

[7] 张小达. GJB 1027A—2005《运载器、上面级、航天器试验要求》修订过程介绍[J]. 航天器环境工程,2006, 23(4):245 – 248.

[8] 金恂叔. 论航天器的综合环境试验[J]. 环境技术, 1999(2):14 – 22.

[9] 胡昌华,马清亮,郑健飞. 导弹测试与发射控制技术[M]. 北京:国防工业出版社,2010.

[10] 普雷斯曼. 软件工程:实践者的研究方法[M]. 郑人杰,马素霞,等译. 1版. 北京:机械工业出版社,2011.

[11] Myers G J, Sandler C, Badgett T. The art of software testing [M]. 3rd ed. Hoboken:John Wiley & Sons, 2011.

[12] Chillarege R. Software testing best practices [R]. IBM, IBM Research RC21457.

[13] 宋征宇. 载人航天工程运载火箭嵌入式软件测试技术[C]//空间站工程软件工程化交流研讨会. 北京:2015.

[14] Nidhra S, Dondeti J. Black box and white box testing technique – A literature review [J]. International Journal of Advanced Computer Science and Applications, 2012, 2(2): 29 – 50.

[15] Kelly J H, Dan S V, John J C, et al. A practical tutorial on modified condition/decision coverage [R]. NASA, NASA/TM – 2001 – 210876.

[16] Graaf B, Lormans M, Toetenel H. Embedded software engineering:The state of the practice [J]. IEEE software, 2003(11/12):61 – 69.

[17] Pontes R P, Martins E, Ambrósi A M, et al. Embedded critical software testing for aerospace applications based on PUS[C]//XXVIII Simpósio Brasileiro de Redes de Computadores e Sistemas Distribuídos, XI Workshop de Testes e Tolerância a Falhas (WTF).

Gramado, RS, Brazil,24 a 28 de maio de 2010.

[18] Saxena A, Roychoudhury I, Lin W, et al. Towards requirements in systems engineering for aerospace IVHM design[C]// AIAA Infotech@ Aerospace conference 2013. Boston, Massachusetts, USA, August 19 – 22, 2013.

[19] United States of America, Department of Defense. Test ability program for systems and equipments: MIL – STD – 2165A[S]. Washington DC.: Department of Defense, 1993,2.

[20] 国防科学技术工业委员会. 装备测试性大纲:GJB2547 – 95[S]. 北京:国防科工委军标出版发行部,1996,6.

[21] 中国航天工业总公司航天工业行业标准. 航天产品测试性设计准则:QJ3051 – 1998[S]. 北京:航天工业总公司, 1998,9.

[22] 王厚军. 可测试性设计技术的回顾与发展综述[J]. 中国科技论文在线,2008,3(1):52 – 58.

[23] 李彬,张强,任焜,等. 航天器可测试性设计研究[J]. 空间控制技术与应用,2010,36(5):13 – 17.

[24] 韩乐. 飞行器系统级可测试性设计方法研究[J]. 电子产品世界,2008(6):130 – 133.

[25] Nair C. Modular rest architectures for the aerospace industry[C]// AUTOTESTCON Proceedings. Huntsville: 2002.

[26] 付平. 先进测试总线的发展与建议[C]//第三届国防科技工业试验与测试技术发展战略高层论坛. 北京:2010.

[27] 韩树旺,胡迎红. VXI 总线技术在航天地面测试系统中的应用分析[J]. 导弹与航天运载技术,1996(1):63 – 70.

[28] PXI express hardware specification revision 1. 0: PXI^{TM} – 5[S]. PXI Systems Alliance, 2005.

[29] American national standard for VPX baseline standard:ANSI/VITA 46. 0 – 2007[S]. American National Standards Institute,Inc, 2007.

[30] Acromag. Introduction to VPX – VITA 46, 48, and 65: The Next Generation VME system replacement[EB/OL]. [2010 – 09 – 08]. http://www. acromag. com/sites/default/files/Introduction_to_VPX_906A. pdf.

[31] American National Standards Institute. OpenVPX: ANSI/VITA 65 – 2012[S]. La Grange Park: American Nuclear Society, 2012,1.

[32] Ken Grob,Elma Electronic Inc. Using OpenVPX profiles to design, build systems[EB/OL]. [2012 – 03 – 12]. http://www. eetindia. co. in/STATIC/PDF/201203/EEIOL_2012MAR12_EMS_TA_01. pdf? SOURCES = DOWNLOAD.

[33] Poledna S,TTTech Computertechnik AG. TTEthernet communication[EB/OL]. [2010 – 06 – 27]. http://webhost. laas. fr/TSF/IFIPWG/Workshops&Meetings/58/researchre-

ports/04. Poledna. pdf.

[34] Steiner W, Bauer G. Ethernet for space applications：TTEthernet［C］// International SpaceWire Conference, November 4 - 6, 2008, Nara, Japan. University of Dundee：Space Technology Center, c2008：131 - 138.

[35] Steiner W, Maier R, Jameux D, et al. Time - triggered services for SpaceWire［C］//International SpaceWire Conference, November 4 - 6, 2008, Nara, Japan. University of Dundee：Space Technology Center, c2008：121 - 129.

[36] Plankensteiner M, TTTech Computertechnik A G. TTEtherne：A Powerful Network Solution for All Purposes［EB/OL］.［2010 - 04 - 30］. http://repository. tudelft. nl/view/ir/uuid%3Aaaebba90 - 7652 - 4278 - 9943 - a1c3a7db1ec6/.

[37] 易娟,熊华钢,何锋,等. TTE 网络流量转换策略及其延时性能保障调度算法研究［J］. 航空学报, 2014,35(4)：1071 - 1078.

[38] 兰杰,朱晓飞,陈亚,等. 时间触发以太网标准研究［J］. 航空标准化与质量, 2013 (5):24 - 27,56.

[39] 刘晚春,李峭,何锋,等. 时间触发以太网同步及调度机制的研究［J］. 航空计算技术,2011,41(4):122 - 127.

[40] Steiner W. An Introduction to TTEthernet［EB/OL］. (2013 - 04 - 26)［2013 - 05 - 18］. http://ti. tuwien. ac. at/cps/teaching/courses/deterministic - networking/lecture - slides/detnet04_TTEthernet. pdf.

[41] Maguire L P, McGinnity T M, McDaid L J. Issues in the development of an integrated environment for embedded system design - part B：design and implementation ［J］. Microprocessors and Microsystems, 1999,23(4):199 - 206.

[42] 宋征宇. 基于软硬件协同设计的航天控制系统综合技术［J］. 航天控制,2013,31 (2):9 - 15.

[43] 李霖圣. 航天器虚拟振动试验系统研究［D］. 哈尔滨:哈尔滨工业大学, 2012.

[44] Ricci S, Peeters B, Debille J, et al. Virtual shaker testing：A novel approach for improving vibration test performance［C］//International Conference on Noise and Vibration Engineering, September 15 - 17, 2008 Leuven, Belgium. Katholieke Universiteit Leuven：Department of Mechanical Engineering,c2008：1767 - 1782.

[45] Ricci S,Peeters B. Virtual shaker testing for predicting and improving vibration test performance［C］//Society for Experimental Mechanics Inc. ,Proceedings of the IMAC - XXVII,February 9 - 12,2009, Orlando, USA. Red Hook, Curran Associates Inc. , c2009 (vol. 1):1568 - 1583.

[46] Betts J, Vansant K, Paulson C,et al. Smart testing using virtual vibration testing［C］//Proceedings of the 24th Aerospace Testing Seminar (ATS), April 8 - 10,2008, Manhattan Beach,USA. Red Hook：Curran Associates Inc. , c2010：716 - 733.

[47] Appolloni M, Cozzani A. Use of advanced integrated CAE tools to provide an end – to – end simulation of payload testing on Hydra[C]//Proceedings of Seminar on Integrated open CAD/CAE Platforms for Mechanical Engineering, September 28, 2005, Noordwijk, Netherlands. ESA: ESTEC, c2005: 579 – 591.

[48] Kawatsu K, Taguchi H, Kurosu A, et al. Affordable high – reliability realization approach in liquid rocket engine development for new national flagship launch vehicle [C]//TRISMAC 2015, May 18 – 20, 2015, Frascati, Italy.

[49] Naoki T, Nobuhiro Y, Akihide K, et al. An End – to – End High Fidelity Numerical Simulation of the LE – X Engine – Engine Performance Evaluation and Risk Mitigation Study [C]//47th AIAA/ASME/SAE/ASEE Joint Propulsion Conference & Exhibit, July 31 – August 03, 2011, San Diego, USA. Reston: AIAA, 2011 – 5931.

[50] 王婉秋, 刘闯. 航天器虚拟噪声试验系统方案设计[J]. 航天器环境工程, 2009, 26 (2): 140 – 142.

[51] 窦强, 庞贺伟, 魏传峰, 等. 航天器虚拟热试验平台的软件架构及其应用[J]. 航天器环境工程, 2007, 24(6): 370 – 373.

[52] Brinkmann P W, Kretz D. The design concept of the 6 – degree – of – freedom hydraulic shaker at ESTEC[C]//The 17th Space Simulation Conference on Terrestrial Test for Space Success, November 9 – 12, 1992, Baltimore, MD, USA. NASA: Goddard Space Flight Center, NASA – CP – 3181, c1992: 82 – 107.

[53] 钱志英, 肖伟, 徐兰菊, 等. 力限技术在航天器振动试验中的应用[J]. 航天器工程, 2012, 21(3): 101 – 106.

[54] Hobbs G K. 高加速寿命试验与高加速应力筛选[M]. 丁其伯, 译. 北京: 航空工业出版社, 2012.

[55] 褚卫华, 陈循, 陶俊勇, 等. 高加速寿命试验(HALT)与高加速应力筛选(HASS)[J]. 强度与环境, 2002, 29(4): 23 – 37.

[56] 李敏, 陈云霞, 康锐. 高加速应力筛选试验中惯性器件性能建模与一致性测试[J]. 中国惯性技术学报, 2011, 19(1): 111 – 115, 126.

[57] Electrical, electronic, and electromechanical (EEE) parts upgrade screening and qualification requirements Revision E[R]. Houston, USA: Johnson Space Center, SSQ25001.

[58] Teverovsky A, Sahu K. PEM – INST – 001: Instructions for plastic encapsulated microcircuit (PEM) selection, screening, and qualification[R]. NASA, NASA/TP – 2003 – 212244.

[59] General Requirement for the Use of Commercial EEE parts in space applications[R]. French Space Agency, RNC – CNES – Q – 60 – 523; German Space Agency, DLR – RF – PS – 006.

第 3 章
设备级测试技术

本章介绍设备级的测试，重点分为两方面的内容，即功能性能测试与可靠性试验。

航天领域有一条经验，"测试你要飞行的，飞行你所测试过的"（test what you fly, fly what you test）[1]。第一句强调了测试的等效性，也就是要缩短测试中天地之间的差异性；飞行中要使用的功能，在地面测试阶段一定要测试到。但是进入系统测试阶段，由于许多测试用例难以在系统中开展，因此设备级测试就成了确保测试有效性的重要环节。在这其中，要注意测试与调试的区别。由于早期认识不够，经常将硬件调试的功能作为测试，将任务书要求的各项指标逐项调试通过就认为测试合格，并且调试的手段主要是施加静态激励、检测静态输出，测试的强度以及边界条件等均未能考核到，也不符合实际的使用情况。因此本章重点强调设备级的测试一定要涵盖系统使用的工况并尽可能加严考核。考虑到控制系统设备的性质和复杂程度，将其分为三类进行介绍：控制器类产品，包括箭载计算机和各级/各类控制器；惯性器件，包括捷联惯组以及由加速度计和速率陀螺组成的产品；总线网络。其他产品，如组成供配电子系统的设备等，就不再展开介绍。

本章第二项重点内容是可靠性试验，分可靠性增长试验和强化试验。针对可靠性增长试验，本章介绍了如何根据力学环境测量参数修订试验条件，以及如何计算可靠性增长试验本身的各项参数。可靠性强化试验的目的是快速激发产品的缺陷,为改进设计提供依据,同时获取产品所能承受的极限条件参数。本章介绍了试验项目和方法,其试验结果可以为高加速应力筛选条件的制定提供依据。

3.1　功能性能测试

功能性能测试是设备级测试的基础,并且贯穿于各类试验的始终,任何一项试验,只要设备加电测试,其进行的就是功能性能测试项目。

设备级的功能性能测试(有时也称作单元测试),在设计测试用例时要关注以下环节:

(1)尽可能模拟真实使用条件。例如,箭载计算机通过多路脉冲计数器接口录取惯性设备中陀螺和加速度计的信息,如果单元测试时逐一对每一路脉冲单独测试,这就没有覆盖在系统中多路脉冲同时录取时的工况,从而会对全工况下的电磁兼容性等考核不充分。

(2)确保测试用例对任务书要求的覆盖性。可以建立如表 3 - 1 所列的需求跟踪表。

表 3 - 1　测试需求跟踪表

任务书条目	测试需求	测试用例	预期测试结果	其他旁证措施
……	……	……	……	……

第一列逐一填写任务书的条目,为避免漏项,不能裁剪任务书的条目。有些任务书的条目是概述性的,可能难以对应具体的测试需求,这就需要在第二列加以说明。这个表格会反馈到任务书提出方,双方共同确认是否确实难以提炼测试需求,以避免主观上的误判,同时也可以提醒任务提出方改进任务书的内容,尽可能做到任务书的所有条目均可检测。

(3)兼顾功能测试和性能测试。通常,性能测试在调试阶段进行,采用手工的方式测试,而在自动化的验收性测试中,往往忽略性能指标的验证,只进行功能测试,尤其对于数字化的电子产品。但忽略性能测试会埋下隐患,并且许多性能指标都是可测的:实时性、时间精度、最大负载率、最大通信速率、抗干扰设计的信号门槛、中断响应时间等。没有性能测试,量化指标将无从考核。

（4）各种工况均要考核：①兼顾常态和边界条件的测试。常态指在各种标称情况下的测试,任何量化指标均存在边界条件,如系统供电电压上下限、最高通信速率、最长通信距离、并发中断上限、有效信号门限电压等。针对这些指标,要设计边界条件下的测试用例,适当还要加严条件,以考核设计余量。

②进行正常与故障条件下的测试。故障包含两方面的含义：一是输入信号或负载等被测设备的外围设备发生了故障,要考核其适应性;二是自身故障,当然是在可恢复且设备未损坏的条件下。尤其针对冗余设计,要通过模拟故障来考核冗余效果。

③关注稳态与动态(瞬态)条件下的测试。常用的测试用例均是静态激励,但动态条件下的性能也非常关键,真实使用情况也是动态的。例如,惯性器件的动态指标与其静态下的标定结果是有差别的。瞬态指的是电气信号的瞬时或过渡状态,如加电瞬间浪涌电流的峰值、持续时间等,这对供电能力、电磁兼容性设计等均有影响。

（5）软件与硬件集成测试。对含有嵌入式软件的产品而言,最终状态的软件应与硬件集成测试,而不能用其他方便调试的软件替代,否则无法在验收试验中考核软硬件的匹配性,更不能将这项工作留到系统试验中验证,即不能用系统试验代替单机测试,因为系统试验的代价更大。

⊠ 3.1.1　控制器类产品的测试

控制器类产品包括箭载计算机、综合控制器、伺服控制器等,其基本配置差别不大,随着各种平台化设计开发技术的应用,这些产品的相似度在增强,这也为测试带来了便利条件。

控制器类产品一般由 CPU 模块、供电模块和各种 I/O 模块构成。其中：CPU 模块相当于小型的计算机系统,包含 CPU、内存、各种逻辑控制电路、内部总线接口等;I/O 模块则根据具体控制器的作用而针对性设计,例如,计算机中,I/O 模块主要为各种总线接口(1553B、422、485、脉冲量、开关量、LVDS等);综合控制器则为各路大功率开关量输出接口,伺服控制器为模拟量放大电路接口(驱动伺服阀),而推力调节控制器则为电机 PWM 控制接口。本书以综合控制器介绍测试方案的设计。

综合控制器的主要功能简单描述如下：通过 1553B 总线接收箭载计算机

发送的关机信号,或录取到耗尽关机信号后,自主完成关机时序的控制,输出各路开关量信号至相应的电磁阀和火工品,其中电磁阀通路的工作电流不超过7A,而每路火工品通路的引爆电流不超过50A/50ms;通过485接口录取各个贮箱三冗余的压力传感器信号,经过滤波后,根据增压控制算法,控制相应电磁阀的通与断,工作电流不超过7A;对所有输出控制信号进行回采自检,并通过1553B总线转发至总线监视器(遥测系统)。在加电后完成自检功能,在接收到箭载计算机发送的"自检"指令后,重新自检并回送自检信息。具有调试接口,可以在不打开机箱的情况下进行程序的装载和可编程器件的代码修改。整机采用28V供电,三冗余设计。

构建如图3-1所示的单元测试系统,模拟综合控制器软/硬件协同运行所需的环境,具备以下接口功能(根据上面功能简介而定):

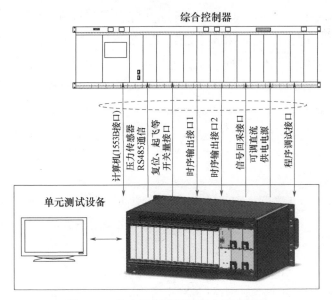

图3-1 综合控制器测试平台原理框图

(1)通过开关量输出复位、起飞、耗尽关机等信号;

(2)两个1553B站点,分别模拟箭载计算机和总线监视器(MT);

(3)多个485模拟源,模拟多路贮箱的压力传感器;

(4)多路时序测量接口,用于测试与发动机点火或关机相关的电磁阀控制信号、与控制时序相关的火工品通路控制信号,以及与增压控制相关的增压控制信号；

（5）模拟火工品、电磁阀负载，从而提供回采的测量点；

（6）程序调试接口；

（7）可调供电电源接口，可以进行电源拉偏试验。

测试的原理：根据预先设置的应用场景，地面测试仪给出起飞信号，启动测试；按照测试用例的设计，通过1553B总线模拟箭机发出关机信号，或通过开关量接口模拟发出推进剂耗尽信号，并实时采集综合控制器发出的时序指令是否满足要求；模拟压力传感器发出各路压力信号，并实时采集增压信号的输出，判断增压控制逻辑是否正常；通过1553B总线监视器，录取综合控制器自采并转发给总线监视器的时序信号，与单元测试仪实时采集的信号进行对比。

在上述功能性测试的基础上，综合分析综合控制器的可靠性设计要求、信号特征，在故障模拟和边界测试等方面制定如下测试策略：

（1）由于整机三冗余设计，此三个单机模块应具备单独加电或单独加载程序的功能，通过断电或不加载程序来模拟某个单机模块故障，考核三冗余设计的冗余管理功能。

（2）1553B通信、485通信均存在故障检测功能，因此单元测试设备应能模拟故障的信息报文，检验综合控制器对故障信息的处理能力（通用板卡不具备故障模拟功能）。

（3）对于三冗余的压力传感器、三冗余的1553B总线指令，可以模拟某一路指令或信息与其他两路不同，也可以模拟三路信息存在较大的不同步，从而考核异常情况下的适应能力。

（4）压力信号的模拟应能灵活设置变化范围和趋势，数据类型包括超出正常压力值范围、需要增压的模拟、停止增压的模拟、保持状态的模拟、通信中断的模拟等。要避免采用一组固定的信号，这样将只能考核综合控制器在一种固定测试用例下的性能。

（5）模拟系统供电 (28 ± 3) V 的全部范围。

（6）调整压力传感器的通信周期，符合 (20 ± 2) ms 的实际情况。

（7）调整起飞、耗尽等开关量信号幅值，考核抗干扰门槛的满足情况。

（8）对电磁阀控制通路的7A输出电流能力进行测试。

（9）对火工品通路 50A/50ms 的输出能力进行测试。

（10）对上电瞬间的过渡过程进行测量,包括浪涌电流的幅值和持续时间等。

对于上述第(9)、(10)项测试内容,也可以安排在例行试验中进行。需要注意的是,第(8)项是常态输出,应纳入老炼试验、可靠性增长试验等的范畴,即必须带载参加测试,否则失去了考核的目的。而第(9)项是脉冲输出,考核过载输出能力,一般有次数的限制,因此可以不用每台产品均测试。

测试平台的软件要保证实时性,通常采用以下两种系统架构:

（1）采用上下位机的体系架构:下位机运行实时嵌入式操作系统,确保测试平台必须具有的良好实时性;上位机满足人性化的操作界面,方便操作人员使用,可采用商用的,如 Windows 操作系统等,上下位机之间通过网络连接。

（2）采用基于 RTX 的 Windows 实时操作系统技术[2,3],其基本架构仍然是 Windows 操作系统,同时将实时性的 RTX 技术嵌入到 Windows 操作系统中来。利用这一技术,界面操作运行在 Windows 环境下,具有丰富美观的操作界面;实时控制子系统则运行在 RTX 环境下,具备了实时性特征。

通过上述分析可以看出,完成详细的单元测试是一件较为复杂的工作;而如果产品的差异性较大,每台产品均重新设计测试仪,并且这些测试设备均要定制,那将带来较大的开发成本。如果被测产品按照统一的开发平台进行设计,形成产品化的单机,将使得原本大量整机测试的工作提前到模块级,整机仅开展集成测试,这样既可以节省整机生产时间,也可以最大程度地共用测试设备。

3.1.2 惯性器件的测试

通过高精度的位置台和速率转台,利用不同位置下陀螺和加速度计的输出,通过求解方程,得出各项误差系数,并将用于飞行中的导航计算。但近年来在使用中也发现,惯性器件在动态条件下的精度与静态的标定结果存在差异。但在动态下无法分离误差系数,因此为考核惯性测量组合(惯组)的动态精度,采用导航精度的试验方法,这是对精度的综合评价。

1. 惯性器件的标定

惯性器件的标定已形成一套成熟的方法[4,5],下面以激光惯组为例进行介绍。

1）陀螺及加表误差模型

激光陀螺的误差模型为

$$\begin{cases} (\Delta N_{gx+} \cdot K_{gx+} - \Delta N_{gx-} \cdot K_{gx-}) = D_{0x} + \omega_x + D_{xy} \cdot \omega_y + D_{xz} \cdot \omega_z \\ (\Delta N_{gy+} \cdot K_{gy+} - \Delta N_{gy-} \cdot K_{gy-}) = D_{0y} + D_{yx} \cdot \omega_x + \omega_y + D_{yz} \cdot \omega_z \\ (\Delta N_{gz+} \cdot K_{gz+} - \Delta N_{gz-} \cdot K_{gz-}) = D_{0z} + D_{zx} \cdot \omega_x + D_{zy} \cdot \omega_y + \omega_z \end{cases}$$

$$(3-1)$$

式中：D_{0x}为G_x陀螺仪的零次项漂移（(°)/h）；D_{0y}为G_y陀螺仪的零次项漂移（(°)/h）；D_{0z}为G_z陀螺仪的零次项漂移（(°)/h）；K_{gx}为G_x陀螺仪的变换系数（脉冲/″）；K_{gy}为G_y陀螺仪的变换系数（脉冲/″）；K_{gz}为G_z陀螺仪的变换系数（脉冲/″）；D_{xy}为G_x陀螺仪相对本体Y轴的安装误差（rad）；D_{xz}为G_x陀螺仪相对本体Z轴的安装误差（rad）；D_{yx}为G_y陀螺仪相对本体X轴的安装误差（rad）；D_{yz}为G_y陀螺仪相对本体Z轴的安装误差（rad）；D_{zx}为G_z陀螺仪相对本体X轴的安装误差（rad）；D_{zy}为G_z陀螺仪相对本体Y轴的安装误差（rad）。

加速度计的误差模型为

$$\begin{cases} \left(\dfrac{\Delta N_{ax+}}{K_{ax+}} - \dfrac{\Delta N_{ax-}}{K_{ax-}}\right) = K_{0x} + \dot{W}_x + E_{xy} \cdot \dot{W}_y + E_{xz} \cdot \dot{W}_z \\ \left(\dfrac{\Delta N_{ay+}}{K_{ay+}} - \dfrac{\Delta N_{ay-}}{K_{ay-}}\right) = K_{0y} + E_{yx} \cdot \dot{W}_x + \dot{W}_y + E_{yz} \cdot \dot{W}_z \\ \left(\dfrac{\Delta N_{az+}}{K_{az+}} - \dfrac{\Delta N_{az-}}{K_{az-}}\right) = K_{0z} + E_{zx} \cdot \dot{W}_x + E_{zy} \cdot \dot{W}_y + \dot{W}_z \end{cases} \quad (3-2)$$

式中：K_{0x}为A_x加速度计的零偏（g_0）；K_{0y}为A_y加速度计的零偏（g_0）；K_{0z}为A_z加速度计的零偏（g_0）；K_{ax}为A_x加速度计的变换系数（脉冲/(s·g_0)）；K_{ay}为A_y加速度计的变换系数（脉冲/(s·g_0)）；K_{az}为A_z加速度计的变换系数（脉冲/(s·g_0)）；E_{xy}为A_x加速度计相对本体Y轴的安装误差（rad）；E_{xz}为A_x加速度计相对本体Z轴的安装误差（rad）；E_{yx}为A_y加速度计相对本体X轴的安装误差（rad）；E_{yz}为A_y加速度计相对本体Z轴的安装误差（rad）；E_{zx}为A_z加速度计相对本体X轴的安装误差（rad）；E_{zy}为A_z加速度计相对本体Y轴的安装误差（rad）。

在标定过程中，每个位置各陀螺及加速度计的脉冲输出如表3-2所列。

表 3 - 2　每个位置各陀螺及加速度计的脉冲输出

编号	$N\omega x$	$N\omega y$	$N\omega z$	NAx	NAy	NAz	惯组位置 $(X、Y、Z)$
1	$N\omega x_1$	$N\omega y_1$	$N\omega z_1$	NAx_1	NAy_1	NAz_1	天东北
2	$N\omega x_2$	$N\omega y_2$	$N\omega z_2$	NAx_2	NAy_2	NAz_2	天西南
3	$N\omega x_3$	$N\omega y_3$	$N\omega z_3$	NAx_3	NAy_3	NAz_3	地北东
4	$N\omega x_4$	$N\omega y_4$	$N\omega z_4$	NAx_4	NAy_4	NAz_4	地南西
5	$N\omega x_5$	$N\omega y_5$	$N\omega z_5$	NAx_5	NAy_5	NAz_5	南天西
6	$N\omega x_6$	$N\omega y_6$	$N\omega z_6$	NAx_6	NAy_6	NAz_6	北天东
7	$N\omega x_7$	$N\omega y_7$	$N\omega z_7$	NAx_7	NAy_7	NAz_7	西地南
8	$N\omega x_8$	$N\omega y_8$	$N\omega z_8$	NAx_8	NAy_8	NAz_8	东地北
9	$N\omega x_9$	$N\omega y_9$	$N\omega z_9$	NAx_9	NAy_9	NAz_9	北西天
10	$N\omega x_{10}$	$N\omega y_{10}$	$N\omega z_{10}$	NAx_{10}	NAy_{10}	NAz_{10}	南东天
11	$N\omega x_{11}$	$N\omega y_{11}$	$N\omega z_{11}$	NAx_{11}	NAy_{11}	NAz_{11}	东南地
12	$N\omega x_{12}$	$N\omega y_{12}$	$N\omega z_{12}$	NAx_{12}	NAy_{12}	NAz_{12}	西北地
13	$N\omega x_{13}$	$N\omega y_{13}$	$N\omega z_{13}$	NAx_{13}	NAy_{13}	NAz_{13}	X 轴朝天逆时针旋转
14	$N\omega x_{14}$	$N\omega y_{14}$	$N\omega z_{14}$	NAx_{14}	NAy_{14}	NAz_{14}	X 轴朝天顺时针旋转
15	$N\omega x_{15}$	$N\omega y_{15}$	$N\omega z_{15}$	NAx_{15}	NAy_{15}	NAz_{15}	Y 轴朝天逆时针旋转
16	$N\omega x_{16}$	$N\omega y_{16}$	$N\omega z_{16}$	NAx_{16}	NAy_{16}	NAz_{16}	Y 轴朝天顺时针旋转
17	$N\omega x_{17}$	$N\omega y_{17}$	$N\omega z_{17}$	NAx_{17}	NAy_{17}	NAz_{17}	Z 轴朝天逆时针旋转
18	$N\omega x_{18}$	$N\omega y_{18}$	$N\omega z_{18}$	NAx_{18}	NAy_{18}	NAz_{18}	Z 轴朝天顺时针旋转

2）陀螺误差模型的计算

将惯组安装在转台上,分别以 X 轴、Y 轴、Z 轴朝天向,利用转台高精度的速率特性,以恒定角速度 $\omega((°)/s)$ 经过时间 $T(s)$ 旋转 n 周($360° \times n$)。

（1）刻度因素的计算:

对于 x 陀螺,有

$$N\omega x_{13} = K_{gx}\left[TD_{0x} + (T\omega_e\sin L + n \times 360 \times 3600) + TD_{xy}\omega_y + TD_{xz}\omega_z\right]$$

$$(3 - 3)$$

$$N\omega x_{14} = K_{gx}\left[TD_{0x} + (T\omega_e\sin L - n \times 360 \times 3600) + TD_{xy}\omega_y + TD_{xz}\omega_z\right]$$

$$(3 - 4)$$

将式(3 - 3)和式(3 - 4)相减,得

$$K_{gx} = \frac{N\omega x_{13} - N\omega x_{14}}{2n \times 360 \times 3600} \tag{3-5}$$

同理

$$K_{gy} = \frac{N\omega y_{15} - N\omega y_{16}}{2n \times 360 \times 3600} \tag{3-6}$$

$$K_{gz} = \frac{N\omega z_{17} - N\omega z_{18}}{2n \times 360 \times 3600} \tag{3-7}$$

（2）安装误差的计算。当绕 X 轴做速率转动时，可求得 D_{yx}、D_{zx}：

$$N\omega y_{13} = K_{gy}\left[TD_{0y} + D_{yx}(T\omega_e \sin L + n \times 360 \times 3600) + T\omega_y + TD_{yz}\omega_z\right]$$
$$\tag{3-8}$$

$$N\omega y_{14} = K_{gy}\left[TD_{0y} + D_{yx}(T\omega_e \sin L - n \times 360 \times 3600) + T\omega_y + TD_{yz}\omega_z\right]$$
$$\tag{3-9}$$

将式（3-8）和式（3-9）相减，得

$$D_{yx} = \frac{N\omega y_{13} - N\omega y_{14}}{2K_{gy}n \times 360 \times 3600} \tag{3-10}$$

$$N\omega z_{13} = K_{gz}\left[TD_{0z} + D_{zx}(T\omega_e \sin L + n \times 360 \times 3600) + TD_{zy}\omega_y + T\omega_z\right]$$
$$\tag{3-11}$$

$$N\omega z_{13} = K_{gz}\left[TD_{0z} + D_{zx}(T\omega_e \sin L - n \times 360 \times 3600) + TD_{zy}\omega_y + T\omega_z\right]$$
$$\tag{3-12}$$

将式（3-11）和式（3-12）相减，得

$$D_{zx} = \frac{N\omega z_{13} - N\omega z_{14}}{2K_{gz} \times n \times 360 \times 3600} \tag{3-13}$$

同理，当绕 Y 轴做速率转动时，可求得 D_{xy}、D_{zy}：

$$D_{xy} = \frac{N\omega x_{15} - N\omega x_{16}}{2K_{gx}n \times 360 \times 3600} \tag{3-14}$$

$$D_{zy} = \frac{N\omega z_{15} - N\omega z_{16}}{2K_{gz}n \times 360 \times 3600} \tag{3-15}$$

当绕 Z 轴做速率转动时，可求得 D_{xz}、D_{yz}：

$$D_{xz} = \frac{N\omega x_{17} - N\omega x_{18}}{2K_{gx}n \times 360 \times 3600} \tag{3-16}$$

$$D_{yz} = \frac{N\omega y_{17} - N\omega y_{18}}{2K_{gy}n \times 360 \times 3600} \tag{3-17}$$

至此,求出了与激光陀螺相关的 6 个安装误差和 3 个刻度因数。

（3）计算陀螺的零位。通过位置标定,利用方程求解陀螺的零位。对于 x 陀螺,在 12 个不同位置上相应的误差模型分别为

$$\begin{cases} N\omega x_1 = TK_{gx}(D_{0x} + \omega_U + D_{xy}\omega_E + D_{xz}\omega_N) \\ N\omega x_2 = TK_{gx}(D_{0x} + \omega_U - D_{xy}\omega_E - D_{xz}\omega_N) \\ N\omega x_3 = TK_{gx}(D_{0x} - \omega_U + D_{xy}\omega_N + D_{xz}\omega_E) \\ N\omega x_4 = TK_{gx}(D_{0x} - \omega_U - D_{xy}\omega_N - D_{xz}\omega_E) \\ N\omega x_5 = TK_{gx}(D_{0x} - \omega_N - D_{xy}\omega_U - D_{xz}\omega_E) \\ N\omega x_6 = TK_{gx}(D_{0x} + \omega_N - D_{xy}\omega_U - D_{xz}\omega_E) \\ N\omega x_7 = TK_{gx}(D_{0x} - \omega_E - D_{xy}\omega_U - D_{xz}\omega_N) \\ N\omega x_8 = TK_{gx}(D_{0x} + \omega_E - D_{xy}\omega_U + D_{xz}\omega_N) \\ N\omega x_9 = TK_{gx}(D_{0x} + \omega_N - D_{xy}\omega_E + D_{xz}\omega_U) \\ N\omega x_{10} = TK_{gx}(D_{0x} - \omega_N + D_{xy}\omega_E + D_{xz}\omega_U) \\ N\omega x_{11} = TK_{gx}(D_{0x} + \omega_E - D_{xy}\omega_N - D_{xz}\omega_U) \\ N\omega x_{12} = TK_{gx}(D_{0x} - \omega_E + D_{xy}\omega_N - D_{xz}\omega_U) \end{cases} \quad (3-18)$$

式中:ω_U 为地球自转天向分量;ω_E 为地球自转东向分量;ω_N 为地球自转北向分量。

将式(3-18)相加,得

$$D_{0x} = \frac{\sum\limits_{i=1}^{12} N\omega x_i}{12TK_{gx}} \quad (3-19)$$

同理

$$D_{0y} = \frac{\sum\limits_{i=1}^{12} N\omega y_i}{12TK_{gy}} \quad (3-20)$$

$$D_{0z} = \frac{\sum\limits_{i=1}^{12} N\omega z_i}{12TK_{gz}} \quad (3-21)$$

3）各加速度计误差模型的计算

对于 X 加速度计,在 12 个不同位置上相应的误差模型分别为

$$\begin{cases} NAx_1 = TK_{ax}(K_{0x} + g + E_{xy} \times 0 + E_{xz} \times 0) \\ NAx_2 = TK_{ax}(K_{0x} + g + E_{xy} \times 0 + E_{xz} \times 0) \\ NAx_3 = TK_{ax}(K_{0x} - g + E_{xy} \times 0 + E_{xz} \times 0) \\ NAx_4 = TK_{ax}(K_{0x} - g + E_{xy} \times 0 + E_{xz} \times 0) \\ NAx_5 = TK_{ax}(K_{0x} + 0 + E_{xy} \times g + E_{xz} \times 0) \\ NAx_6 = TK_{ax}(K_{0x} + 0 + E_{xy} \times g + E_{xz} \times 0) \\ NAx_7 = TK_{ax}(K_{0x} + 0 - E_{xy} \times g + E_{xz} \times 0) \\ NAx_8 = TK_{ax}(K_{0x} + 0 - E_{xy} \times g + E_{xz} \times 0) \\ NAx_9 = TK_{ax}(K_{0x} + 0 + E_{xy} \times 0 + E_{xz} \times g) \\ NAx_{10} = TK_{ax}(K_{0x} + 0 + E_{xy} \times 0 + E_{xz} \times g) \\ NAx_{11} = TK_{ax}(K_{0x} + 0 + E_{xy} \times 0 - E_{xz} \times g) \\ NAx_{12} = TK_{ax}(K_{0x} + 0 + E_{xy} \times 0 - E_{xz} \times g) \end{cases} \tag{3-22}$$

（1）求解平均刻度因素。垂直方向求解加速度计刻度因数，由式（3 – 22），得

$$K_{ax} = \frac{\sum\limits_{i=1}^{2} NAx_i - \sum\limits_{i=3}^{4} NAx_i}{4T} \tag{3-23}$$

同理

$$K_{ay} = \frac{\sum\limits_{i=5}^{6} NAy_i - \sum\limits_{i=7}^{8} NAy_i}{4T} \tag{3-24}$$

$$K_{az} = \frac{\sum\limits_{i=9}^{10} NAz_i - \sum\limits_{i=11}^{12} NAz_i}{4T} \tag{3-25}$$

（2）求解安装误差。由式（3 – 22）两两相减，得

$$\begin{cases} E_{xy} = \dfrac{\sum\limits_{i=5}^{6} NAx_i - \sum\limits_{i=7}^{8} NAx_i}{4K_{ax}T} \\[4mm] E_{xz} = \dfrac{\sum\limits_{i=9}^{10} NAx_i - \sum\limits_{i=11}^{12} NAx_i}{4K_{ax}T} \end{cases} \tag{3-26}$$

同理

$$\begin{cases} E_{yx} = \dfrac{\displaystyle\sum_{i=1}^{2} NAy_i - \displaystyle\sum_{i=3}^{4} NAy_i}{4K_{ay}T} \\[4mm] E_{yz} = \dfrac{\displaystyle\sum_{i=9}^{10} NAy_i - \displaystyle\sum_{i=11}^{12} NAy_i}{4K_{ay}T} \end{cases} \qquad (3-27)$$

$$\begin{cases} E_{zx} = \dfrac{\displaystyle\sum_{i=1}^{2} NAz_i - \displaystyle\sum_{i=3}^{4} NAz_i}{4K_{az}T} \\[4mm] E_{zy} = \dfrac{\displaystyle\sum_{i=5}^{6} NAz_i - \displaystyle\sum_{i=7}^{8} NAz_i}{4K_{az}T} \end{cases} \qquad (3-28)$$

（3）求解零位。水平方向求解加速度计零位,将式(3-22)中 X 加速度计水平测试值相加,得

$$K_{0x} = \dfrac{\displaystyle\sum_{i=5}^{12} NAx_i}{8K_{ax}T} \qquad (3-29)$$

同理

$$K_{0y} = \dfrac{\displaystyle\sum_{i=1}^{4} NAy_i + \displaystyle\sum_{i=9}^{12} NAy_i}{8K_{ay}T} \qquad (3-30)$$

$$K_{0z} = \dfrac{\displaystyle\sum_{i=1}^{8} NAz_i}{8K_{az}T} \qquad (3-31)$$

以上加速度计零位的单位为 g_0,乘以刻度因数的单位可以转化为脉冲/s:

$$\begin{cases} K'_{0x} = K_{0x}K_{ax} \\ K'_{0y} = K_{0y}K_{ay} \\ K'_{0z} = K_{0z}K_{az} \end{cases} \qquad (3-32)$$

（4）求解加表的正、负刻度因数。将加速度计的零位代入式(3-22),得

$$\begin{cases} K_{1x+} = \dfrac{\sum\limits_{i=1}^{2} NAx_i}{2(1+K_{0x})T} \\[3ex] K_{1x-} = \dfrac{\sum\limits_{i=3}^{4} NAx_i}{2(1-K_{0x})T} \\[3ex] K_{1y+} = \dfrac{\sum\limits_{i=5}^{6} NAy_i}{2(1+K_{0y})T} \\[3ex] K_{1y-} = \dfrac{\sum\limits_{i=7}^{8} NAy_i}{2(1-K_{0y})T} \\[3ex] K_{1z+} = \dfrac{\sum\limits_{i=9}^{10} NAz_i}{2(1+K_{0z})T} \\[3ex] K_{1z-} = \dfrac{\sum\limits_{i=11}^{12} NAz_i}{2(1-K_{0z})T} \end{cases} \qquad (3-33)$$

2. 系统级精度试验

系统级精度试验是指在系统级的测试条件下对惯性测量设备的精度进行验证。惯性测量设备一般是在单元测试环境以及静态条件下进行误差系数分离的,一旦将其连入系统,只能进行功能性测试,难以对精度进行考核。尤其是惯组在振动条件下的精度与静态测试结果有较大的不同[6]。考虑到飞行过程中惯组处于各种振动条件下,因此振动中的精度评价更加受到重视。本章介绍两种系统级的精度考核方法:一种是采用导航计算的方法对惯组的整体精度进行考核;另一种是借助于惯性器件的冗余设计,对各个测量轴的测试结果进行互相比对。

1)六自由度振动条件下的导航精度试验

实际飞行中惯组处于综合环境下,既有线振动,也有角振动,构建这样的试验系统,其组成框图如图3-2所示。

惯组安装在振动台上,在六自由度振动的条件下录取其输出,测试的原理:惯组从静止状态下起振,振动结束后惯组仍处于静止状态,且振动前后的

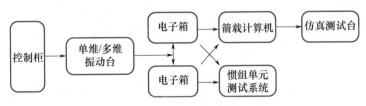

图3-2 惯组精度试验系统组成框图

位置和姿态没有发生变化,那么将惯组的输出数据进行导航计算,惯组在振动前后的相对速度偏差、相对位置偏差、相对姿态角偏差均应为0。但这是理想情况,惯组的输出数据中包含随机误差,因此可以计算出相对偏差的阈值,如果导航计算的结果超过了门限值,则说明静态标定的参数不满足动态试验的条件。在此基础上进一步分析是哪一项数据超标,影响该数据的是哪个或哪几个仪表,从而定位到精度超标的惯性器件。例如:如果俯仰姿态角变化较大,则说明 Z 陀螺有问题;如果滚动姿态角变化较大,则说明 X 陀螺有问题。又如:影响 ΔX(X 向位置偏差,下同)主要是俯仰姿态及 Y 向加速度计,影响 ΔZ 主要是偏航姿态及 Z 向加速度计,等等。

由于在飞行中难以准确地区分惯组安装位置处的角运动和线运动分量,工程上一般将总体确定的环境参数按一定比例分配,以表3-3的条件为例。

表3-3 线振动+角振动试验条件

安装位置	频率范围 /Hz	鉴定级		验收级	
		功率谱密度 /(g²/Hz)	总均方根 加速度/g	功率谱密度 /(g²/Hz)	总均方根 加速度/g
有效载荷支架、 仪器舱内仪器 板(验收级)	20~150	6dB/oct	16.92	6dB/oct	8.46
	150~800	0.2		0.05	
	800~2000	-3dB/oct		-3dB/oct	

在制定振动方案时,振动条件中控制10%角振动、90%线振动,量级分别为 -9dB、-6dB、-3dB 和0dB,振动时间为1min。有时也可采取20%角振动、80%线振动的方案。振动试验的主要流程如图3-3所示。

在本例中,整个导航时间选取为600s,振动时间为1min,根据试验用惯组精度,相对导航精度要求(3σ):$\Delta X \leqslant 1000$m、$\Delta Y \leqslant 800$m、$\Delta Z \leqslant 1000$m。

图 3 - 3　振动试验的主要流程

通过该方法,能有效地暴露精度薄弱环节,进而持续改进以提高精度。通过试验发现,振动对惯组精度影响非常明显:如果 10min 全部施加振动,导航精度基本均超差;如果振动量级提高,从 -9dB 提高到 0dB,精度也很难达到要求。但角运动与线运动的分配对精度的影响在不同类惯性器件以及同类惯性器件的不同产品上没有明显的规律。

即使惯组在精度试验中有可能不能满足要求,但由于飞行中振动较大的时刻主要发生在发动机点火、关机以及箭体分离等情况下,其时间较短,因此精度试验中振动超差不代表飞行中精度不能满足要求。目前,精度试验的主要目的还在于发现产品的薄弱环节,未来在选取合适的试验条件下,有可能成为惯组鉴定试验甚至验收试验的项目。但该项试验也提醒我们,不能单纯地用静态条件下标定的参数作为飞行中惯组的实际表现。

2)装箭条件下冗余惯组的一致性测试

惯组在装箭后的系统测试中如何对其精度进行考核,一直是摆在系统测试人员面前的难题。如果没有有效的措施,意味着惯组只要装箭,其精度的好坏就可能无法判断。

鉴于此,针对采用惯性器件冗余的系统,可以将飞行中的故障诊断技术应用到系统测试阶段,尤其是当多套冗余惯组安装在同一个支座后,消除了不同的不水平度以及射向对每套惯组的影响,可以采用多套惯组之间的相对差值来验证彼此的精度。

在地面测试时,用于精度判断的一致性门限值可以远远小于飞行中的故障门限值,因为飞行中不仅存在不同过载对误差的影响,还存在因振动产生的不确定因素,而地面测试阶段只有 X_1 轴方向存在重力加速度,陀螺仅敏感地球自转,不存在振动条件,即惯组的敏感量是确定的,可以较为准确地计算出用于精度判别的门限值。

数据分析可按指标极差来考虑,以陀螺为例,同轴两路测量信息一致性误差不能超过任务书中陀螺标准差指标的 6 倍,相当于在某个极端情况下,一个陀螺的漂移为 $+3\sigma$,另一个为 -3σ,二者的差为 6σ。当超过 6σ 时,必然存在精度超差情况,但小于 6σ 时不一定全是合格的,因此这种极差处理实际上放宽了要求。较为合理的是用两个随机量差值的概率分布来确定门限值,但极差的方法简单易行。当判断出精度超标时,采用与冗余管理相同的诊断逻辑可以定位到故障仪表上[7]。

3.1.3　总线网络的测试

1553B 总线网络仿真及验证试验,主要包括三个方面:一是设计阶段的仿真试验,即使每一个 1553B 总线站点的设计均符合军标的要求,由于存在着线路匹配以及信号反射等情况,组成的网络也不一定能正常工作。总线系统的特性还与站点的数量、分布、主总线以及子总线的长度等有关,因此在总线网络投产前必须进行仿真测试。二是产品生产出来之后的总线网络电气参数评估试验。这类设备能够对任一站点与其他所有站点之间的通信品质进行自动化测试,是总线产品验收评估的重要试验。三是总线接口协议仿真验证。本节介绍的总线网络测试主要指第二部分工作,即针对总线网络产品的测试[8]。

1. 测试系统组成及功能

1553B 数据总线网络测试系统的组成可参考总线控制器的测试平台方案[9],一种测试系统如图 3 - 4 所示。工控机为控制核心,实现对所有测试板卡的控制,包括波形发生卡、示波器卡、多用表卡、1553B Tester、1553B 接口卡和 CAN 接口卡等。工控机通过串口控制阻抗测试仪,通过并口控制绝缘电阻测试仪,从而控制相应仪器进行测试工作。网络控制器内部的设备接口卡和矩阵切换卡则由工控机通过 CAN 接口卡完成对其控制,实现总线的切换选择。测试接口连接待测线缆,网络控制器实现把待测线缆的待测试点连接到相应的测试仪器接口,从而完成测试工作。工控机通过 USB 接口对打印机进行控制,可打印测试结果。加电控制组合实现对各个部分的供电。

2. 测试项目原理及方法

总线网络的测试方法较为成熟[10,11],本节将其内容统计在表 3 - 4 中。波形畸变测量参数以及波形对称性测量参数的示意如图 3 - 5 所示。

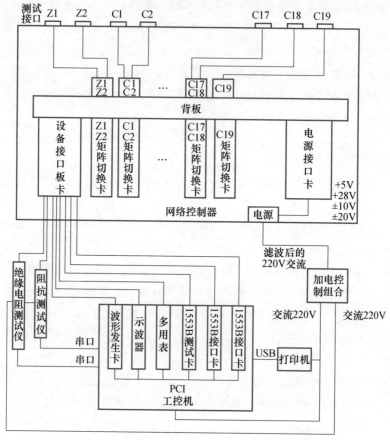

图 3 - 4　1553B 数据总线网络测试系统组成框图

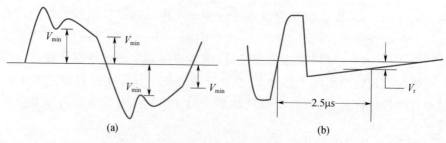

图 3 - 5　波形畸变和波形对称性测量参数

表 3 - 4　1553B 总线测试项目统计

项目	测试方法	测试示意图	备注
(1) 连续性测试:测量总线网络的连续性和直流电阻,可以快速有效地检查出被测总线线缆网络中的生产和加工缺陷。连续性测试主要测试被测网络的电气特性			
屏蔽的连续性测试	在总线网络的每个接入点,即总线主电缆终止器和每个终端的接入点上测量电缆屏蔽的连续性,测量点是总线网络部件的外部金属壳。分别测试 A 到 B,B 到 C 直至屏蔽网络的屏蔽电阻值,根据已知的相应电缆段的长度,即可计算出相应电缆段的屏蔽连续性测量结果		小于 0.039Ω/m
总线的连续性测试	有两个部分:其一短路 A 和 C,测试 D 和 F 之间的电阻值;其二短路 B 和 C,测试 E 和 F 之间的电阻值。根据已知的相应电缆段的长度,即可计算出相应电缆段的总线连续性测量结果		小于 0.171Ω/m

（续）

项目	测试方法	测试示意图	备注
变压器耦合短截线电阻测试	该测试要求变压器耦合方式的耦合器安装在总线网络上。在 A 点测量每个变压器耦合短截线的高传输线和低传输线之间的最大直流电阻		每一最大直流电阻值均应小于 5Ω
变压器耦合方式的隔离测试	该项测试有两个部分：①测试 A 分别与 C 至 M 之间的隔离电阻值；②测试 B 分别与 D 至 N 之间的隔离电阻值		每一最小电阻值应大于 10MΩ

项目	测试方法	测试示意图	备注（续）
(2)特性阻抗测试：测定系统配置下总线的特性阻抗和从终端的一端看进去的短截线特性阻抗			
总线特性阻抗测试	BT采用电压均方根值为1~2V、频率为75.0kHz和1.0MHz的正弦波，分别测量记录两个频率点的总线特性阻抗 Z_B。卸除总线网络主电缆上的一个或两个终止器（其目的是主总线的终端不被连接测试时也要连接终止器；凡不被测试所连接的终端短截线，测量并记录阻抗作为初始状态。然后测量短截线开路时的特性阻抗，每次开路测量并记录阻抗，直至所有短截线全部开路；最后测量短截线短路时的特性阻抗，在初始状态的基础上，每次短路测量并记录阻抗，每次测量完成后，将该短截线恢复正常，即要求每次测量时仅有一个短截线短路		阻抗因网络而异。在1.0MHz下，开路时参考值为64~70Ω，短路时参考值为47~76Ω
变压器耦合方式短截线的特性阻抗测试	BT采用电压均方根值为1~2V、频率为75.0kHz和1.0MHz的正弦波，分别测量记录两个频率点的总线特性阻抗 Z_S		在1.0MHz下阻抗参考值为78~88Ω

（续）

项目	测试方法	测试示意图	备注
(3) 动态故障影响测试:考核当任何短截线上出现间歇性短路故障时,验证总线网络可靠工作的能力 动态故障影响测试	在靠近总线网络主电缆的两端位置上分别接入一个BC和一个RT,在测试前,该测试需建立通信。考核BC向RT发送指令,要求其发出32个数据字,该测试需进行6次,每个消息中的各个数据字应有相同的位模式,6种数据字的位模式如下:800016,7FFF16,000016,FFFF16,555516和AAAA16。同时也考核BC向RT发出带有32个数据字的接收指令,该测试需进行6次,每个消息中的各个数据字与上述规定相同。在每个终端位置上放置该RT,重复上述过程。 该测试需要使用一个高速电子开关,该开关应满足通电阻以(30±3)kHz频率5Ω,开关时间小于1μs的要求,开关关闭或打开状态的同相或一次打开状态的变换,以保证总线上每个字传输期间,该开关至少进行一次开与关的切换。整个测试中,必须连续进行开关的"开"与"关"的切换操作	BTTB 耦合器　耦合器　……　耦合器 BC　　电子开关　　RT BTTB	RT对每一指令均响应CS(净状态,指RT响应时发回的状态字具有正确的RT地址域,除了忙位和服务请求位可为1以外,其他状态位为0,且相应的消息必须有恰当个数的数据字的应答状态)

（续）

项目	测试方法	测试示意图	备注
(4)衰减测试			
总线衰减测试	在总线网络实际配置条件下,在总线主电缆一端注入峰峰电压为 6.0V、频率为 250kHz 和 1.0MHz 的正弦波信号 V_{in},在总线主电缆另一端测量总线传输信号的衰减结果值(250kHz 和 1.0MHz)的 V_b		$V_b>1.0V$
总线耦合器衰减测试	在总线网络实际配置条件下,未被用作注入测量信号的短截线应加上终止器。作为注入信号的短截线,应注入频率 1.0MHz 的正弦波 V_{in},变压耦合方式下的峰峰电压 $V_{in}=18.0V$,测量每一非注入信号短截线上接收到的信号峰峰电压 V_{s1}。短路其他一个非输入信号的短截线,在其他未短路的、非输入信号的短截线上测量信号的峰峰电压 V_s,每次增加一个短截线短路,重复测量 V_s 直到变压耦合方式短截线下 $V_s<1.0V$ 为止,记录此时已短路的短截线数量 n。依次用其余每个短截线作为注入测量信号的短截线,重复上述步骤		$V_{s1}>1.0V$。$n\geqslant2$

（续）

项目	测试方法	测试示意图	备注
（5）双余度总线间的隔离测试	选择一条总线作为活动总线,在该总线主电缆所连的一个终止器两端注入峰峰电压为9.0V、频率为1.0MHz的正弦波信号 V_a,在被测量余度总线主电缆所连的两个终止器两端分别测量测量峰峰电压 V_b。两条总线分别作为活动和被测量的余度总线,共需测试4次		每一相应的 V_a、V_b,要求 $20\lg(V_a/V_b) \geq 65dB$
（6）共模抑制测试:在注入共模信号条件下,验证总线网络正常工作的能力	将总线主电缆上一端阻值为 Z_0 的终止电阻更换为两个串联的阻值均为 $0.5Z_0$ 的终止电阻,在两个电阻的连接处依次注入以下三种类型的共模电压 V_{cm}: +10.0V 直流、−10.0V 直流、幅值为 10V 的正弦波扫描信号,频率范围为 1Hz～2MHz。每种测试至少持续 90s。选择一个终端为 RT,再选择另一个为 BC,BC 向 RT 发出合法、有效、带有 32 个数据字的接收消息,消息发送重复速率应保证总线上消息传输时间占总线时间的 (50±10)%。按上述注入共模电压要求,测试 RT 的响应能力。将 BC 依次连接在总线上的每个终端位置上,而将 RT 连接到所有的总线终端位置上,重复上述测试		RT 对所有指令均响应 CS。测试中如果出现故障,应记录下此时注入共模信号的参数。卸除总线网络主电缆上的终止器

（续）

项目	测试方法	测试示意图	备注
(7) 波形畸变测试			
波形过零点畸变测试	将 BC 连接到总线网络的一个终端位置重复发出消息,该终端为变压器耦合方式时,BC 发出波形的峰电压幅度为 27.0V,两种方式波形的上升和下降的时间均为(300±30)ns;BC 发出的消息波形,相对于波形的理想过零点,过零畸变偏差绝对值应在 10ns 范围之内,且要求 BC 发出消息中应包含 2.0μs,1.5μs,1.0μs 和 0.5μs 四种过零点间隔的信息位。选择总线网络的一个终端位置作为测量点(第一次测量点可选任意终端位置),将 BT 依次分别放置每个终端位置上,并将上一次的过零畸变每个终端位置间隔位作为测量点,重复上述过程	BTTR — 耦合器 — 示波器 … 耦合器 — BC — BTTR	在每一种配置模式下,相对于波形的理想过零点,测量点畸变偏差绝对值应在 125ns 范围之内
波形畸变测试	BC 连接到总线网络的一个终端位置上,该终端变压器耦合方式时,BT 发出波形峰峰电压幅度为 18V,波形的上升和下降的时间范围为(100±20)ns,波形峰峰电压最小于 90mV。BT 重复发出带有一个数字的接收消息,要求该消息指令的奇校验和数据字的最高位数值由 0 到 1,以保证数据字同步由 2μs 连续的波形由 2μs 的负电压波形与连续的 2μs 正电压值上进行。所有的波形畸变测量都将在终端变压器耦合线上测量。选择总线网络的一个终端位置作为测量点,并依次短路总线上除了 BT 和测量点以外其他短路线耦合短截线,但一次允许短路一个短截线,每次短路线状态下分别测量一次,并将上一次 BT 所在的位置作为测量点,重复上述过程		每一测试配置状态,在变压器耦合线上测量短截接收信号的 $V_{min} > 0.66V$

115

（续）

项目	测试方法	测试示意图	备注
波形对称性测试	BT 从总线网络的任意终端位置重复发出带有 32 个数据字的接收消息，对变压器耦合方式短截线发出波形的峰峰电压幅度应为 27.0V，消息间的最小同隔时间为 1ms，发送终端发出信号的波形尾部最大残余电压峰值为 90mV。每次消息中的各个数据字应有相同的位模式，数据字的 6 种位模式如下：800016、7FFF16、000016、FFFF16、555516 和 AAAA16。 选择总线网络的一个终端位置作为测量点（第一次测量点可选在任意终端位置上）测量消息波形尾部中间过零点最大残余电压值 V_r（在 T，即消息最后一个数据字奇校验位的中间过零点开始 2.5μs 的时刻测量）；将 BT 依次放置在总线网络每个终端位置上，并将上一次 BT 所在的位置作为测量点，重复上述步骤	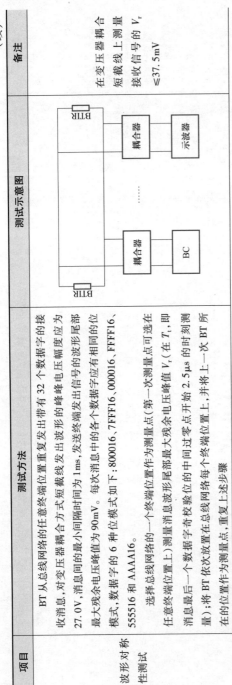	在变压器耦合短截线上测量接收信号的 V_r ≤37.5mV
（8）数据通路的完整性测试：验证总线通路的完整性			
	变压器耦合的短截线，发送电压峰峰值应为 18.0V；接收器能接收的最小电压峰峰值设为 0.86V。消息中的数据字的终端位数是随机机数。 S1：将 BC 连接到总线网络一个末端的终端位置上，RT 连接到其他一个终端位置上并设置为数据环形线操作模式，BC 向 RT 规定的接收环绕子地址发出带有 32 个数据字的接收消息。 S2：BC 向 RT 规定的发送环绕子地址发送指令，要求 RT 发出 32 个数据字。 S3：重复 S1 和 S2 共 10000 次。 S4：将 RT 连接到总线网络上的每一其他终端位置上，重复 S1~S3。 S5：将 BC 连接到临近总线网络中同一个终端位置上，重复 S1~S4	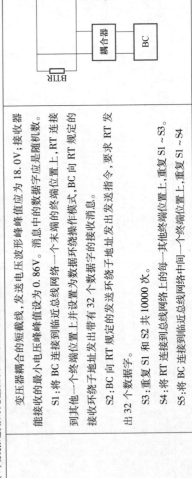	RT 响应 CS 且 BC 接收的每一数据字应与 S1 的对应数据字相同

（续）

项目	测试方法	测试示意图	备注
（9）总线余度间的一致性测试	测试各余度总线之间信号传输性能的一致性，即测试余度总线之间的时间一致性。在每条总线网络的一端的短截线接入一个BC，分别为BC-1和BC-2，这两个BC可同步发送数据。在每条总线网络的另一端的短截线接入一个RT，分别为RT-1#和RT-2#，作为接收数据端。两个BC同步发送数据，而两个RT分别接收各自总线网络的数据，比对各自的消息时间是否一致，完成一致性测试	BIT、耦合器、RT-1#；BIT、耦合器、RT-2#；双余度总线；耦合器、同步BC-1；耦合器、同步BC-2；BIT、BIT	
（10）总线切换开关的测试	测试总线切换开关的切换时间及切换过程对网络的影响程度。将数据采集模块接入需要分离的短截线最近端的短截线上。启动波形发生卡发送正弦波，数据采集卡接收到波形之后，等待系统稳定之后，闭合电子开关，使总线开关闭合供电，等待开关的计数器开始计算时间，直到该短截线分离短截线接收不到数据为止。记录下这个时间，将此时间减去电子开关的响应时间即为总线开关的切换时间	BIT、耦合器（含有总线开关）、数据采集；耦合器、终止器；耦合器、波形发生器；BIT	切换开关的动作时间应为ms级

▶ 3.2 可靠性增长及强化试验

由于环境引起的设备故障十分频繁,发射阶段的振动、冲击、噪声等等,都会对航天产品的可靠性产生非常不利的影响。国内外航天机构总结了多种单机级的环境可靠性试验方法,暴露产品在不同环境和应力条件下的失效规律、失效模式和失效机理,为可靠性改进提供设计依据[12,13]。目前,可靠性环境试验的发展趋势是:由单项环境应力模拟逐步发展为多项应力的综合模拟,例如温度、振动、湿度、电应力等综合环境试验,即通常所说的可靠性增长试验;从低应力环境向高应力加速试验技术发展,从单机逐步向系统级试验发展。下文将重点介绍可靠性增长与强化试验。

3.2.1 试验条件的确定

运载火箭的电子设备一般分布在仪器舱圆盘、仪器舱壁、二级箱间段、一级箱间段等部段,本文选取在力学环境方面具有代表性的仪器舱圆盘的可靠性试验条件和飞行测试信息反馈的实际高频振动数据进行比对[14],如图 3-6所示。

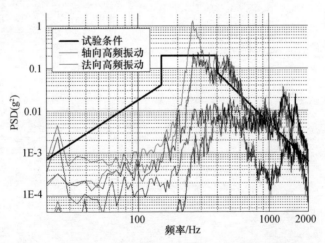

图 3-6 仪器舱圆盘试验条件和飞行高频振动环境比对

分析结果表明,各舱段低频段振动环境试验条件与实际飞行环境相当,但高频振动试验条件与实际飞行环境出现较大差异。仪器舱圆盘随机振动条件在 200Hz 之后与实际飞行环境出现差异。

由此可见,工程研制阶段所采用的可靠性增长试验条件在各部段中均出现不能完全包络实际飞行环境的情况,所以需根据飞行测试信息对试验条件中的高频振动条件进行修正。

根据飞行测试信息对可靠性增长试验条件中的高频振动环境条件进行修正,需遵循以下原则:

(1) 充分继承以往可靠性增长试验条件,对其能够包络实际环境条件的部分应保持不变;

(2) 对飞行测试信息中的高频振动环境应进行充分包络;

(3) 为避免试验条件的总均方根过大,应尽量贴合飞行实际数据,不宜过分包络实际飞行环境。

在可靠性增长试验中通常用加速度功率谱密度为参考谱形进行随机振动应力控制,其通常是用不同频率范围内单位倍频程所对应的分贝数来表达。加速度谱密度 $PSD(f)$ 表示随机信号 $x(t)$ 通过中心频率 f,带宽为 B 的窄带滤波器后的均方值。图 3-7 给出典型的随机振动条件功率谱密度的计算算例。

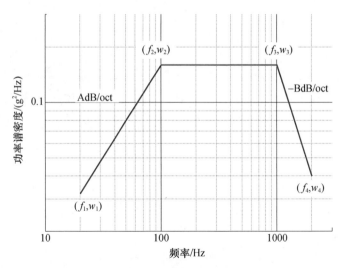

图 3-7　随机振动条件功率谱密度算例图

上升谱:

$$W_2 = W_1\left(\frac{f_2}{f_1}\right)^{\frac{A}{10\lg 2}} = W_1\left(\frac{f_2}{f_1}\right)^m, m = \frac{A}{10\lg 2} \approx \frac{A}{3} \qquad (3-34)$$

式中:A 表示上升段斜率值（A dB/oct）；下降谱:

$$W_4 = W_3\left(\frac{f_3}{f_4}\right)^{\frac{B}{10\lg 2}} = W_3\left(\frac{f_3}{f_4}\right)^m, m = \frac{B}{10\lg 2} \approx \frac{B}{3} \qquad (3-35)$$

式中:B 表示下降段斜率值（B dB/oct）；

在可靠性增长试验中总的加速度均方值表示施加给试验件的总振动量级,即输出给试验件的总能量。此参数可以用以下方法描述:

$$E[x^2] = \int_{-\infty}^{+\infty} PSD(f)\,\mathrm{d}f \qquad (3-36)$$

式中 $PSD(f)$ 表示随机信号的加速度谱密度。

随机振动信号的加速度总均方根值,常采用加速度谱密度的计算方法,如式(3-37)所示:

$$G_{\mathrm{rms}} = \left(\int_{f2}^{f1} PSD(f)\,\mathrm{d}f\right)^{1/2} \qquad (3-37)$$

因此,计算加速度均方值就是要计算频率点间的功率谱密度所围成的图形面积。对一条完整的加速度功率谱密度曲线进行总均方值计算通常分为水平谱、上升谱、下降谱三部分进行计算,如图3-8所示。

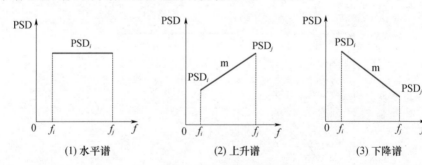

(1) 水平谱   (2) 上升谱   (3) 下降谱

图3-8 典型谱形示意图

水平谱的加速度均方值:

$$G_{\mathrm{rms}}^2 = PSD_i(f_j - f_i) \qquad (3-38)$$

上升谱的加速度均方值:

$$G^2_{\text{rms}} = \frac{PSD_j \cdot f_j}{\frac{m}{3} + 1}\Big[1 - \Big(\frac{f_i}{f_j}\Big)^{\frac{m}{3}+1} \Big] \qquad (3-39)$$

下降谱的加速度均方值：

$$G^2_{\text{rms}} = \frac{PSD_i \cdot f_i}{\frac{m}{3} - 1}\Big[1 - \Big(\frac{f_i}{f_j}\Big)^{\frac{m}{3}-1} \Big] \qquad (3-40)$$

在可靠性增长试验完整的曲线中，总的加速度均方值等于各段的加速度均方值之和，即：

$$G^2_{\text{rms总}} = G^2_{\text{rms1}} + G^2_{\text{rms2}} + G^2_{\text{rms3}} + \cdots \qquad (3-41)$$

根据计算方法，结合飞行测试信息，对可靠性试验条件中随机振动条件进行修正，可以得到各部段新的试验谱形，具体如图 3-9 所示。

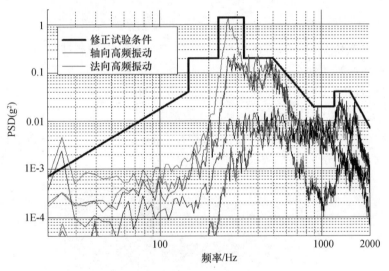

图 3-9　某型号仪器舱圆盘修正试验条件飞行高频振动环境

☑ 3.2.2　可靠性增长试验

可靠性增长试验用于检验产品的可靠性，发现和暴露薄弱环节，并进行故障分析，继而采取有效的改进措施和再试验，使产品的可靠性得到增长[15]，将飞行可靠性指标折算成许多试验周期，每个周期进行综合环境试验，在综合环境条件下对功能和性能进行考核。综合环境项目包括温度应力、潮湿应力、电应力和振动应力,试验系统控制框图如图3-10所示。

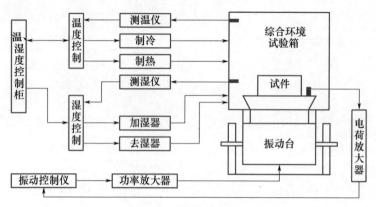

图3-10　试验控制框图

　　试验中,温度控制由综合环境试验箱的控制系统按照设定的程序自动完成;振动控制按照要求的随机振动控制谱,由控制仪发出驱动信号,通过功放推动振动台,采集振动台台面控制点的信号,根据控制谱对控制仪发出的驱动信号进行修正,以期得到控制点规定的响应量级,当控制稳定时,采集试件上传感器的响应点信号,可以得到响应点的谱图。

　　参试产品通过倒T型夹具安装在振动台台面上,产品和夹具位于试验箱中,振动台置于试验箱下,某试验现场如图3-11所示。通过在倒T型夹具上

图3-11　可靠性增长试验现场

的不同安装方式实现产品在三个方向上的振动,振动控制采用1#、2#和3#三点平均的控制方式,并设置靠近产品减振器的刚度较大处为4#振动响应测量点。

为避免产品振动放大,在正式可靠性增长试验前一般要安排产品的试振。通过试振确定振动控制谱型,随后可以开展正式试验。典型的试验剖面可参考图3-12。采用温度、湿度、振动和电应力相结合的方式构成可靠性增长试验的试验剖面。

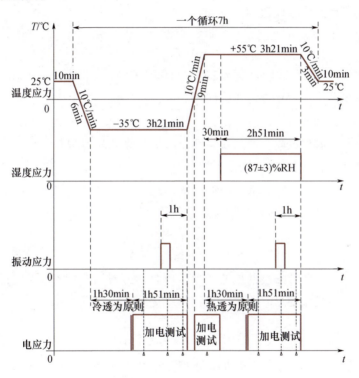

图 3 - 12 典型的试验剖面

可靠性增长试验中的通电测试时间、试验循环数以及随机振动时间按照下述方案进行计算。

1. 电子产品通电总时间

单个产品可靠性增长试验中通电工作总时间 $T_{通电}$ 可以按指数定时截尾方案确定,即

$$T_{\text{通电}} = \frac{1}{n}\Big[-\frac{\chi^2_{\gamma,2f+2}}{2\ln R_{\text{L}}} t_{t0} \Big] \qquad (3-42)$$

式中：$T_{\text{通电}}$ 为试验中单个产品通电工作总时间；R_{L} 为可靠性增长目标值；γ 为置信度；f 为失效数，按 $f=0$ 考虑；$\chi^2_{\gamma,2f+2}$ 为置信度是 γ 的 χ^2 分布下侧分位点，$\chi^2_{0.7,2}=2.41$；t_{t0} 为产品温度循环任务时间，箭上电子设备为飞行工作时间；n 为参试产品数。

2. 试验循环数

单个产品试验循环数为

$$N = \frac{T_{\text{通电}}}{T_{0\text{通电}}} \qquad (3-43)$$

式中：N 为单个产品试验循环数；$T_{\text{通电}}$ 为试验中单个产品通电工作总时间；$T_{0\text{通电}}$ 为单个温度循环中通电工作时间。

3. 随机振动时间

工程上目前根据电子产品安装部位随机振动总均方根加速度 G_{rms} 取值的不同，随机振动试验时间的计算模型分以下两种情况：

（1）若电子产品安装部位的振动谱形总均方根加速度 $G_{\text{rms}} > 10g$，则单个产品每方向随机振动总时间 T_{V} 按威布尔分布模型确定，即

$$T_{\text{V}} = \Big(\frac{\ln(1-\gamma)}{n\ln R_{\text{L}}} \Big)^{\frac{1}{m}} t_{t0} \qquad (3-44)$$

（2）若电子产品安装部位的振动谱形总均方根加速度 $G_{\text{rms}} \leqslant 10g$，则单个产品每方向随机振动总时间 T_{V} 按指数分布模型确定，即

$$T_{\text{V}} = \frac{1}{n}\Big[-\frac{\chi^2_{\gamma,2f+2}}{2\ln R_{\text{L}}} t_{t0} \Big] \qquad (3-45)$$

式中：T_{V} 为单个产品每方向随机振动总时间；R_{L} 为可靠性增长目标值；m 为威布尔分布形状参数，控制系统电子产品一般按 $m=1.2$ 考虑；γ 为置信度；f 为失效数，按 $f=0$ 考虑；$\chi^2_{\gamma,2f+2}$ 为置信度是 γ 的 χ^2 分布下侧分位点，$\chi^2_{0.7,2}=2.41$；t_{t0} 为产品随机振动任务时间（箭上产品一般按 1 min 计算）；n 为参试产品数。

按威布尔分布模型计算的 T_{V}，应在第 1 个循环内施加完毕。如有困难，也应相对集中在前面几个试验循环内平均分配施加完毕。按指数分布模型计算的 T_{V}，可在第 1 个循环内施加完毕，也可在前面几个试验循环内平均分配施加完毕。

☑ 3.2.3　可靠性强化试验

可靠性强化试验用于快速激发产品的设计和工艺缺陷,暴露薄弱环节,并通过故障原因分析、失效模式分析和改进措施提高固有可靠性,缩短研制开发周期。完成该过程必须将产品置于恶劣的环境和功能状态,并逐步提高试验量级,直至发生故障。这些环境和功能状态并不一定是使用条件,仅仅是为了快速激发产品的薄弱环节而设定。

本书介绍工程上可以采取的两种可靠性强化试验方法。

1. 步进试验法

按照产品正常使用状态,在带有减振器的情况下,通过步进试验找到产品的工作极限。该方法也称为高加速寿命试验(HALT),主要用于暴露设计的薄弱环节。试验分为温度步进应力试验、温度循环步进应力试验、步进振动试验,以及温度与振动的综合环境[16]。在振动试验中,HALT 一般开展三轴向六自由度随机振动,当条件不具备时,也可以用单轴向的随机振动试验来替代。每种试验当完成预定的步长数或设备损坏后,试验可以中止。也可以在设备正常情况下继续试验直至设备损坏,从而找到产品能够承受的极限条件;或在设备损坏后进行针对性的改进和修复继续进行摸底。当分析确实已达产品极限时,可以不再修复而终止试验。

1) 降温/升温步进应力试验

选取一定的降温/升温步长,逐步降低/升高温度,直至产品出现故障或达到预期的最低温度 T_{LG} 或最高温度 T_{HG}。以步长 5℃ 为例,降温步进应力和升温步进应力的试验剖面如图 3－13、图 3－14 所示。

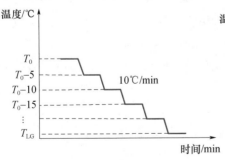

图 3－13　降温步进应力试验剖面

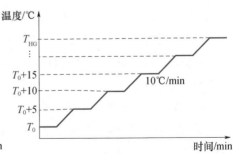

图 3－14　升温步进应力试验剖面

起始温度 T_0 原则上从环境应力筛选、验收试验和鉴定试验的最低或最高温度开始,温度变化率不低于 $10℃/min$,温度保持时间为冷浸/热浸时间 + 加电工作时间,受试产品冷透/热透后通电工作并监测。受试产品应有 50% 的时间在设计标称输入电压下工作,各有 25% 的时间在最高和最低输入电压下工作。如果没有其他规定,电压变动的最高或最低范围为额定值增加 10% 或减少 10%。

2)温度循环步进应力试验

温度循环步进应力试验通过提高温度变化率来激发产品故障,高温:T_{HG} $-5℃$;低温:$T_{LG}+5℃$。起始温度变化率为 $10℃/min$,温度变化率步长为 $5℃/min$,直至产品出现故障或达到预期的试验条件,该温变率定义为 ΔT_G。其他要求同上述试验。温度循环步进应力试验剖面如图 3-15 所示。

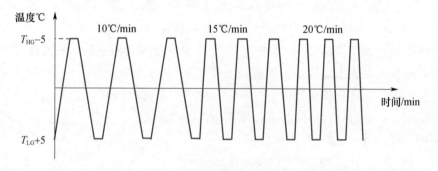

图 3-15 温度循环步进应力试验剖面

3)步进振动试验

起始振动量级 A_0 从环境应力筛选、验收试验和鉴定试验中的最高振动量级(总均方根加速度)开始,对于随机振动试验,按固定的步长逐步提高总均方根值;对于正弦扫描振动试验,按一定的比例提高振动量级。以通电时间 10min 为例,步进随机振动试验剖面如图 3-16 所示,步进正弦扫描振动试验剖面如图 3-17 所示。

4)温度-振动综合环境试验

温度-振动综合环境试验同时施加温度和振动应力,该试验一个循环的试验剖面如图 3-18 所示。

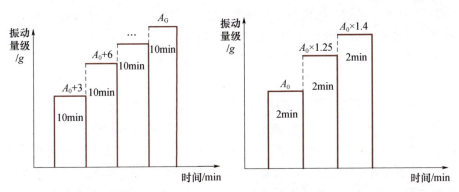

图 3 - 16　步进随机振动试验剖面　　　图 3 - 17　步进正弦扫描振动试验剖面

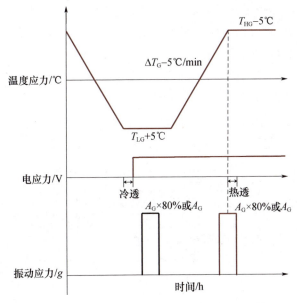

图 3 - 18　温度 - 振动综合环境试验一个循环的剖面图

2. 综合试验法

综合试验法是在三轴六自由度宽带伪随机振动和大温变率循环试验条件下,快速激发产品潜在缺陷,该方法也称高加速应力筛选(HASS)。通过 HALT 获得产品的耐极限环境能力,选择比该极限环境条件稍低的应力作为设计 HASS 应力的依据,试验应力范围可能会超出产品的使用条件。作为每台产品均要开展的筛选试验,该应力应不能损坏好的产品或产生新的缺陷,也不能过量消耗产品的有效寿命。HASS 是专为消除生产过程中引入产品的缺陷而设计的最快、最有效的筛选过程,在故障后通过故障原因、失效模式分析和改进结构设计,达到提高产品固有可靠性的目的。

三轴六自由度随机振动指的是在三个互相垂直的 X、Y 和 Z 方向上产生线加速度振动,在围绕三个正交轴方向上产生旋转振动。该试验系统一般由高加速应力试验箱、压缩空气系统、液氮辅助制冷系统组成。其中压缩空气系统负责向试验箱提供压缩空气,推动气锤击打试验台面[17]以产生多轴连续的非高斯宽带伪随机振动,其峰值概率密度分布远比传统的电磁振动台产生的高斯分布的 3σ 大,甚至能达到 10σ 以上,激发产品缺陷的效率极高。液氮制冷系统负责向试验箱提供液氮以迅速降低箱内温度。一种典型的试验系统指标如下,它是一种温度 – 振动综合环境试验,与一般试验系统相比,具有更高的频带、更宽的温度范围和更快的温变速率。

(1)测试加速度(10 ~ 5000Hz):0 ~ 90Grms(均方根值)。

(2)测试温度范围:– 100 ~ 200℃。

(3)测试温变速率:>60℃/min。

试验设备组成见图 3 – 19。

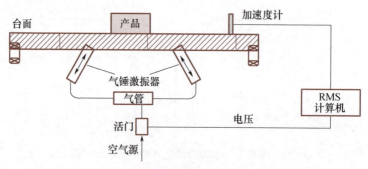

图 3 – 19　宽带伪随机振动 – 温度综合试验台

试验功率谱如图 3 – 20 所示。

图 3 – 20(a)显示的最高频率是 1000Hz,图 3 – 20(b)给出了较宽的刻度范围,频率的变化范围是 1000 ~ 5000Hz。图 3 – 20(b)中 2000Hz 处的竖线说明了大多数传统的电动振动台的频率范围都小于 2000Hz。全轴振动台在高频

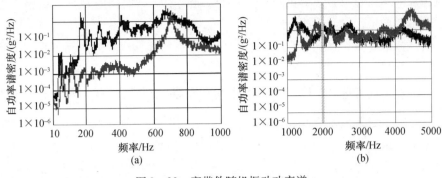

图 3 – 20 宽带伪随机振动功率谱

提供了更多的能量,但是在低频,能量有所降低。由于全轴振动台的频谱有较高的频率分量,在单位试验时间内有较高的应力数,所以能很快地引起疲劳。因此对高频敏感的电子组件等,如 SMT 中内外焊接处的激励是有益的,而低频则对大型元器件有益。考虑到控制系统设备的减振器对高频信号有较强的抑制作用,本项试验要求在不带减振器的状态下进行。

3.3 验证性试验中的注意事项

运载火箭控制系统产品在研制、生产过程中需进行多项试验,这在 2.2.1 节中已进行了介绍。

筛选试验是产品生产过程中为了剔除早期失效而开展的工艺性试验,主要有老练试验和环境应力筛选两类试验项目。验收试验是对一批产品的普遍性试验,对所有交付设备均进行,目的在于检验产品的工艺、材料和质量缺陷;产品在验收试验后不应出现潜在损伤及性能降级,因为通过验收试验的产品将用于飞行。鉴定试验和例行试验是对产品在地面储存、运输、发射准备和飞行等环境中适应能力的加严考核,是对产品的设计和工艺质量进行的综合鉴定,一般在验收试验后抽样进行。其中鉴定试验在初样研制阶段进行,若试样产品发生技术状态更改以致影响环境适应性,应重新进行鉴定试验。而例行试验必须每批次进行。鉴定试验和例行试验后的产品不再用于飞行试验。

电磁兼容试验用于验证考核控制系统产品的电磁兼容性能。在电磁兼容试验过程中,通过测试设备(单元测试仪)对被测产品施加激励并检查其响应,应保证测试设备具备足够的电磁兼容性,避免因测试设备满足不了试验中电磁环境的要求而导致误报。

经过电磁兼容试验、可靠性增长试验、可靠性强化试验的产品不再用于飞行试验。

由于上述各项试验项目在标准中均有介绍,本书只对有关未明确事项或工程处理方法进行介绍。

⬚ 3.3.1 老练

老练是产品质量控制的一个重要工艺环节,通过模拟产品的使用条件,让产品工作一段时间,将早期的失效及早发现并剔除,使交付的产品处于故障率较低的水平。老练一般采取整机老练的方式,但对于有使用寿命的机电产品,电子线路部分可以先按整件要求进行单板老练试验,然后装入整机再进行整机老练试验,整机老练试验的时间根据产品的寿命而定。

老练试验的总时间一般不大于产品寿命的20%;工作寿命按通、断次数计算的产品,按其产品规范或技术文件规定的通、断次数和频率进行通电老练,通、断次数一般不超过使用预期寿命次数的5%。对于高可靠的应用场合,箭上电子产品的老练时间一般选为1000h;而地面测发控的老练时间一般选为200h。

按照试验的温度,老练试验分为常温(25℃)老练和高温老练。当产品规定的常温老练时间较长时,一般选取高温老练。高温老练的温度应力不超过产品最高工作环境温度,高温老练的时间可以根据工程经验和型号要求按产品试验大纲或技术文件选取,也可以采用下述方法来选择加速因子。需要注意的是,筛选试验中的通电时间不计入老练时间。

根据阿累尼乌斯模型[18,19]按照式(3-46)计算高温老练的加速因子:

$$A_F = \exp\left[\frac{E_a}{k}\left(\frac{1}{T_u} - \frac{1}{T_e}\right)\right] \qquad (3-46)$$

式中:A_F 为加速因子;E_a 为激活能(eV),一般选用0.6;k 为波尔兹曼常数(8.617×10^{-5}eV/K);T_u 为设备正常使用的热力学温度(K);T_e 为应力作用的热力学温度(K)。

一般在工程实践中采用简化模型近似计算加速老练时间,其按照式(3-47)和式(3-48)计算数学模型：

$$A_{F0} = 2^{\left(\frac{t_e - t_u}{10}\right)} \qquad (3-47)$$

$$t_e = t_u / A_{F0} \qquad (3-48)$$

式中：A_{F0} 为简化模型加速因子；t_e 为应力温度下老练时间(s)；t_u 为设备正常使用下老练时间(s)。

以常温(25℃)1000h老练为例,按照简化模型计算,可以折算成45℃下250h的老练。

老练试验在工作周期内连续进行,一般4h为一个老练工作周期,也可以将产品技术文件规定的"一次连续通电时间"定为一个老练工作周期,并至少间隔4h应进行一次测试。每个工作周期结束时,一般应断电0.5h,然后再加电老练,断电时间不计入老练时间。每个工作周期或间隔测试时间开始时,都应对受试产品进行功能测试。若老练过程中有不断电要求,应规定间隔测试时间。最后一个工作周期结束前,按产品技术文件要求全面检测受试产品的功能、性能。

老练时间要根据电应力的水平按比例分配到各个试验周期中,其中50%时间让设备工作在额定电源电压,各有25%的时间分别工作在上限和下限电源电压。分配时间时可以按比例分配在每一个工作周期内,也可以按工作周期数分配,每个工作周期采取一种电应力。

出现故障时老练时间要重新计算。首先要区分关联故障或非关联故障,若为非关联故障,排除故障后继续试验,原老练试验时间均有效。若为关联故障,需采取措施后予以修复。修复故障产品时,需要更换的元器件、组件一般应采用同批次筛选的元器件、组件。修复后的产品,至少要通过一个工作周期的试验来验证采取措施的有效性,然后再继续老练并累计老练时间。此时老练时间的计算可分以下几种情况：

(1)若受试产品故障发生在规定老练试验时间的前1/2,老练试验时间在故障发生前的老练试验时间上累计,无故障老练试验时间达到规定的老练试验时间即结束老练试验。

(2)若故障发生在老练试验时间的后1/2,故障排除后应保证老练试验结束前的连续无故障老练试验时间至少要达到规定总老练试验时间的1/2。

当然,如果同一台受试产品出现多次故障,老练试验时间的统计往往需要与系统设计人员协商确定。

✍ 3.3.2 环境应力筛选

环境应力筛选(ESS)是为发现和排除产品中元器件和工艺缺陷而在环境应力下所做的试验。电子产品环境应力筛选按元器件级、单板级和整机级进行三级筛选,其主要试验项目包括温度循环和随机振动。温度循环的试验方法较为成熟,本节重点讨论随机振动筛选试验。

控制系统的产品均带减振器,在筛选试验中要求去除外部减振器,产品与振动台之间刚性连接。随机振动筛选是为了暴露产品制造过程中的缺陷而开展的试验,与产品最终安装位置以及应能承受的力学环境无关,所有设备采用同一标准,功率谱是大量电子产品在工程实践中总结出来而定的,型谱如图 3 – 21 所示,总均方根为 $6.06g$。

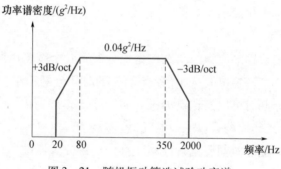

图 3 – 21　随机振动筛选试验功率谱

如果对单板没有合适的测试工装,则可以将单板安装在整机内进行筛选以替代。由于机箱不带减振器,在振动过程中单板上局部部位的振动可能会放大,导致产品/器件损坏或留下安全隐患。美军标 MIL – HDBK – 2164A 明确规定[20],为了避免因共振引起的任何潜在的疲劳或峰值应力损伤,有必要对输入谱上会引起产品某些部位产生共振($Q > 10$)的谱线处降低其谱值,俗称"带谷"振动[21]。同理,对响应衰减较为严重的谱线,要适当加大量级。因此应提前对筛选试验条件进行摸底,在单板响应最大处安装传感器对振动量级进行测量,并对图 3 – 21 所示的试验型谱进行调整。在工程上整机筛选试验条件的确定可以采取两种做法:

（1）在确保机箱处响应为 $6.06g$ 的基础上，单板内的最大响应不超过 $12g$（$12g$ 是工程上的经验值，在确保可靠性的情况下，也可以适当提高）。

（2）如果在机箱处响应为 $6.06g$ 情况下，单板内的响应存在较大的放大或衰减，则对图 3 – 21 所示的试验型谱进行调整，降低放大频段的功率谱密度，增大衰减频段的功率谱密度，使得单板上各监测点的响应在 $6.06g$ 左右。

第一种试验方法能够保证不过应力，但也有可能造成欠应力；第二种方法力求实现均衡，但由于板级放大各不相同，因此很难做到将各监测点的响应控制在 $6.06g$ 附近，略高或略低有时也是可以接受的，将视具体情况而定。同时，要确定合适的试验条件，需要安排在原理样机上进行摸底试验，将最终确定的振动型谱固化为筛选试验条件。

对于采用一体化设计的惯性设备，惯性仪表本体与电子线路安装在一个机箱内，机箱出于对安装精度的要求不带减振器，而机箱内的惯性仪表本体带减振器，俗称"内减振"。在这种情况下，无论是筛选试验还是验收试验，电子线路均是与机箱刚性连接，会出现电路板振动量级放大的情况。此时或者采取对器件局部加固的方法，或者在电路板自身采取减振措施，甚至必要时机箱也要采取减振措施，否则筛选试验不仅起不到提高可靠性的作用，反而会留下隐患。

参考文献

[1] Blair J C, Ryan R S, Schutzenhofer L A. Lessons learned in engineering[R]. NASA, NASA/CR – 2001 – 216468.

[2] 张国伟,张维,田海涛,等. 通用制导姿控性能指标测试平台[R]. 北京航天自动控制研究所,2011.

[3] 叶永鑫. 嵌入式软件测试平台的研究与实现[D]. 北京:北京交通大学,2010.

[4] 徐清雷,邓正隆. 激光捷联惯导系统中惯性器件的测试方法[J]. 计测技术,2004,24(6):25 – 27,34.

[5] 王志伟,侯书铭. 捷联惯测组合快速标定方法[J]. 导弹与航天运载技术, 2011(6): 43 – 47.

[6] 党建军,罗建军,万彦辉. 挠性捷联惯组振动环境下适应性及导航精度分析[J]. 弹箭与制导学报,2010,30(1):13 – 16.

[7] 宋征宇. 双捷联惯组单表级的冗余管理及信息融合技术[J]. 载人航天,2012,18(5):8 – 13.

[8] 国防科学技术工业委员会. 数字式时分制指令/响应型多路传输数据总线测试方法 第5部分:系统测试方法: GJB 5186.5—2004[S]. 北京:国防科工委军标出版发行部, 2004,12.

[9] 王世奎,杨建茜,沈霞,等. 航空电子多路总线控制器有效性测试平台的研究与建立 [J]. 测控技术,2005,24(4):11 – 13.

[10] 董文岳,王祝金,蒋晓华,等. 1553B 电缆网络测试方法研究[J]. 电子产品世界,2010 (6):60 – 62.

[11] 张欢. 机载 1553B 数据总线电缆网络的制作与测试探讨[J]. 机电元件,2011,31 (5):32 – 34.

[12] 冯伟泉. 航天器单机级环境可靠性试验[J]. 航天器环境工程, 2005,22(10):249 – 252.

[13] 金恂叔. 航天器环境试验和航天产品的质量与可靠性保证[J]. 中国空间科学技术, 2004(6):25 – 31.

[14] 周涛,胡海峰,陈文静. 基于飞行测试信息修正的可靠性增长试验研究[J]. 载人航天,2013,19(4):11 – 16.

[15] 朱曦全. 可靠性增长试验在载人航天运载火箭电子产品研制过程中的应用[J]. 导弹与航天运载技术, 2004(1): 61 – 66.

[16] Wang F F. Modified highly accelerated life test for aerospace electronics[C]//The Inter - society Conference on Thermal and Thermomechanical Phenomena in Electronic Systems (ITHERM), May 30 – June 1,2002,San Diego, CA,USA. Piscataway:IEEE, c2002:940 – 945.

[17] 范瑞祥,刘继忠,徐文彬,等. 新研火箭可靠性强化试验工程实践[C]//第三届载人航天学术大会,11 月 13 – 15 日,2014 年,成都,中国. 北京:中国载人航天办公室, 2014:8 – 13.

[18] Kececioglu D, Jacks J A. The Arrhenius, eyring, inverse power law and combination models in accelerated testing [J]. Reliability Engineering, 1984, 8(1):1 – 9.

[19] Oliveros J H. 失效可靠性模型的统计热动力学物理[R]. 国防科技工业质量与可靠性研究中心/航天可靠性与安全性研究中心:环境应力筛选技术译文集,2002.

[20] United States of America, Department of Defense. Environmental stress screening process for electronic equipment:MIL – HDBK – 2164A[S]. Washington DC.: Department of Defense,1996,6.

[21] 祝耀昌. 环境应力筛选技术及其应用和发展综述[J]. 航天器环境工程,2007,24 (4):191 – 197.

第4章
系统级试验技术

　　火箭的测试包括许多重要的环节,尤其在研制阶段。但当火箭进入常态化的发射服务时,系统级的测试主要指全箭集成总装完成后电气系统的检查等,即完整的电气系统所进行的模拟飞行过程的测试,又称总检查测试。通过有选择地设计关机方程,将各级关机时间设置在理论关机时刻。当然,总检查测试也是分级考核的,首先控制分系统进行单独的总检查测试,随后其他电气系统,如测量系统,一并加入进行测试。通过该项测试,对整个飞行控制系统的电气性能进行考核,包括硬件设计、软件设计、硬件与软件的协调性、不同设备之间的匹配性等;对地面测发控系统与飞行控制系统的协调匹配性进行考核,包括测试功能、发射控制功能、信息显示与监测、流程合理性等;对整个箭上与地面系统之间的电磁兼容性进行验证。根据需要,还可以对典型的冗余设计功能、应急处理功能等进行考核验证。

　　在发射之前同样需要进行测试。由于已经安装了火工品,推进剂也已加注,因此不能实施会发出点火、关机等信号的总检查测试。射前的检查测试也可以分为三类:①属于单项测试范畴,如火工品回路阻值测试、时序安全检查、瞄准测试、垂直度调整等;②功能普查项目,选取分系统测试项目进行测试;③实时监测,有选择地将重要信号实时测量结果在多屏显示系统中加以显示,监测内容一般包括电源(电压、电流、频率等)监测、漏电监测、温度测试、与液压控制相关的压力测试、涉及安全性的指令状态监测等,故障情况下需有明显报警指示。

然而,由于各个国家在航天早期的研发均处于独自开展甚至保密的情况下,因此也发展出了各自的系统测试与验证的方案,这些内容在第 1 章已经进行了简要阐述。对比美国和中国运载火箭的测试体制可以看出,NASA 作为任务提出方,采取闭环集成测试的方式对电气系统(含 GNC 算法等)进行验证。而我国航天工业部门的测试,兼具任务承包商(如美国波音公司)和任务提出方(如 NASA)的测试工作,并且将测试分为两个主要的领域:电气系统综合/匹配测试,考核电气系统的接口、匹配性等;控制系统半实物仿真测试,考核 GNC 算法的正确性。前者的测试项目以开环测试为主,并且可以在总装车间和发射场实施;后者主要在设计部门进行(这也将在第 5 章进行介绍)。本章重点介绍中国"长征"系列火箭电气系统测试所采取的测试方案、测试内容和测试方法。测试中的一项重要工作是数据分析判断。随着测试数据量的增大,完全由操作人员进行人工判别已不能满足要求,地面测试系统逐渐发展了自动判读技术,关于这一部分内容将在本书的最后章节讨论。

4.1 分系统级测试

关于运载火箭的测试工作,很难用一个体系来涵盖。美国军方将运载火箭、上面级以及空间飞行器等的测试分为单元测试(Unit Test)、子系统测试(Subsystem Test)和整个飞行器的测试(Vehicle Test),其中单元测试与本书第 3 章介绍的设备级测试类似。而在我国,将单元测试之上的测试均称为系统级测试,只是系统的范畴不同。此外,尽管各项标准规范中对测试的分类和要求均进行了明确,例如美军标规定,系统集成测试的目的是确保运载火箭符合设计需求的要求,但对如何开展测试没有规定,因为火箭设计方案不同,其测试方法也不同,且受到各个公司传统经验的影响。我国电气系统测试的着眼点是要适于总装及发射现场开展,以考核电气系统匹配性为目的,且尽可能保持系统使用的连接状态。一般先开展分系统级的测试,采用逐级递增的方式。而连接仿真器等测试内容,由于更改了系统连接状态,被认为不太适合在总装厂和发射场实施,这样的试验安排在半实物仿真试验中,由设计单位完成。

本节将以箭上控制系统为主介绍系统测试的一般方法[1-3],一般分为单项测试、分系统测试和总检查测试(又称模拟飞行测试,简称模飞测试)。其他系统的测试只是测试对象有不同,在测试方法上没有太多区别,可参考相应的文献[4]。此外,测试系统还应具备关键信号的实时监测等功能。

　　单项测试指的是一些难以编入自动测试流程中的测试项目,或自动测试前的准备工作。这些项目之间的关联性不大,且仅在试验起始阶段进行,主要包括:地面电源的启、停检查,如电压的调整、冗余电源的切换检查等;地面电源与箭上设备的匹配性测试,主要与箭上功率较大的交流二次电源匹配性测试等;耗尽关机电路检查;箭、地连接插头的脱落检查;时序安全检查;复位电路检查;转台的空载测试,包括自动与手动测试等。这部分内容不再介绍。

　　分系统级的测试是一种功能性的静态测试,通过向被测设备或子系统施加确定的激励,测量其输出,以检查被测设备是否工作正常。其中"分系统"的概念是相对的。对于总体而言,控制系统本身就是一个分系统;但此处的"分系统"指的是多台设备组成的小型子系统。该测试必须涵盖系统连接状态下对所有配套产品的功能检查。

4.1.1　分系统测试

　　测试系统采用基于标准总线的测试设备,各种总线技术在第 2 章已经进行了介绍。表 4 - 1 给出了一个典型测试系统配置的示例,包括机箱、背板、控制器(分嵌入式和外挂两种)以及其他测试模块,如数字多用表、电流源、采样开关、A/D、时序测量模块等。普遍采取冗余测试方案[5],例如采用两套测试系统同时对信号进行测试,或者采用热备份状态,在一套测试系统测试结果异常的情况下,切换到另一套测试系统重新进行测试,以避免因测试系统自身故障而造成的误判。

　　分系统测试一般分成若干项,各项可以独立测试,也可以组合测试。测试激励以及理论响应均预知,因此在测试的同时就可以进行自动判读。控制系统的分系统测试项目一般分为以下几类。

1. 姿态控制系统检查

　　姿态控制系统检查(简称姿控系统检查)一般分级进行,如助推级、芯一级、芯二级等,其试验原理框图如图 4 - 1 所示。

表 4-1 测试系统配置示例

序号	产品名称	技术指标
1	机箱及背板	工作温度 0 ~ 40℃(相对湿度为 95%);40 ~ 55℃(相对湿度为 65%);盐雾:≤5mg/m³
2	嵌入式控制器	以 PXI 为例,可选 33MHz/32 位总线(峰值 132MB/s)或 66MHz/64 位总线(峰值 528MB/s),功耗:≤2W
3	五位半数字多用表	直流、交流电压;直流、交流电流;二线、四线电阻;频率测量等
4	多通道复用开关	最大输入电压:DC:50V;AC:50V(有效值),70V(峰值);最大输入电流:DC:100mA;AC:100mA(有效值);信号带宽(-3dB):10MHz
5	多通道电流源	输出端口:浮地;最大电流输出:每路 20mA,程控可调;最大负载:≤500Ω;输出电流极性:正、负可变
6	多通道通用开关	最大开关容量:1A/30V;最大开关电压:DC/60V
7	多通道时序测量模块	精度:≥2×10⁻⁵(1h);差分信号;计时范围:3600s;输入信号:方波,宽度≥10ms,幅度:24 ~ 42V;隔离:通道隔离
8	多通道扫描 A/D	隔离输入,全差分;最高转换速率:100Ksa/s(32 通道);A/D 分辨率:16bit;存储器容量:64Ksa;具有输入过压保护功能。直流精度:误差≤±0.2%;数据传送方式:中断方式、查询方式
9	多通道调理板	将信号衰减到 A/D 的输入范围之内,提供信号隔离及二阶低通滤波等调理电路
10	箭地高速通信接口	LVDS,通信速度:≤20Mb/s,通信长度:≤200m

姿控系统检查的主要目的是对设备之间的匹配性,尤其是静态增益和极性进行检查。测试综合利用箭上设备和地面测发控设备共同完成,箭载计算机内安装专用测试软件,由于考核姿控功能,因此测试软件中关于姿控网络的控制参数同飞行状态。

该项检查从惯性器件输出、计算机输入、网络计算、计算机输出、放大器输出到伺服机构反馈这一整个环节。惯性器件的输出可以通过转动转台来实现,对于机械陀螺和加速度表,还可以在惯性仪表的力矩器中施加恒流激励信号使其产生输出。当上述条件均不具备时,可采用地面测试设备模拟惯性器件输出至计算机,或计算机直接输出信号至放大器,这些测试方案在型号中均有应用。

地面测试系统分别从计算机输出端、伺服控制器(放大器)输出端、伺服机

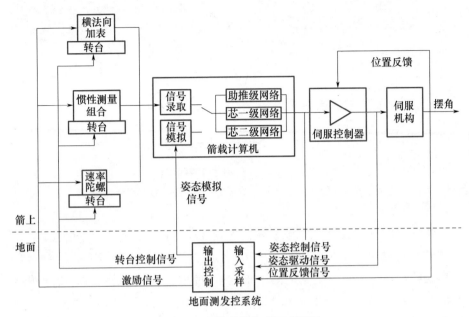

图 4-1 姿控系统检查原理框图

构反馈端采样信号,并计算各个飞行段、各个通路的姿控网络静态增益、伺服放大倍数等。各个飞行段的选择由地面测发控系统通知箭载测试软件来实现。

当采用垂直测试的模式时,无法通过转台来模拟箭体运动,因此只能通过施加激励信号或直接采用模拟信号。当采用施加激励信号的模式时,惯性器件的输出(含激励产生的输出)参与姿控系统检查。由于火箭竖立在发射台上时,伺服机构带动发动机摆动,有可能造成箭体的自激振荡,严重时箭体会抖动,给测试带来了安全性问题,为此要设计消抖网络来消除振荡,有关这方面的内容可参考文献[6]。

在姿控系统的检查中,对极性的考核是重点,一般设置较为平稳的信号,直接考察伺服机构带动喷管摆动的情况,一个典型的姿控信号输出如图 4-2所示。

可以在俯仰、偏航、滚动三个通道分别施加信号,也可以同时施加。信号施加的时刻一般在姿控网络有较为稳定静态增益的时间段,在各个飞行段,如助推飞行段、芯一级、芯二级飞行段等均要施加,以确保测试覆盖性。

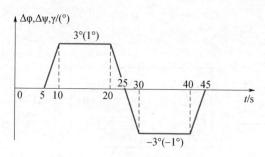

图 4 - 2　典型的姿控信号输出

2. 惯性器件检查

惯性器件检查包括对惯组、横法向加速度表组合以及速率陀螺的检查等。

由于光学陀螺难以通过施加力矩激励的方法使其产生输出,因此针对光学惯组的测试主要结合地速的测量来进行,即根据惯组安装方式,将地球自转的角速度信号以及静置状态下 $1g$ 的重力加速度折算成三个测量方向的陀螺和加速度表输出,并与实际测量结果进行对比;或反之,根据各仪表的实际输出结果,折算出地球自转的角速度和当地重力加速度,与理论值进行对比。

1）惯性器件输出的综合性判断

综合性判断是将惯组的测量结果与当地的地球转速和重力加速度进行对比,并不区分各个测量轴的输出,是对多个惯性器件指标的综合评估。具体方法如下,N_{gx}、N_{gy}、N_{gz}、N_{ax}、N_{ay}、N_{az}为 t 秒内各陀螺及加速度计的累计输出脉冲数,地面测试系统计算如下公式:

$$\Delta\omega = \left| 15 - \sqrt{\left(\frac{K_{gx}N_{gx}}{t} - D_{0x}\right)^2 + \left(\frac{K_{gy}N_{gy}}{t} - D_{0y}\right)^2 + \left(\frac{K_{gz}N_{gz}}{t} - D_{0z}\right)^2} \right|$$

$$(4 - 1)$$

$$\Delta G = \left| 1 - \sqrt{\left(\frac{N_{ax}}{tK_{ax}} - K_{0x}\right)^2 + \left(\frac{N_{ay}}{tK_{ay}} - K_{0y}\right)^2 + \left(\frac{N_{az}}{tK_{az}} - K_{0z}\right)^2} \right| \quad (4 - 2)$$

式（4-1）表示由地速 15(″)/s 减去三个正交陀螺仪输出的均方根,K_{gx}、K_{gy}、K_{gz}、D_{0x}、D_{0y}、D_{0z}代表各个陀螺仪的脉冲当量和零次项漂移,主要考核陀螺仪输出。式（4-2）表示由 $1g_0$ 减去三个正交加速度计输出的均方根,K_{ax}、K_{ay}、K_{az}、K_{0x}、K_{0y}、K_{0z}代表各个加速度计的脉冲当量和零次项漂移,主要考核加速度计输出。

2）惯性器件输出的合理性判断

合理性判断，是将当地的重力加速度和地球转速转换为惯组各仪表的理论输出，并与惯组的实际输出进行对比。惯组在测试过程中，始终处于垂直安装的状态，其敏感到 $1g_0$ 的加速度，垂直于当地水平面指向上方，敏感到的角速度为地球自转角速度在惯组三个敏感轴上的投影。对比误差取决于惯组标定的结果、惯组的调平与瞄准误差等。

举例说明如下：假设射向为 A，纬度为 B，地球自转加速度为 ω_e（（°）/h），则在惯组坐标系俯仰、偏航、滚动三个方向上的转动分量为

$$\begin{cases} \omega_z = \omega_e \cos B(-\sin A) \\ \omega_y = -\omega_e \cos B \cos A \\ \omega_x = \omega_e \sin B \end{cases} \quad (4-3)$$

则

$$\begin{cases} N_{gx} = \dfrac{(D_{0x} + \omega_x + D_{xy}\omega_y + D_{xz}\omega_z)}{K_{gx}}t \\[2ex] N_{gy} = \dfrac{(D_{0y} + \omega_y + D_{yx}\omega_x + D_{yz}\omega_z)}{K_{gy}}t \\[2ex] N_{gz} = \dfrac{(D_{0z} + \omega_z + D_{zx}\omega_x + D_{zy}\omega_y)}{K_{gz}}t \end{cases} \quad (4-4)$$

式中：D_{xy}、D_{xz}、D_{yx}、D_{yz}、D_{zx}、D_{zy} 为一次项交叉系数。

在加速度计的脉冲计算中，为简化处理，一次项交叉系数近似为 0，二次项系数也处理为 0，则

$$\begin{cases} N_{ax} = (K_{0x} + \dot{W}_x)K_{ax}t \\ N_{ay} = (K_{0y} + \dot{W}_y)K_{ay}t \\ N_{az} = (K_{0z} + \dot{W}_z)K_{az}t \end{cases} \quad (4-5)$$

如前文所述，对于惯性器件中的机械陀螺和加速度表，也可以采取力矩测试的方案。以加速度计加矩测试为例

$$N_{ax} = (K_{0x} + \dot{W}_x + IK_{ig})K_{ax}t \quad (4-6)$$

式中：I 为加矩电流（mA）；K_{ig} 为力矩器系数（g/mA）。

3) 转台测试

转台测试主要考核产品功能,难以对精度进行评估。控制转台的转速,从而计算惯组敏感的转速与转台转速是否一致;同时将转台转动到固定位置,测量重力加速度在各个方向的分量与惯组的输出值是否一致。

以上主要介绍了惯组的测试,横法向表的测试与惯组类似,当其垂直安装在火箭上时,横法向表的输出几乎为 0,因此一般采用加矩测试的方案;当未装箭,而是安装在专用转台上时,可以转动转台使得某测量轴敏感重力加速度,从而验证其对重力加速度的测量精度。速率陀螺的精度要求比惯组中的低一些,其模型中仅考虑当量,其测试可以采用转台测试的方法,也可以通过测量地球自转角速率来考核。以俯仰速率陀螺为例:

$$\dot{\varphi} = N_\varphi \times K_\varphi \tag{4-7}$$

式中: N_φ 为速率陀螺输出的数字量; K_φ 为速率陀螺当量。

取一段时间内的平均值作为均值,如 2min,然后计算稳定性:

$$\sigma_\varphi = \sqrt{\frac{\sum_{i=1}^{n} (\dot{\varphi}_i - \overline{\dot{\varphi}_i})^2}{n-1}} \tag{4-8}$$

与理论值的偏差取决于速率陀螺测量精度以及安装的位置偏差。

采用冗余设计后,如果冗余惯性器件之间的相对安装误差可以测量准确,则可以用一套惯性设备作为标尺去衡量另一套惯性设备,通过这种一致性的对比来考核器件的精度,相当于将飞行中的故障诊断技术应用于地面测试阶段。

3. 时序电路检查

由计算机模拟时序启动信号发送至时序系统各设备,通过测量时序信号来检查其是否满足要求。时序信号是指按照一定时间序列发送的指令,这些指令的持续时间较短并有严格顺序要求,一般持续时间为 50~300ms。在新型火箭中,时序系统同时承担了增压控制等功能,因此这类测试也称为综合线路检查。在增压测试中,需要模拟压力传感器的信号作为增压控制的输入条件,同时压力信号要可变,以增大测试的覆盖性。

时序测量是航天应用中较为普遍但在一般测控领域不常见的功能,其测量原理如图 4-3 所示。

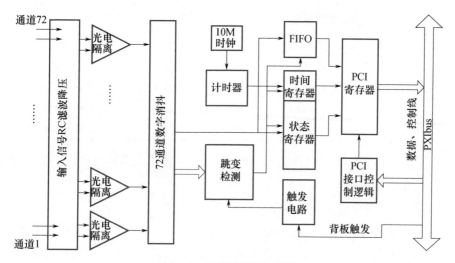

图 4 - 3　时序测量原理框图

　　时序信号的幅值为电源电压。测试时需记录各指令启动时间、持续时间，其中指令启动的时刻一般是不定的，随测试用例不同而不同，因此时序信号的测量常采用中断模式。

　　时序测量功能包括以下几个部分：测量总线接口控制逻辑、配置寄存器、计时器、跳变检测电路、状态和时间寄存器组、存储器、输入光电耦合器组和输入滤波电路等。滤波电路用于滤除各种干扰信号，由于时序指令有可能通过电磁继电器输出，其机械触点会产生跳动，从而生成多组较短的脉冲，这样的信号要将其滤除，滤波的宽度可由用户设置。光耦隔离起到了保护作用并同时有抗干扰的效果。当输入端口检测到信号的跳变时，如信号启动时从低电平到高电平，信号清除时从高电平到低电平，跳变检测模块将每一次数据跳变时输入端口状态和当前计时器时间保存到一组寄存器、置位一个状态位并向测试总线控制器发出中断请求，应用软件采取中断方式录取测试结果。也可以通过寄存器组实时监测输入端口变化，即采取查询的方式录取测试结果。为了详细记录输入端口数据变化的过程，可以设计较大容量的存储器，将每一次跳变均记录下来。

　　时序电路检查涉及火箭的点火、关机、分离等功能，因此其测试包括正常功能、备保功能、允许功能的检查等，以及针对不同关机方式的检查，表 4 - 2 给出了某型号综合试验中不同的关机测试状态。

表4-2 某型号综合试验中不同的关机测试状态

状态	助推Ⅰ、Ⅲ	助推Ⅱ、Ⅳ	芯一级	芯二级第一次	芯二级第二次
状态1	耗尽关机	耗尽关机	射程关机	半长轴关机	制导关机
状态2	—	—	射程关机	半长轴关机	耗尽关机+制导关机
状态3	耗尽关机	耗尽关机	耗尽关机	耗尽关机	耗尽关机+制导关机
状态4	耗尽关机	—	耗尽关机	半长轴关机	耗尽关机+制导关机

实际飞行各种关机状态的组合比表4-2所列状态多,系统级测试仅选择有代表性的几种。

4. 卫星组合导航接口检查

组合导航接口检查的示意图如图4-4所示,它包括真实收星状态和连接模拟器状态两种检查。当采用真实的天线接收导航电文时,箭上系统将接收到的定位信息、收星信息传送至地面,主要检查的参数包括:

(1) 时间,速度 v_x、v_y、v_z,位置 P_x、P_y、P_z;

(2) 接收机定位模式;

(3) 接收机状态、错误码;

(4) PDOP值。

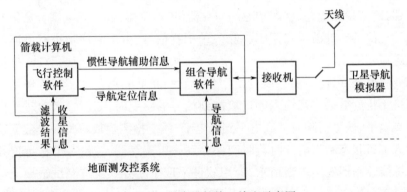

图4-4 组合导航接口检查示意图

当采用卫星模拟器时,飞行软件将滤波结果等也传送至地面测发控系统。

通过上述测试,对接收机、接收机与计算机之间的通信、计算机内部组合导航软件与飞行控制软件之间的接口进行考核,对收星功能、通信功能、数据交互功能的正确性进行验证。

5. 转台测试

转台测试包括对各类惯性测试设备的转台测试,其中惯组为三轴转台,横法向表组合为双轴转台,速率陀螺为单轴转台。

主要在惯性设备未装箭的情况下进行测试,通过转动转台产生角速度,或使加速度表安装位置偏置从而可以敏感到重力加速度,对其输出进行测试。

测发控系统控制惯组转台偏转,俯仰、偏航、滚动分别加指令,并判断各级伺服机构输出极性,这是本项测试的重要目的之一。在转动过程中以相对于初始非转动状态的角增量信号作为姿控模块角偏差输入进行姿控计算,数据采用惯组测量坐标系。

转台控制器是本项测试的重要设备,具备手动和自动两种控制方式。手动控制包括极性设置、启停控制、回零控制、单步转动等基本功能。自动控制采用 PLC 实现,包括 CPU、电源模块、开关量输入模块、步进定位模块、AC/DC 电源等,其原理框图如图 4 - 5 所示。

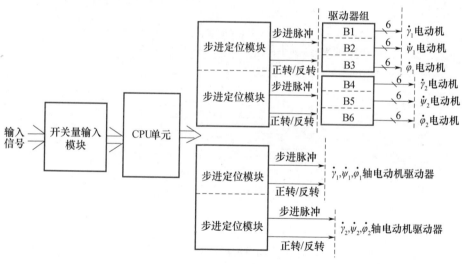

图 4 - 5 转台控制器原理框图

步进电动机驱动器可以设置在转台控制器内,也可以设置在转台上。一般采用 PWM 脉冲调宽和相电流限幅技术,使步进电动机运行具有很宽的低频和高频响应特性。此外,步进电动机驱动器在步进脉冲信号停止几秒后会自动进入半电流状态,减小功耗,从而保护电动机。

步进定位模块提供给电动机驱动器的信号主要有两路。

1）步进脉冲信号 CP

控制器通过脉冲信号 CP 可以达到电动机调速和定位的目的,驱动器把控制器发出的脉冲信号转化为步进电动机的角位移。驱动器每接收一个脉冲信号 CP,就驱动步进电动机旋转一步距角。CP 的频率和步进电动机的转速成正比,CP 脉冲的个数决定步进电动机旋转的角度。

转台控制器所配备的电动机驱动器都有细分功能,细分后电动机的步距角变小,同时 CP 信号的频率提高。如驱动器在不细分的半步状态时步距角为 $1.5°$,在 5 细分时步距角为 $0.3°$,在 10 细分时步距角为 $0.15°$。假定电动机转速相同,则控制系统所发的步进脉冲信号的频率在 N 细分时为不细分时的 N 倍。5 细分状态下,驱动器大功率输出电流的前沿和后沿分别形成 5 个台阶,驱动电动机转动,如图 4 - 6 所示。细分可以消除电动机的低频振荡,提高控制精度和电动机的输出转矩。

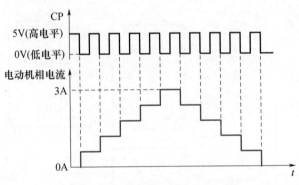

图 4 - 6   五细分时相电流示意图

2）方向电平信号 DIR

方向电平信号 DIR 用于控制电动机的旋转方向。电动机换向时,一定要在电动机停止后再换向。换向信号一定要在前一个方向的最后一个 CP 脉冲结束后以及下一个方向的第一个 CP 脉冲前发出。

4.1.2   冗余检查

运载火箭控制系统普遍采用冗余设计方案,在提高可靠性的同时,也有可能因冗余功能的增加而在地面测试阶段难以暴露故障,因为单个冗余部件的故障可能不影响整机性能。在这种背景下,要求地面测试必须具备对冗余部件的检测能力,确保冗余部件在飞行前处于正常工作状态。除了单元测试以外,冗余的测试覆盖性也需要在系统级测试项目中考核。

目前,长征火箭控制系统采用的冗余设计分为五大类:基于 TMR 的表决机制、基于故障诊断的冗余管理、基于故障吸收的容错设计、基于参数裕度的冗余设计以及元器件/部件级冗余设计。针对不同的可靠性设计措施,采取分阶段、针对性的冗余验证,即在单机级测试中均要考核到,而在系统级测试中依据实施的便利性而开展。

基于 TMR 的表决机制,一般在系统级测试中可以采用两种方式来模拟冗余部件的故障:

(1)如冗余部件能单独加电,则断开某个部件的供电,可以等效该设备的故障;

(2)对于含有嵌入式软件的设备,如果软件是可以通过系统通信链路上载而不是固化的,则可以通过不加载程序来模拟该设备的故障。

基于故障诊断的冗余管理技术主要应用在惯性器件的冗余管理中。在系统测试中,可以通过向惯性器件施加激励,如石英加速度表、机械式陀螺等,从而使该惯性仪表产生异于其他冗余器件的输出,验证故障诊断算法能否甄别出该仪表的故障并实现故障隔离和信号重组。

基于参数裕度的冗余设计主要在仿真试验或单机的鉴定性试验中考核。下文重点通过示例来介绍基于故障吸收的容错技术和元器件/部件级冗余设计的测试方案。

1. **基于故障吸收的容错技术**

本节用两个示例来说明针对故障吸收冗余方案的检查技术。

【例 4 - 1】D/A 输出的故障吸收试验

模拟量信号可以借助 D/A 的故障吸收功能来实现冗余设计,其原理如图 4 - 7 所示。

三路运放输出端所接限流电阻阻值相同,在放大器反馈环内,在三路正常输出时对三路输出差异进行调整、平衡;运放反馈电阻起到放大器 + 、- 输入偏置平衡及限流保护作用;冗余输出端串接的三个保护电阻,对外部异常电压进行防护,防止接口进入的异常高压损坏接口内部电路。

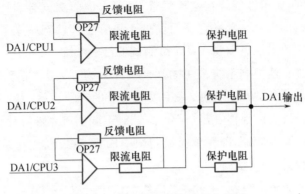

图 4 - 7　D/A 输出的故障吸收原理

三冗余 D/A 输出故障吸收是利用三个相同的放大器限流保护功能（运放最大电流输出为 30~40mA）来实现的，当某路 D/A 出现故障时或输出异常时，该路运放输出将等效为其他两路正常输出的等效负载，由于该路放大器最大的输入/输出电流为其他两路最大值的 1/2（由放大器限流保护电流确定），该等效负载不会影响正常输出，可保持正常输出电压，实现一度故障的吸收。

因此，在考核这部分冗余功能时，可以模拟两路放大器输出相同的信号，而另一路输出与这两路极性完全相反、幅值相同的信号，从而考核故障吸收功能。

【例 4 - 2】伺服阀的故障吸收功能测试[7]

"姿控小回路控制"一般采用故障吸收策略。"姿控小回路"指的是放大器输出指令驱动伺服机构动作后，伺服作动器或摆角位置信号反馈至放大器形成的闭环控制回路，是相对于发动机摆动带动箭体运动，进而通过惯性测量设备敏感箭体运动而形成姿态控制指令这一"大回路"而言的。

姿控小回路由放大器和伺服机构构成。放大器采用三冗余设计，伺服机构则针对薄弱环节如伺服阀前置级、作动器位置传感器等低功率部件采用三冗余设计[8,9]，其原理框图如图 4 - 8 所示。伺服放大器输出三路电流信号至伺服阀控制线圈，伺服阀输出信号驱动作动器动作，作动器的位置信号通过三路位移传感器反馈至输入端，实现闭环控制。

有关故障吸收的原理可参考相关文献。本节介绍如何在系统测试中，通过外部施加"倒灌电流"对"故障吸收"功能进行验证，其原理如图 4 - 9 所示。

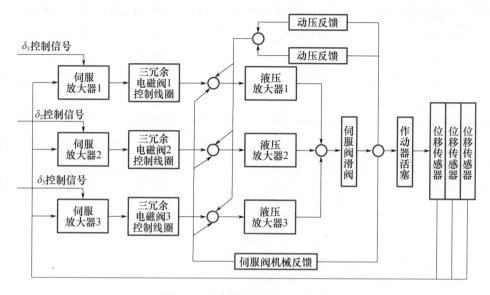

图 4 - 8 "姿控小回路"原理框图

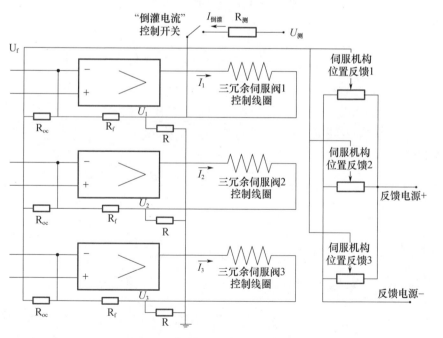

图 4 - 9 "倒灌电流"的故障模拟试验

地面测发控系统设计"倒灌电流"控制电路,在伺服回路某一放大器输出端 R 电阻上通过电阻 $R_测$ 施加检测电压 $U_测$,产生"倒灌电流" $I_倒灌$,地面测发控系统通过控制"倒灌电流"控制开关将 $I_倒灌$ 施加给故障吸收式伺服小回路。

由于反馈电阻 R_f 很大,则可工程近似为

$$I_倒灌 = \frac{U_测 - U_1}{R_测} \qquad (4-9)$$

$$I_1 = \frac{U_1}{R} - \frac{U_测 - U_1}{R_测} \qquad (4-10)$$

$$I_2 = \frac{U_2}{R} \qquad (4-11)$$

$$I_3 = \frac{U_3}{R} \qquad (4-12)$$

在反馈作用下,稳定后三个控制线圈中电流和为 0,则有

$$\frac{U_1}{R} - \frac{U_测 - U_1}{R_测} + \frac{U_2}{R} + \frac{U_3}{R} = 0 \qquad (4-13)$$

可得

$$U_测 = (U_1 + U_2 + U_3)\frac{R_测}{R} + U_1 \qquad (4-14)$$

由于

$$U_1 = U_2 = U_3 = \frac{U_f R_f}{R_{oc}} \qquad (4-15)$$

则得

$$U_1 = U_2 = U_3 = \frac{U_测 R}{3R_测 + R} \qquad (4-16)$$

定义平衡电流 e:

$$e = \frac{U_测}{R_测} - U_1\left(\frac{1}{R} + \frac{1}{R_测}\right) - \frac{U_2}{R} - \frac{U_3}{R} \qquad (4-17)$$

取 $U_测 = 5\text{V}$,$R_测 = 500\Omega$,$R = 100\Omega$,则式(4-17)简化为

$$e = \frac{5}{500} - \frac{(U_1 \times 1.2 + U_2 + U_3)}{100} \qquad (4-18)$$

当故障吸收功能起作用时,$e \approx 0$,且伺服机构作动器维持在零位。由于伺服小回路各冗余部分参数不可能完全一样,实际值为一个小量。当平衡电流 e

较大或伺服机构显著偏离零位时,其故障吸收的功能已失去效果。

2. 元器件/部件级冗余设计

元器件级的冗余设计主要采用并联/串并联/并串联等技术手段,一般在单机级测试中考核。如果单机采用了较好的 DFT 设计,也可以在系统中进行检测。

【例4-3】惯性稳定平台三相六拍制程序脉冲控制电路的冗余测试[10]

1)测试的基本要求

三轴稳定惯性测量平台程序脉冲控制电路是一种运用在运载火箭控制系统中用于控制弹道程序转弯的常用电路,通过向程序机构中的步进电动机施加特定相序的脉冲电源,进而产生一定方向的旋转磁场,控制程序机构中转子的转动。脉冲电源的形式是三相六拍制,即三路在相位上互差120°的电压信号,如图4-10所示。

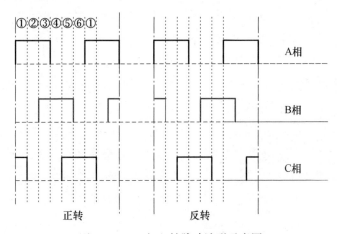

图4-10 三相六拍脉冲波形示意图

每一相的状态由环形分配器决定,以控制该相供电的通与断,这部分电路在分析时可简化为可控的电子(半导体)开关。系统刚加电时,程序机构处于"程序零位"的初始状态;在程序脉冲作用下,程序机构离开零位,状态按图4-10所示循环。程序机构转动一圈后,又回到"程序零位"的状态。该部分电路采用并串联设计,如图4-11所示。

系统要求对每个冗余部件的功能均能检测,可以在任何试验场所进行,且不需要改变被测试对象的任何技术状态。针对这一特点,在设计这部分电路

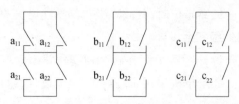

图 4 - 11　程序脉冲电路的并串联连接(A 相接通)

的测试方案时,常采取施加转动一圈所需数目的脉冲以判断程序机构是否回到初始零位的方法,这是一种无损的故障模拟测试技术。

2) 可测试性设计

最简单的 DFT 方案就是能分别单独控制每一级"开关" $X_{ij}(X = a \sim c ; i,j = 1 \sim 2 ,$下同),三相信号就需要 12 路相同的控制电路,这种设计是比较复杂的。为简化设计,可以设计两类控制:对安装在每一块电路板上的 X_{i1} (第 1 块板)或 X_{i2} (第 2 块板)的"使能"与"禁止"控制(简称"板"的控制,BCT);对并联的 X_{1j} (第 1 路程序脉冲)或 X_{2j} (第 2 路程序脉冲)的"使能"与"禁止"控制(简称"路"的控制,RCT)。在此基础上可以进行冗余测试设计。

BCT 中的"禁止",是指使该板上的程序电路不再参与控制,而不论其原来处在什么状态(如禁止板 1 时,a_{11}、a_{21}、b_{11}、b_{21}、c_{11}、c_{21} 将不再起作用);"使能"指恢复到禁止前的状态,并不是使 A、B、C 三相均产生输出。

RCT 的实质是对环行分配器的控制,"禁止"指使环行分配器不再起作用,从而使 X_{ij} 均保持原有状态不变(如禁止第 1 路程序脉冲时,a_{11}、a_{12}、b_{11}、b_{12}、c_{11}、c_{12} 将保持原状态不变);"使能"则恢复分配器的作用,在下一个节拍转变为预定的状态。每一类控制均是对三相而言的,这就增加了测试设计的难度。

3) 系统验证方案

(1) BCT 的测试。在对某一块板进行测试时,自然要禁止另一块板的功,以免产生混淆。此时就需要 BCT 的功能。以 A 相为例,至少需要做下面的试验(在初始状态下 A 相有输出):

试验 1 :禁止板 1 ,A 相仍有输出;

试验 2 :禁止板 2 ,A 相仍有输出;

试验 3 :禁止所有板,A 相没有输出。

上述试验还可以得到两个结论:板 1 与板 2 具有并联冗余控制功能;板 1

与板2在测试中均能独立正常工作。

（2）RCT的验证。在只有一块板工作的情况下,首先禁止某一路的输出。在该相处于断开状态时,通过规定节拍使未被禁止的另一路转到接通状态,但因为串联电路中被禁止的一路保持在断开状态,该相仍没有输出。例如,从图4-10中的状态④变到①,正常情况下A、C相将有输出,但采取上述措施以后,A、B、C三相均无输出。这一测试用例同时测试了A、C两相的电路,其变化过程如图4-12所示。

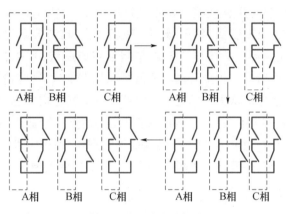

图4-12 测试示意图

在图4-12中,虚线的方框表示该板的输出被禁止,它已不再参与控制。为表示对比,虚框内画出了正常的变化状态。虚框外每一相的第2路程序脉冲电路被禁止,在整个测试中状态将不再变化。从图中可以看出,到最后状态时,由于串联电路中只有一路处于接通状态,故三相均无输出。

同样,在该相有输出的情况下,仅使串联的某一路在一定脉冲后改变通断状态,该相将从有输出变为无输出。

上述试验证明了对"路"的控制是有效的。通过上述两项试验,证明了并串联的控制电路中不存在开路或短路故障。

（3）并串联电路的验证。至此已经证明,程序脉冲电路至少是串并联的,它与并串联的区别在于后者的输出存在交叉回路,如 a_{12} 与 a_{21} 也能产生输出。

在两块板均工作的情况下,禁止板1的第 i 路、板2的第 j 路（i,j 取值为 $1\sim2, i\neq j$）。在这种情况下做下面的试验:

试验 1：当某一相没有输出时，施加一定数量的脉冲使之有输出；

试验 2：当某一相有输出时，通过一定的节拍转到理论上应无输出的状态，但由于另有两个控制电路因禁止功能处在原接通状态不变，故该相仍有输出。

试验 3：一路程序脉冲电路全"禁止"，该相将不会产生输出。

上述试验证明该相电路是先并后串的。其他相的测试类似，即首先找到一个合适的初始状态，然后仿照上面的步骤执行。

（4）工程应用的注意事项。在测试过程中某一相的 X_{ij} 状态有可能不一致，尤其是当某一级控制从"禁止"转为"使能"时。这时要确保程序机构下一个状态的确定性。若严格按照三相六拍制正转或反转，其状态是确定的；此外，若三相全无输出或三相全有输出或就是原状态本身，这些情况下程序机构将不转动，其状态也被认为是确定的。除此以外的状态均要避免。

比如在图 4-13 中，阴影表示该级控制被"禁止"，因此当从②变为④时，程序机构将不转动；当变为⑤时，产生 BC 相的磁场，而程序机构原位为 A 相。当结构完全对称时，正反转的磁场力一致，程序机构保持原位。若结构上稍有

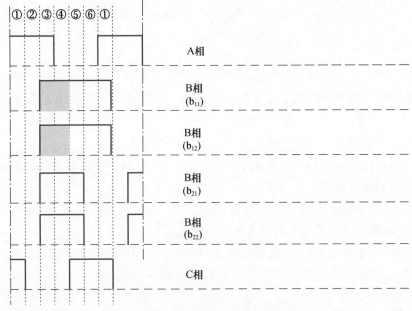

图 4-13 b_{ij} 不一致后可能出现的脉冲波形

差异,某一方向磁阻小,致使程序机构向该方向转动,其状态将不再确定,这给测试带来了干扰。

造成上述现象的主要原因是实施"禁止"后,该相四个环行分配器的状态不一致。解决方法是在"使能"前保持每个控制状态的一致。以图 4 - 13 为例,当从②变为④验证了 B 相的串联后,再从④反向退回到②的状态,然后解除对 b_{11}、b_{12} 的"禁止",B 相的控制又处在了同一个状态。

在系统中进行冗余测试时,必须与单机的可测试性设计相结合;在设计测试用例时,要确保各种故障模拟状态均不能影响产品的正常功能,也不能导致不确定的工作状态,以避免对产品产生不良影响。

4.1.3　射前测试

射前测试是对控制系统在发射前的最后检测,包括一些单项测试项目和分系统测试项目,主要内容如下:

(1)火工品以及电磁阀回路阻值测试,以确保各火工品回路连接正确,没有误连、漏连。

(2)耗尽关机电路检查。通过给耗尽传感器加电,由于此时推进剂还没有加注,该传感器将发出耗尽信号,从而证明该传感器工作正常。

(3)时序安全电路检查,确保时序系统的初始状态处于安全的状态,避免上电后产生误启动等安全隐患。

(4)总线设备点名自检,逐个检测总线站点设备的自检结果。

(5)惯性器件检查,其检查原理同分系统测试中介绍的内容。

(6)组合导航检查,重点检查接收机收星情况,以及与飞行软件的通信检查等。

(7)姿控系统检查,检查从计算机输出到伺服机构反馈整个回路设备的工作状况。

(8)瞄准检查。

(9)火箭垂直度调整。

部分检查项目介绍如下。

1. 火工品回路阻值测试

对于大型火箭而言,全箭有众多火工品;这些产品涉及火箭的安全性问题,一般仅在发射前的最后阶段安装火工品;但由于它们遍布火箭的各处,是否所有火工品安装到位、是否火工品的连接正确,这对各国火箭而言均是射前检查的重点。在火工品安装后,控制系统将无法进行时序电路检查,如何有效地检查这些部件连接的正确性,一直受到关注。

在传统的长征火箭中,要确定火工品连接正确与否,常采用专用阻值测试设备,由人工逐个对回路阻值进行测量。当火工品未连接时,该路处于开路状态;当电路连接关系不正确时,测量到的回路阻值与理论值也不相符合。

但由于火工品数量较多,电路的整体拓扑结构处于并联状态,当某一路时序要同时引爆多个火工品时,如果某一路遗漏未连接,整体并联后阻值的变化不明显,这种测试方法就可能存在漏判的问题。此外,人工测试的效率较低,占射前测试时间的较大部分。

在此基础上,对各型火箭均研究自动化测试手段[11],本节介绍采用外置式自动化测试设备对各舱段火工品(含电磁阀)工作回路进行测试的策略,在本书的最后一章将介绍采用箭载测试设备实现自动火工品短路保护、解保以及测试的方案。这些方案的原理均是采用施加恒定电流并测试电压的方法来计算回路阻值。

在考虑测试方案时,对箭上产品首先要进行可测试性设计,使其能够引出足够的测试点方便测试,为此将电阻盒中各接插件的定义列表4-3中,后续介绍均沿用此配置。

表4-3　电阻盒接点的分配

序号	接插件编号	接口定义
1	X1	时序指令输出信号
2	X2	供电负母线
3	X3	火工品(电磁阀)正端引线
4	X4	火工品(电磁阀)负端引线
5	X5	短路保护端/回路阻值测试端
6	X6	时序信号回采
7	X7	遥测采样端

上述采样点集中设计在某个电阻盒上,所有测试均利用了电阻盒上短路保护的接点。

1）限流电阻的测试

电路组成如图 4 - 14 所示。以某双路火工品 H1、H2 为例，双路并联，在指令控制回路中串入二极管，防止测试信号之间的相互耦合，并起到一定的隔离作用。二极管并联则是防止其开路故障。火工品连接在 X3、X4 插头之间（图中未画出），即限流阻值的测试是在未连接火工品的情况下进行的。R1、R2 为需要测试的限流电阻。

测试系统由一台便携式的可编程数字万用表和相应采样开关构成，采用四线制（图中开关号和接点点号仅为示意）。

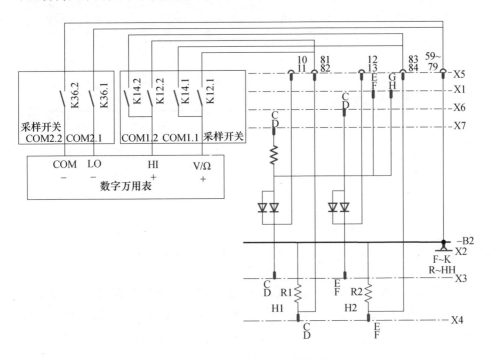

图 4 - 14　火工品保护电阻测试原理

图中数字可用表的 V/Ω 和 COM 端构成了恒流施加的通路，电流从开关 K12.1，经过电阻 R1 至母线 - B2，并经开关 K36.2 流至公共端。数字可用表的 HI 和 LO 端测试电压，分别采样电阻的两端，从而可以计算出电阻。需要注意的是，四线制测试的电阻是采样点两端的电阻，即从 X5/81,82 ～ X5/59 ～70 之间的电阻，与 R1 的阻值相比，包含了电阻盒内导线的阻值。

2）线阻的测试

为测试电阻盒内的线阻,可以在原本接火工品的位置接上短路插头,然后按图4-15所示线路进行测试。

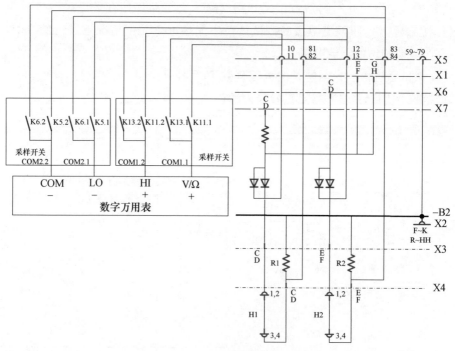

图4-15　箭上线阻测试原理

从图4-15中可以看出,将X3/CD 与X4/CD 之间用跨接线短路,从而可以测试出电阻盒内线阻,跨接线的阻抗可以忽略。由于时序控制回路中串联了二极管,所以上述测试中的恒流不会经过其他通路。将上次测试的阻值减去此次测试的线阻,可以得到限流电阻的准确阻值。

3）回路阻值测试

接上火工品后,按照图4-16所示的策略,可以测量每一路火工品控制回路的总阻值,减去限流电阻的阻值即为火工品的阻值。

4）电磁阀控制回路阻值测试

电磁阀用于对发动机和增压系统进行控制,连接电磁阀后,可以仿照类似的原理进行回路阻值测试,如图4-17所示,原理与图4-16类似,只不过接入的是电磁阀。

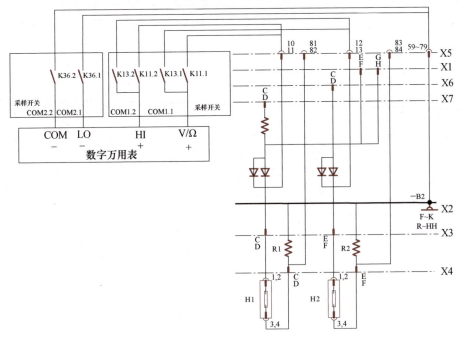

图 4 – 16　火工品回路测试原理

5）电磁阀工作特性测试

在有些场合,需要考核电磁阀能否正常通断,这主要通过向电磁阀施加供电电压,并监测其工作电流,从电流的变化上可以判断其是否工作。但电流测试一般转换为电压,即在电磁阀供电回路中串入一个小阻值的电阻,通过测试电阻上电压折算电磁阀的电流,其原理如图 4 – 18 所示。

图 4 – 18 中,采样电阻 R 与电磁阀串联,电池通过开关分别给电磁阀供电,用数字万用表测量 R 两端的电压,除以其阻值即为电磁阀电流。

2. 时序安全检查

初态对时序系统非常重要,如果一上电就引爆火工品,则会发生异常严重的安全事故,因此需要对时序系统的初态进行控制与检查。

初态的控制一般通过加电的顺序确保安全性。首先控制电路先加电,此时输出电路还未带电,即使初始状态指令有效,也不会产生输出。然后复位控制电路,使所有指令均处于无效的状态。之后输出电路再加电。这样可以避

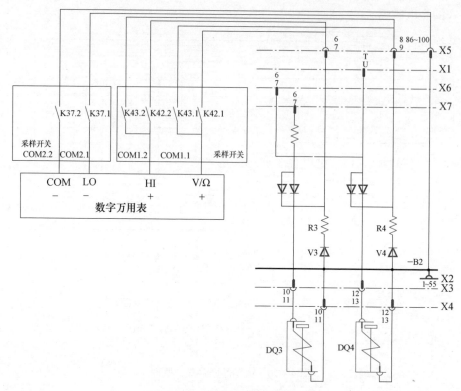

图 4 - 17　电磁阀回路测试原理

免加电瞬间以及上电复位过程中初态的不确定而导致指令误输出。在断电时也要考虑顺序,即先断功率输出电路,再断指令部分。

在时序系统加电后,应具备对初始状态检查的能力。针对电磁继电器和固态继电器的特点,初态的检查有两种方案。

针对电磁继电器电路的检查如图 4 - 19 所示,首先由地面控制 KT1 ~ KT3 触点接通,如果火工品控制通路某一路误通,例如,假设继电器 K1 触点接通,则由地面电源(正)→KT1→光耦→KT3→X1TC/a 点→箭上设备火工品供电母线(正)→1K1,2K1 触点→火工品负载→火工品供电母线(负)→X1TC/b 点→KT2→地面电源(负),光耦导通,安全指示报警。任一通路误通均会导致报警。

由于回路中有火工品,因此测试必须确保安全。首先必须将触点误通条件下的电流控制在安全范围内,图 4 - 19 中的 R1 和 Rt 均为限流电阻;同时采取了触点 KT1 ~ KT3 串联措施,避免测试电路误接通,并确保测试后可靠断开。

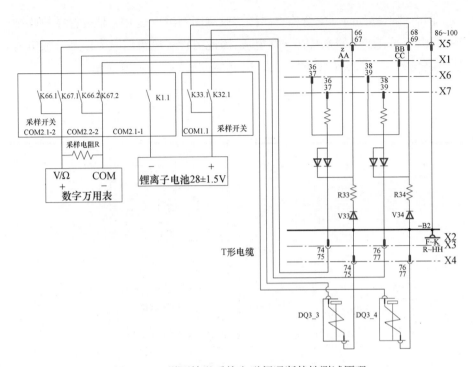

图4-18 增压输送系统电磁阀通断特性测试原理

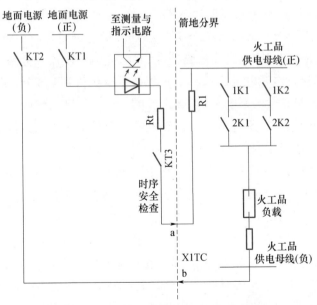

图4-19 针对电磁继电器电路的检查示意图

固态继电器的时序安全检查同样是监测固态继电器开关是否存在短路现象,但由于固态继电器本身存在漏电流,因此需设置电流门限值以区分漏电流或短路现象。可以采取测电压的方式,具体方法如图 4 - 20 所示。

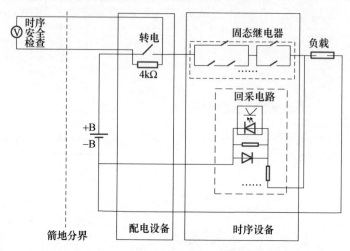

图 4 - 20　时序安全检测并漏电流测试示意图

由测试图可知,对于处于正常工作状态的固态继电器,漏电流为 I,则总的最大漏电流值为 $2nI$,n 表示时序的路数。假设 $n = 60$,$I = 10\mu A$,则 $4k\Omega$ 测量点两端的电压为 $1.2mA \times 4k\Omega = 4.8V$。而当固态继电器开关存在短路现象时,假设存在一路或多路时序短路现象,忽略光耦的限流和旁路电阻,测试点两端的电压接近电源电压,如 $28V$。所以根据电压值判断,当测量点电压小于某值时,认为是正常的漏电流,当测量点电压大于某值时,则认为存在短路。

选用 $4k\Omega$ 保护电阻主要起固态继电器短路情况下的限流保护作用,即将电流控制在 $10mA$ 以下,此时不会出现负载误动作现象(火工品爆炸现象)。由于固态继电器输出端存在寄生电容,因此此电路还可以起到对固态继电器预充电的作用。转电后转电触点闭合,将 $4k\Omega$ 保护电阻短路。

3. **垂直度调整**

火箭垂直度调整的目的:一是调整一级发动机的推力线,使之在发射时尽可能与当地垂线重合,以减小火箭起飞段的横向漂移量;二是测量箭体各段对接误差造成的惯性设备安装基面与全箭基准平面之间的不平行度,当此不平行度超过允许值时,应采取必要措施来减小此不平行度,以保证火箭起飞时不致因过大的初始姿态角造成火箭尾部(特别是尾翼)与发射台及发射塔架相撞,保证火箭安全飞离塔区[12]。

垂直度调整是通过安装在箭体上的两个水平测量仪完成的。取一级发动机机架上端面为全箭基准平面,水平测量仪的安装基面选在机架的下端面,位置在Ⅰ、Ⅲ、Ⅳ象限方向的横梁上,上下两基面的不平行度小于1′,选用三个安装基面中不平行度最好的基面作为一级水平测量仪的安装基面,并用此处测量结果对火箭的垂直度进行调整;此外,取惯性测量组合减振支架上平面为安装基面安装另外一台水平测量仪,用于测量上、下两基座平面之间的不平行度。水平测量仪安装基面的位置示意图见图4-21(一级箭体上实际有三个水平测量仪安装基面,仅画出一个安装基面)。

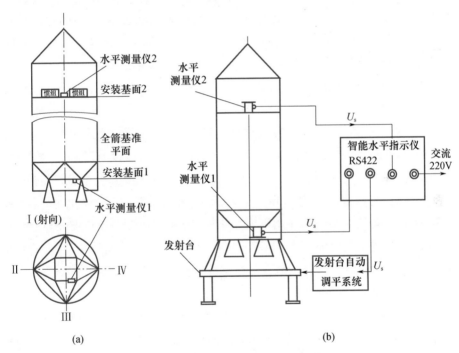

(a)　(b)

图 4-21　垂直度调整系统组成框图

(a)水平测量仪安装示意图;(b)垂直度调整原理框图。

当火箭发生倾斜时,安装于箭体一级发动机机架处的水平测量仪敏感到倾斜角 α,水平测量仪将角度信息转化为电压信号 U_s 输出到相应的智能水平指示仪;智能水平指示仪则将该物理量调理为电压信号,并经 A/D 转换、数据处理等生成数字信号,显示火箭倾斜的方向(Ⅰ或Ⅲ、Ⅱ或Ⅳ)和倾斜角的大小;同时,智能水平指示仪将测出的倾斜角电压信号送到发射台自动调平系统,根据该信号的大小和极性,自动调平系统自动调整发射台的水平度,从而达到调整火箭垂直度的目的。

安装在惯性测量组合减振支架处的水平测量仪仅用于测量惯性测量组合处的水平度,其显示出的角度大小和方向表示惯性测量组合安装基面与水平面之间的角度和倾斜方向,该信号一般不用作火箭垂直度调整信号。

4. 瞄准测试工作

火箭一般采用发射惯性坐标系或发射坐标系进行导航,惯性导航属于一种完全自主的递推式导航,需要预先知道初始时刻的状态量,火箭的初始对准就是指利用外部手段或已知信息确定箭体在导航坐标系下的初始位置、速度、姿态等参数,为后续递推计算提供条件。

绝大部分初始参数可以提前确定,如发射点的地理坐标等。射向一般在射前通过瞄准系统来测量或对准。对惯性稳定平台而言,瞄准系统对准的是平台内台体上的棱镜,当二者有偏差时,通过反馈信号驱动平台台体转动,以消除偏差,此时平台坐标系的 X 轴已对准射向,但箭体并没有转动,箭体坐标系的 Y_1 轴并没有与射向对齐,且在平台的框架角中会输出滚动姿态角偏差。火箭起飞后,平台台体稳定在惯性空间,平台坐标系即成为发射点惯性坐标系,箭体在姿态控制系统的作用下发生滚转,消除滚动姿态角偏差,至此箭体坐标系的 Y_1 轴也与射向对齐。由于目前惯性稳定平台在火箭中已逐渐被速率捷联惯性测量系统所替代,故重点介绍针对惯组的瞄准。

瞄准系统由地面瞄准设备、发射台、垂直度调整设备、带棱镜的捷联惯性组合及其支架系统、计算捷联惯组的不水平度及其引起的瞄准方位偏差的软硬件、瞄准间及其配套设施、各个瞄准地面标志及大地测量、瞄准间至箭上瞄准玻璃的瞄准光路通视共同组成。图 4 - 22 是一种采用地面固定瞄准间的瞄准方式[13],瞄准设备安装在射向反向、距离为 L 的位置处。

图 4 - 23 给出了瞄准标尺上瞄准误差的示意,其中点 9 为主瞄准点,其基准大地方位角最接近理论射向 A_0。

以图 4 - 22 所示的方案为例,瞄准系统工作流程见表 4 - 4。

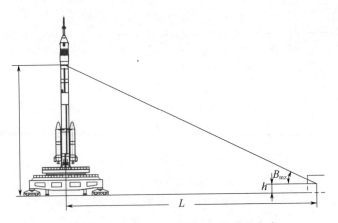

图 4 - 22 采用地面固定瞄准间的瞄准方式

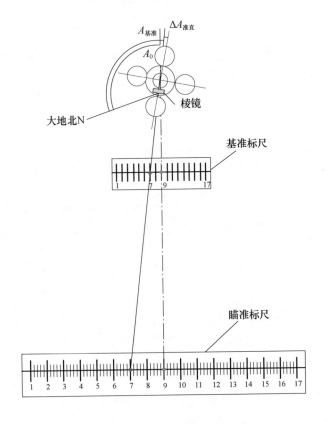

图 4 - 23 瞄准系统原理示意

表 4-4 瞄准系统工作流程

序号	时间	内容
1	火箭转至发射中心,完成发射台回转后	（1）调整火箭垂直度。 （2）将激光瞄准仪基准光束对准至理论射向。 （3）调节激光瞄准仪仰角,使基准光束指向捷联惯组棱镜。 （4）转动箭体,使瞄准仪激光光束与捷联惯组的直角反射棱镜准直,初瞄结束
2	火箭加注前	（1）将激光瞄准仪基准光束对准至理论射向。 （2）调节激光瞄准仪仰角,使基准光束指向捷联惯组棱镜。 （3）若需要,转动箭体,使瞄准仪激光光束与捷联惯组的直角反射棱镜准直。 （4）控制系统计算并记录捷联惯组的不水平度、瞄准偏差,预瞄结束
3	火箭加注后至发射前	（1）调整火箭垂直度。 （2）将激光瞄准仪基准光束对准至理论射向。 （3）调节激光瞄准仪仰角,使基准光束指向捷联棱镜。 （4）视捷联惯组棱镜方位角相对加注前的变化情况选择以下操作: ① 若方位变化较小,移动导轨,使瞄准仪激光光束与捷联惯组直角反射棱镜准直。 ② 若方位变化较大,选择瞄准标尺及对应基准标尺上的其他标志点,激光瞄准仪重新确定基准方位并重复(4)步骤,使瞄准仪激光光束与捷联惯组的直角反射棱镜准直。 ③ 若方位变化很大,由相关系统配合转动箭体,使瞄准仪激光光束与捷联惯组的直角反射棱镜准直。 （5）记录并向控制系统传递 A 基准、ΔA 准直以及瞄准仰角 θ。 （6）捷联惯组工作稳定且光学瞄准结束后,控制系统将瞄准偏差及棱镜安装误差装订至箭机,由箭机根据捷联惯组的不水平度计算滚转程序角 $\Delta\gamma0$。 （7）射前 2h,箭上计算机对捷联惯组进行不水平度计算,并复核 $\Delta\gamma0$,视瞄准情况判别是否对瞄准诸元进行重新装订。 （8）射前 30min 进行光学准直状态检查后,人员撤离,由测控人员监测捷联惯组的初始对准状况直至火箭起飞

　　另一种瞄准方式是近距离平瞄方案,其示意图如图 4-24 所示。瞄准设备直接安装在固定勤务塔上(图中的第 n 层),与惯组几乎处于同一高度。

　　惯组瞄准的主要目的是测量出惯组实际瞄准方位与理论射向之间的偏

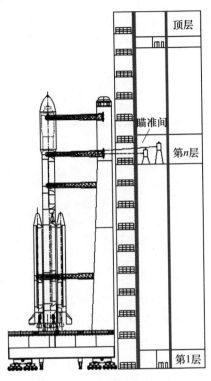

图 4-24 近距离平瞄方案

差,并在起飞后通过控制箭体的滚动消除该偏差,将箭体滚转到射向方位。惯组实际瞄准方位的计算公式为

$$A_{发射} = A_{基准} + \Delta A_{准直} + (\beta_s + \psi_0)\tan B_{mz} + \alpha_s \qquad (4-19)$$

式中:$A_{发射}$为捷联惯组 O_sY_s 轴实际指向的方位角(火箭发射时的实际大地方位角);$A_{基准}$为瞄准仪所用外部基准的方位角;$\Delta A_{准直}$为瞄准仪测量出捷联惯组棱镜法线方位角与 $A_{基准}$ 之差;B_{mz} 为瞄准仰角;α_s 为瞄准棱镜相对惯组坐标系统 O_sX_s 轴方向的安装误差(从上向下看,逆时针为正);β_s 为瞄准棱镜相对惯组坐标系统 O_sY_s 轴方向的安装误差;ψ_0 为捷联惯组测量轴的不水平度。

控制系统需利用式(4-19)计算火箭的滚转程序角,即

$$\Delta\gamma_0 = A_{发射} - A_0 \qquad (4-20)$$

式中:$\Delta\gamma_0$ 为控制系统射前装订的滚转程序角($\Delta\gamma_0$ 的极性定义为:右手大拇指与箭体坐标系 OX_1 轴重合,若箭体滚转的方向与握紧右手后其余四个手指

的指向一致,则 $\Delta\gamma_0$ 的极性为正,反之为负,图 4 – 25 中所示 $\Delta\gamma_0$ 极性为正);A_0 为理论射向。

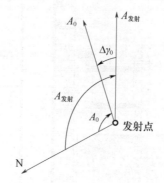

图 4 – 25　滚转程序角极性定义图(从发射点上方向下看)

采用惯组测量信息在起飞时刻建立的发射惯性坐标系是一个"数学平台",除了考虑瞄准偏差以外,还要考虑惯组自身的不水平度。而对于惯性平台而言,其建立的是"物理平台",不水平度、瞄准偏差等均由平台自身保证。

惯组要消除不水平度的影响,其不水平度主要是由安装以及结构变形造成的。当火箭处于静止状态时,不水平度通过自身的横法向加速度表就能测量出来,其公式如下:

$$\Delta\varphi_0 = -\frac{\sum\limits^{\Delta T} \delta\overline{w}_{y1}}{g_0 \Delta T} \qquad (4-21)$$

$$\psi_0 = \frac{\sum\limits^{\Delta T} \delta\overline{w}_{z1}}{g_0 \Delta T} \qquad (4-22)$$

式中:$\sum\limits^{\Delta T} \delta\overline{w}_{z1}$ 为 ΔT 时间段的箭体 Z_1 轴视速度增量;$\sum\limits^{\Delta T} \delta\overline{w}_{y1}$ 为 ΔT 时间段的箭体 Y_1 轴视速度增量。

以上得到的是 ΔT 时间段的平均不水平度,当射前有风等因素的影响时,箭体会轻微晃动,如希望确定出更为准确的瞬时不水平度,则需要同时利用加表和陀螺输出进行滤波。

▶4.2 系统级试验

在系统级测试中如何设计合适的测试用例,这是每个火箭的测试均会遇到的问题。当航天飞机投入使用时,由于航天飞机的硬件系统非常复杂,难以将所有信号均连至地面并由地面的测试系统来测试,因此,航天飞机较早地提出利用飞行软件进行测试,并且事后将所有测试数据和记录传送至地面,由地面终端进行判读[14]。然而,这样做的代价之一就是要修改原飞行软件。

NASA 采取的措施:首先根据测试需求修改飞行软件,然后在航天飞机电子系统集成实验室(Shuttle Avionics Integration Lab,SAIL)进行验证,验证采用的是一些仿真模型;验证通过的软件才允许在肯尼迪空间中心使用,即用于真正的航天飞机测试。

但是,仅靠飞行软件也无法完成所有的测试,另两个用于辅助测试的软件是航天飞机应用软件(Vehicle Utility Software,VUSW)和动态集成测试(Dynamic Integrated Test,DIT)软件。VUSW 主要直接与地面系统联系,用于产生测试所需的数据。DIT 的主要目的是模拟飞行中传感器的动态数据(在地面测试时这些传感器只有静态输出),利用这些数据,航天飞机在地面静止状态仍可以模拟实际的飞行。采用 DIT 测试与没有 DIT 参与测试的框图对比如图 4 - 26 所示。DIT 软件将在航天飞机的系统总线中插入仿真数据(SIMDA-TA),该数据存储在 SIMDATA 的磁带中。

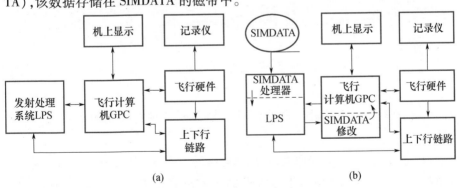

图 4 - 26 航天飞机两种测试方案的对比

(a)常规测试方案;(b) DIT 测试方案。

飞行软件参与测试的一个重要注意事项,是要避免其产生引起安全性和设备毁坏的指令,虽然 NASA 对飞行软件的修改首先经过了 SAIL 的测试,但 SAIL 的系统配置与真实飞行器还是有差距,为此,NASA 对未来测试提出了几种改进措施:

(1) 在飞行软件中嵌入测试代码,通过修改一些控制参数,确保测试时调用的是测试代码;

(2) 设计一个独立测试软件包,类似于 VUSW,用于完成特定的测试;

(3) 完全设计一个新软件,取代飞行软件用于测试。

但是,第(3)种方案的缺点是,地面试验中飞行软件没有得到考核。在我国系统级测试中,也考虑了(1)、(3)两种方案,有关其对比分析可参考文献[1]。本书的介绍与第(1)种方案类似。

⚐ 4.2.1   总检查试验

总检查测试是控制系统全部设备均参加的系统级测试,用于在地面模拟整个飞行过程,简称"模飞"测试,是在总装厂和发射场对全系统匹配性进行考核的主要手段。针对采用摄动制导的火箭,由于摄动属于开环制导,地面模飞测试方案比较容易设计;而如果采用迭代制导,这是一种闭路制导,测试方法有较大的不同。

1. 摄动制导的模拟飞行测试

飞行过程中的导航计算方程为

$$\begin{cases} g_\alpha = -\dfrac{fM}{r^3}(\alpha + R_{0\alpha}) - J\dfrac{fM}{r^2}\left(\dfrac{R_a}{r}\right)^2\left[(1 - 5\sin^2\phi_{dx})\dfrac{\alpha + R_{0\alpha}}{r} + 2\sin\phi_{dx} \cdot c_\alpha\right] \\ V_\alpha = V_{\alpha,-1} + \Delta w_\alpha + \dfrac{1}{2}(g_\alpha + g_{\alpha,-1})\tau \end{cases}$$

$$(4-23)$$

式中:g_α 为根据引力计算出的重力加速度;Δw_α 为惯组加表测量的视加速度增量。

视加速度加上重力加速度,才是飞行器的加速度。当惯组静置在地表时,它测量出的视加速度为 $1g$,重力加速度为 $-1g$,在不考虑测量误差的情况下,由此得出的加速度也即速度增量为 0。这从上述公式中也可以看出,按照这种状态进行测试,是无法满足关机方程的。

为使地面测试[2]得以进行,工程上采取了将重力加速度"减半"的方法,即

$$g_\alpha = -\frac{fM}{2r^3}(\alpha + R_{0\alpha}) - J\frac{fM}{2r^2}\left(\frac{R_a}{r}\right)^2\left[(1 - 5\sin^2\phi_{dx})\frac{\alpha + R_{0\alpha}}{r} + 2\cdot\sin\phi_{dx}\cdot c_\alpha\right]$$

$$(4-24)$$

即将重力加速度减半,此时等效于在箭体坐标系纵向上"产生"了$0.5g$的飞行加速度,惯组的测量信息表征了:①箭体纵向一直有$0.5g$的加速度;②箭体同时随着地球在自转。

根据上述表征的信息,重新计算在理论关机时刻按照$0.5g$加速度飞行能够达到的关机量,并将该计算结果作为模飞软件关机量的设定值,从而可以实现地面模飞时在fM取$1/2$的情况下按预定的理论关机时间发出关机信号。

例如,假设实际飞行中芯一级为射程关机,芯二级主机为速度关机,芯二级游机为半长轴关机,其关机时间分别是t_1、t_2和t_u,那么可以事先计算出模飞条件下t_1时刻所能达到的射程,t_2时刻所能达到的速度,以及t_u时刻根据速度量折算出的等效"半长轴",将之作为模拟飞行(模飞)中的关机量装订到诸元参数中,此时地面的模飞测试也就能按照理论关机时间发出关机指令,这是摄动制导中地面测试普遍采用的策略。

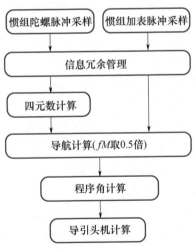

图4-27　摄动制导模飞软件设计原理

测试中需要考虑的信号包括:

(1)程序角。由于地面模拟飞行中并不需要按照实际飞行规划的程序角

飞行,因此测试中的程序角信号可以人为设定,一般从极性检查的需求出发,考核从程序角输出到伺服机构反馈整个回路的极性是否正常。程序角的波形可以参考姿控系统检查中施加的波形。

(2)导引信号。导引信号的作用是将偏离的飞行轨迹引导向标准弹道。在地面测试中,导引信号也可以人为模拟,考核从导引信号输出到伺服机构反馈整个回路的极性。为了与程序角信号区分,这二者的信号分时段单独施加。

(3)加矩指令。在模拟飞行过程中,通过给加速度计施加激励信号,从而产生相应的输出,造成与其他冗余配置的加速度计输出值的差异,进而考核软件设计中的故障诊断与冗余管理功能。例如,图4-28给出了三冗余设计中加速度计加矩测试的示例。

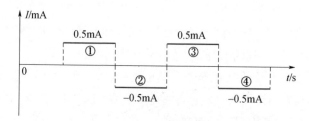

图4-28　典型加矩指令

①—AY、BY、CZ加速度计正指令;

②—AY、BY、CZ加速度计负指令;

③—CY、AZ、BZ加速度计正指令;

④—CY、AZ、BZ加速度计负指令。

对于①、②两个用例,两个 Y 加速度计因为加矩产生同样的输出,未加矩的 CY 加速度计将被诊断为故障而切除;而 CZ 加速度计因为加矩后与另两个加速度计 AZ、BZ 输出值不同,从而被判为故障。同理,在③、④两个用例中,被切除的加速度计同样为 CY、CZ。

(4)转台指令。在实验室和总装测试中,惯性器件可以安装在转台上,通过转动转台来产生姿态角信号,当然,加速度计的测试量值也会有反应,从而考核在相应姿态下执行机构的输出极性以及静态增益等。在这种测试中,关机方式一般采用定时关机。

转台转动的信号也可参考姿控系统测试中施加的波形。

上述测试用例的设计,均是在摄动制导的情况下开展测试的,当进入迭代制导飞行段时,程序角是实时计算的,没有导引信号,其测试的方法有所不同,因此上述测试用例应尽可能安排在摄动飞行段考核完。

2. 迭代制导的模拟飞行测试

在地面模拟飞行(模飞)中,箭体是静止不动的,制导计算出的程序角并没有产生箭体姿态的变化;同时,惯组也是静置的,无法产生与制导程序角和姿态控制指令相对应的输出,因此在模飞中不能构成闭环控制回路。国内针对闭路模飞的研究还不多[15,16],主要由于摄动制导对闭路模飞的需求不是十分迫切,因为摄动本身是开环的。但对闭路制导而言,如果惯组的数据参与控制且惯组的输出不反应制导程序角控制的结果,将导致无法关机。文献[16]所采用的施加激励的方法,其优点是计算机采样的均为惯性器件的输出,但硬件接口复杂、信号模拟的同步控制较为困难,尤其针对光学陀螺,还没有较为可靠的施加激励的方法。因此,目前针对闭路制导的模飞主要采取以下两种设计方案。

1)数据替代法

数据替代法与航天飞机 DIT 测试[14]的原理类似。在地面数学仿真试验中选定一条弹道,如标准弹道或某种典型的干扰弹道,进行闭环的数学仿真,将每个控制周期惯组理论上的测量值和程序角输出值记录下来,这两种数据是根据迭代算法的计算——对应的:惯组理论值体现了箭体运动状态对惯性器件的影响,程序角则体现了飞行软件根据采样到的惯组数据对飞行轨迹所做出的规划,并最终通过姿控系统控制伺服机构,输出摆动发动机的指令。在地面仿真计算机中,箭体仿真软件会根据伺服机构的输出以及干扰特性重新计算箭体的飞行状态,并计算出该状态下惯组的输出,作为下一个控制周期飞行软件的输入。

有了这两组数据,在迭代制导开始计算的时刻,可以将真实惯组的采样值直接用仿真计算出的惯组理论值来替代,同时对比飞行软件计算出的程序角是否与地面仿真计算出的程序角一致。其工作原理如图 4 - 29 所示。

用这种方法可以检查箭上飞行软件迭代算法的正确性,例如,假设算法中某个公式在编程时出错,那么,对应每一个运算周期预先设定的惯组输入数据,箭上飞行软件计算出的程序角会与地面仿真计算结果差距越来越大,且有可能达不到关机条件。

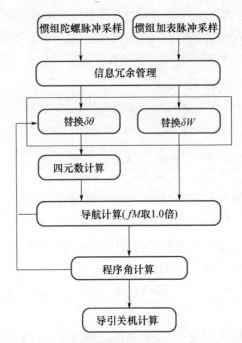

图 4 - 29　采用数据替代的迭代制导模飞工作原理

但这种方法也有局限性,主要有两点:一是采用事先计算出的数据参与运算,失去了系统级测试对惯组考核的目的,因为惯组的数据不再参与任何测试;二是需要在计算机中开辟很大的存储空间用于存储每一控制周期的数据(美国航天飞机是采用将仿真数据插入数据总线的方式)。为此有了第二种措施。

2)数据叠加法

数据叠加的原理如图 4 - 30 所示[16],将地面仿真计算机和惯组的输出同时送入箭载计算机。

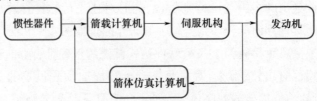

图 4 - 30　采用数据叠加的迭代制导模飞工作原理

地面仿真计算机采样伺服机构的输出,用于解算下一周期箭体的状态,并将仿真计算出的加速度和姿态转换为惯组的输出。假设惯组在静置条件下随地球自转产生的真实输出为 w,它由两部分组成:w_s,根据标定的均值计算出的输出;δ,惯性器件的随机误差,因此 $w = w_s + \delta$。地面仿真计算机根据箭体的加速度和姿态,按照惯组的标定系数折算出的惯组输出为 w_i,再将其扣除惯组随地球自转的输出 w_s,将这样的信号送入计算机,则箭机采样到的信号为

$$w_{\text{sample}} = w_i - w_s + w = w_i - w_s + w_s + \delta = w_i + \delta \qquad (4-25)$$

如果箭机仅采样 w_i,则其输出的程序角应与仿真计算结果一致;加上了 δ,也就引入了惯组的随机误差,二者的计算结果不会完全一致,这种差别既可以验证算法的正确性,也可以在一定程度上验证惯组精度是否满足系统要求。有关这部分内容可参见第 7 章"闭环综合试验"的介绍。

3. 模拟飞行测试的工作状态

经过多年的工程实践,控制系统形成了以下三种模飞总检查状态。

1)检查 Ⅰ 状态

在箭地连接插头按时序脱落的情况进行模拟飞行测试,实现真正的转电控制——由地面供电转为箭上供电。箭上供电可以采用电池,也可以从地面电源端直连供电电缆,该电缆常称为模拟电缆。

2)检查 Ⅱ 状态

检查 Ⅱ 状态称作假转电测试,即并不真正实现转电,仍由地面供电进行测试,箭地插头均保持连接状态。

3)检查 Ⅲ 状态

检查 Ⅲ 状态又称紧急关机测试,较为严格地模拟发射流程。在发出点火指令后,由于火箭未起飞,脱拔插头一直保持连接状态,则在点火指令发出一段时间后,地面测发控系统自动发出紧急关机指令,通过脱拔连接器将关机信号送至箭上,实现紧急关机过程。

不同状态的总检查有不同的试验目的,当系统刚处于调试状态,或考核还不够充分时,一般首先安排检查 Ⅱ 状态的模飞测试,此时箭地各种连接插头均连好,直接测量的信号较多,能够比较全面地判断箭上产品状态,且应急情况下断电等控制也比较容易操作。但是随着箭测技术的广泛使用,大量测试信号通过箭地脱拔插头以数字量下传,或者利用箭上外系统等效器收集测试数

据,直连测试的需求降低,甚至取消了脱落插头,在这种情况下检查 Ⅱ 不再具有优势,可以酌情取消。

对于检查 Ⅰ 状态的测试,如果采用模拟电缆供电,则转电后所有箭地连接插头均可以断开,断电时可直接断地面电源。如果采用电池供电,若所有箭地连接插头均断开,将无法给电池断电,这种情况下可以从箭上配电器处并联一个工艺插头至地面,从该插头处将地面断电指令送至配电器,从而实现断电。也可以仅完成转电的功能,箭地的脱拔连接插头并不断开,模飞结束时通过脱拔连接器发送断电指令。

检查 Ⅲ 更多地用于全箭发控流程的联试,往往从射前准备开始,严格按照射前的流程和各段预定的时间开展测试及准备工作,地面测发控系统处于发射状态(前两类总检查处于测试状态)。

针对火箭的多种关机方式,可以在模拟飞行测试中加以组合考核,以某型号为例,各种测试考核的关机方式参见表 4-5。

表 4-5　模拟飞行测试中各级发动机的关机方式

项目		助推器	芯一级	芯二级	
				第一次关机	第二次关机
检查 Ⅰ		芯一级备保关机	制导关机	制导关机	制导关机
检查 Ⅱ	A	耗尽关机(1/3 先耗尽)	制导关机	制导关机	制导关机
	B	芯一级备保关机	制导关机	制导关机	耗尽关机
	C	耗尽关机(2/4 先耗尽)	定时关机	定时关机	
检查 Ⅲ		紧急关机		—	—

4.2.2　发动机/动力系统试车

试车是一种特殊的地面模拟飞行试验,参与的系统较多,但每个系统均是局部参与。

1. 试车的分类

对于发动机是新研的运载火箭,一般在首次飞行前要安排发动机试车试验,国内外的航天机构均是如此。对于控制系统而言,参加发动机试车,其工作内容与模拟飞行测试类似,只是在总检查测试中,发动机控制的各种指令施加在等效器或电磁阀上,全部控制系统设备均参加。而发动机试车对控制系统而言是一种真实负载下的模拟飞行测试,但箭上和地面测发控设备可以简化。因此,本节对这一内容作简要介绍。

发动机试车一般分为三个层次。

1）发动机单独试车

发动机单独试车由发动机研制方进行,所有推进剂的加注、增压控制、点火与关机控制等均由发动机研制方独立完成。

2）发动机与控制系统的匹配试车

由于飞行中发动机的点火、关机、摆动等均由控制系统完成,因此需要开展发动机与控制系统的匹配试验。推进剂的加注、增压等由发动机研制方负责,而点火、关机及发动机摇摆控制等由控制系统负责。

3）全动力系统试车

试验在专门的试验站进行,除了发动机、控制系统以外,增压输送系统、地面测发控系统、测量系统均参与。其中推进剂的加注由试验站完成,采用与飞行状态相同的增压系统参与工作,由动力测控负责射前的动力测量与控制,当控制系统点火后,由控制系统接管动力系统的控制。测量系统负责各种箭上信息的测量与传递。

2. 试车的系统组成

以一级动力系统试车为例,系统的典型组成如图4-31所示。

其中芯一级结构舱段内包含了控制系统用于发动机控制的所有设备,电池与一级配电器用于伺服阀的供电,综合配电器用于压力传感器供电和设备配电,压力传感器用于测量储箱压力,耗尽关机传感器用于给出耗尽关机信号,综控器用于发出电磁阀控制信号,实现发动机的点火、关机以及增压控制。伺服控制器与伺服机构实现发动机摇摆控制。

试车台上存放仪器舱段内必需的控制设备,它们是芯一级控制系统工作所必需的,如箭载计算机通过控制伺服控制器来实现发动机摆动控制。

地面实现发射控制,分为前端和后端地面设备,但仅部分必需的设备才参与试验。前端设备包括各种地面电源(包括中频电源和直流电源)、与发射控制相关的PLC控制组合和发控转接组合,以及与测试相关的箭地通信计算机。后端将只需一台测试计算机,实现虚拟显示、虚拟发控和流程控制三种功能。其他发控设备均可以省略。

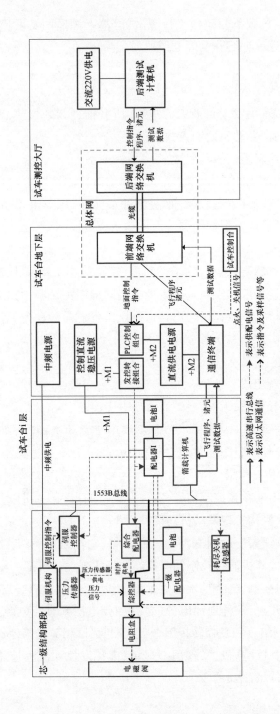

图4-31 试车用控制系统组成框图

3. 试车的流程

试车的流程如图 4 – 32 所示。

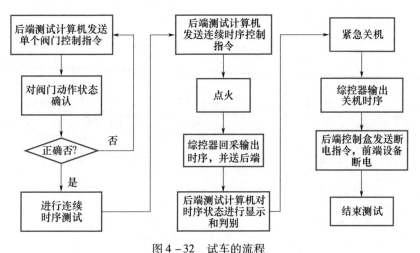

图 4 – 32　试车的流程

为确保测试的充分性,在测试中增加了单个阀门逐个加电测试的功能;在单个阀门工作正常后,开展连续时序指令的控制。在所有测试正常后,实施试车,从点火至关机(紧急关机)、断电。其中关机方式可以采取正常关机或紧急关机。

4. 试车的信息流

试车的信息流如图 4 – 33 所示。地面测试计算机将飞行软件和增压诸元通过通信终端和箭地接口传送至箭载计算机,箭载计算机在流程控制命令的作用下,将诸元传递给综合控制器,综合控制器根据诸元和压力传感器的数据实现增压控制;箭载计算机同样将发动机启动和关机指令(即时序指令)送至综合控制器,由其完成电磁阀控制。箭载计算机根据控制规律将伺服控制指令送至伺服控制器,由其驱动伺服机构摆动发动机。发动机的摆角、各个时序指令的动作时刻、增压阀门开闭的时刻等信息均通过自检测采样后传送至地面,这种设计大大简化了试验现场的测发控设备。

PLC 通过配电器控制箭上设备的加电、转电和断电等控制,后端计算机将箭上设备的自检信息、状态信息等进行显示。

各级发动机的试车大致类似。当仅需控制系统与发动机匹配时,地面设备还可以进一步简化,例如取消前后端网络的配置,由后端计算机直接控制箭上参试设备。

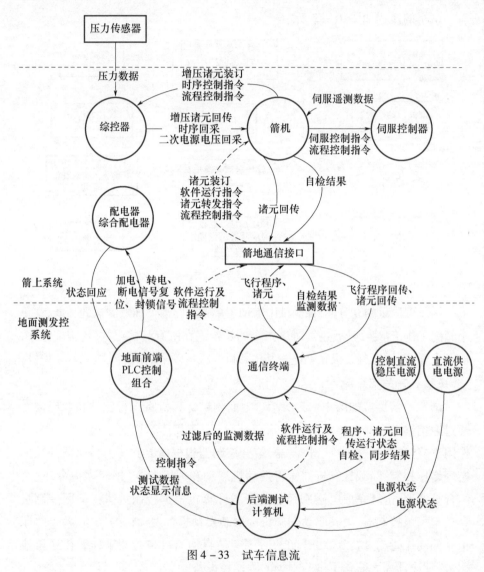

图 4 – 33 试车信息流

参 考 文 献

[1] 宋征宇. 高可靠运载火箭控制系统设计[M]. 北京:中国宇航出版社,2014.

［2］徐延万．控制系统．下册［M］．∥导弹与航天丛书 – 液体弹道导弹与运载火箭系列，北京：中国宇航出版社,1992.

［3］范金锁,张合新,杨俊河．导弹控制系统分系统自动化测试与故障分析［J］．兵工自动化,2007(10):72 – 74.

［4］王静华．CZ – 3A 火箭动力测试 – 控制系统设计［J］．导弹与航天运载技术,1999(4):23 – 27.

［5］严殿启．控制系统冗余测试技术［J］．导弹与航天运载技术,1999(2):12 – 21.

［6］肖利红．载人运载火箭姿态控制系统设计［R］．CZ – 2F 型号系列科技报告文集(中册)．中国运载火箭技术研究院,2008.

［7］孙凝生．冗余设计技术在运载火箭飞行控制系统中的应用(二)［J］．航天控制,2003,21(2):68 – 80.

［8］曾广商,沈卫国,石立,等．高可靠三冗余伺服机构系统［J］．航天控制,2005,23(1):35 – 40.

［9］赵守军,赵迎鑫．液氧煤油载人运载火箭二级伺服机构系统方案［J］．载人航天,2012,18(5):5 – 11.

［10］宋征宇．并串联程序脉冲电路的冗余测试［R］．航天控制学术年会论文集,北京航天自动控制研究所,1999.

［11］刘晓燕,彭勤素．箭上火工品自动测试方案及实现方法［J］．弹箭与制导学报,2009,29(5):232 – 234.

［12］吴梦强,刘海波,杨喜荣,等．运载火箭发射台垂直度调整方法及发展探讨［J］．导弹与航天运载技术,2013(2):30 – 35.

［13］荆木春,刘宇,等．改进型长征二号 F 运载火箭技术手册第十一册—地面支持系统［R］．北京：中国运载火箭技术研究院,2013.

［14］Mayer J. The space shuttle vehicle checkout involving flight avionics software［R］. AIAA, AIAA81 – 2141.

［15］张洁,孙凝生．火箭控制系统闭环模飞测试中惯性器件激励的实现方法［J］．航天控制,1999(4):27 – 30,37.

［16］周欢,宋征宇．基于 BMU/LVDS 总线的闭环总检查测试技术研究［J］．航天控制,2013,31(3):45 – 49.

第5章
仿真试验技术

  本章介绍控制系统的仿真试验技术,是对控制系统的理论设计进行较为全面考核的有效手段,以控制理论、仿真对象的物理和数学模型、计算机技术等理论为基础,利用各种模型对真实系统进行试验,从而对设计方案的正确性做出判断,或对性能进行评价[1-4]。

  控制系统仿真试验根据试验的状态可以分为三类:第一类是数学仿真,有时也称作"模型在回路仿真"(model – in – the – loop simulation),它将各种传感器、控制器和执行器建立起数学模型,在一个计算平台上进行仿真;第二类称作"软件在回路仿真"(software – in – the – loop simulation),控制算法已转换成软件,但并非一定在目标机上运行;第三类是半实物仿真,也称作"硬件在回路仿真"(hardware – in – the – loop simulation),软件运行在目标机上,设备中有真实的产品,如控制器、执行机构等,也有等效器或模型,如模拟加速度计在飞行过程中的输出、模拟发动机的负载特性、模拟各种故障情况从而加强对冗余设计的考核。

  仿真试验在设计验证确认、射前,以及运营中的技术支持、故障排查等工作中发挥了重要作用,国内外航天项目[5-7]莫不如此。例如:NASA 的喷气推进实验室(JPL)为 Cassini 项目建立的集成测试实验室(Integrated Test Laboratory,ITL),被认为是 JPL 较好的"硬件在回路仿真"实验室,它将命令与数据子系统、姿态控制子系统、地面测控子系统等硬件设备或模型集成在一起;在发射之前,该仿真系统主要用于验证系统的体系架构、分系统的飞行软件、地面及其支持系统软件;在运营阶段,用于操控时序的测试、异常情况的调查和培训等。又如:Ares 火箭的系统集成实验室(Systems Integration Laboratory,SIL),提供实时的"硬件在回路"仿真测试环境。

本章首先对国内外航天领域,尤其是运载火箭领域仿真技术开展的情况进行简要回顾,然后重点介绍控制系统的仿真试验技术。在这部分内容的介绍中,首先阐述了仿真试验的基本原理。然后介绍了试验系统的组成,以使读者能够快速了解本领域的概貌。在此之后介绍了如何建立仿真模型以及运载火箭仿真分析中常用的边界条件等,这是仿真中重要的共性技术。

5.1　国内外航天领域仿真试验技术简介

仿真试验根据产品的状态分为三类。第一类是基于模型的仿真,也称为模型在回路仿真。这种仿真在飞行器的设计与验证中应用得非常普遍,例如,美国曾经为 Ares 火箭设计了全部由模型组成的仿真系统[8],如图 5 - 1 所示。

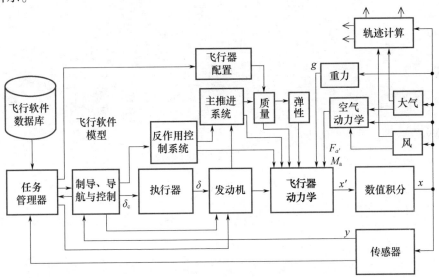

图 5 - 1　Ares 火箭模型仿真组成框图

NASA 为此开发了众多模型,包括结构/舱段的动力学模型、质量特性模型、结构特性模型、喷管的动力学模型、晃动的动力学模型、大气与风模型、集中式的空气动力学模型、分布式的空气动力学模型、引力模型、反作用力控制系统(RCS)、助推分离电动机、发动机、推力矢量控制系统(TVC)、主推进系统(MPS)、牵制释放系统(HDP)、冗余惯性测量单元(RINU)、速率陀螺组合(RGA)、姿态传感组合(ASA)、以及各种电子设备,如飞行计算机(FC)、助推控制和配电单元(BCPDU)、传感器、恢复控制单元(RCU)、点火与级间分离控制器(ISC)、命令与遥测计算机(CTC)、速率陀螺组合电子线路(RGAE)、冗余惯性导航单元电子线路(RINUE)、组合控制系统电子设备(CCSE)、滚动控制系统电子设备(RoCSE)、上面级发动机控制单元(US ECU)、上面级推力矢量控制数据与控制单元(US TVC DCU)等,正是这些模型支撑了图 5.1 所示的虚拟飞行仿真。

基于模型的仿真技术不仅仅用在飞行过程的仿真,也越来越多地通过虚拟现实技术等的结合,应用在靶场的操作仿真、流程仿真等[9]方面。图 5 - 2 是 Ares 上面级在肯尼迪发射中心飞行器组装厂房的各种操作仿真。

图 5 - 2   Ares 上面级操作仿真示例

通过这种仿真,可以提前发现操作上的不便利之处、是否存在干涉、是否有利于维修等。

在我国,基于模型的仿真应用于算法的验证,一般也称为"数学仿真",而与操作有关的仿真近年来更加受到重视,图 5 - 3 为我国新一代运载火箭开展的数字合练技术。

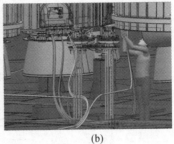

(a)   (b)

图 5 - 3 　我国新一代运载火箭数字合练技术

第二类是软件在回路的仿真,各种控制算法集成到软件产品中,而软件运行在目标机中开展测试验证。在 NASA Ares 火箭的实践中,这项试验工作在"软件开发设施"(Software Development Facility, SDF)中进行,也称其为"处理器在回路"(processor - in - the - loop)测试。

"软件在回路"测试与下面介绍的"硬件在回路"测试的界限并非十分明显,如果"软件在回路"测试中不仅仅是处理器参与了测试,而是整个计算机或完整的电子设备参与测试,在有些情况下也称作"硬件在回路"测试,只是硬件规模小,仅软件的目标机参与测试。在本书中,这种测试还是归类到"软件在回路"测试范畴。

图 5 - 4 是 NASA "火星飞机"(Mars Airplane)项目中软件测试的原理框图[10],其中集成电子单元(IAU)中运行飞行软件,该设备包括由 Rad750 组成的 CPU 板、指令与有效载荷接口板(CAPI,包括各种串行通信接口、DI/DO 接口等)、健康监测状态和姿态控制接口板(SMACI,提供与 IMU 以及各种模拟量输入/输出接口)。为使 IAU 中的飞行软件能够闭环测试,开发了仿真接口单元(SIU),构建起测试环境。

在我国,针对飞行软件的测试往往在软件仿真测试平台中进行,软件运行在真实的箭载计算机中,各种仿真设备用于模拟飞行软件所必需的输入信号,以及模拟软件指令输出的各种负载。其系统组成与图 5 - 5 类似。

第三类是硬件在回路的测试,但并非所有硬件均参与测试。例如,在地面测试条件下,难以通过模拟实际飞行的过载条件从而使得惯性器件产生真实的过载信号,因此这部分设备仍用模拟器来模拟。图 5 - 5 是 NASA "硬件在回路"的测试系统构成,也是 NASA 为未来 SLS 组建的电子系统集成验证测试环境。

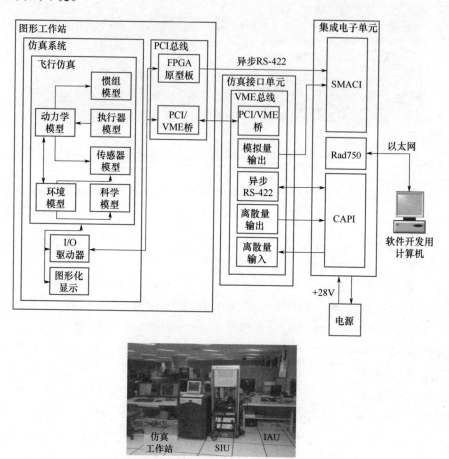

图 5-4　NASA 火星飞机软件测试系统组成

仿真系统包括用于建模、集成和仿真的工具（ARTEMIS），以及用于仿真、测试和实时运行的工具（MAESTRO）。图 5-5 中，一级与上面级的设备均尽可能真实地模拟在箭体中实际位置摆放。在该系统中，ARTEMIS 中含有仿真的各种模型，事实上，ARTEMIS 本身就可以开展"模型在回路的仿真"。而图中的右部则为实物，代表上面级与一级的电子设备。当硬件产品逐渐齐套后，硬件设备可以逐一替代其模型参与测试，因此，该系统可以实现多种配置下"模型-硬件"混合集成测试的目的。而 MAESTRO 则用于显示仿真曲线、记录测试数据等。

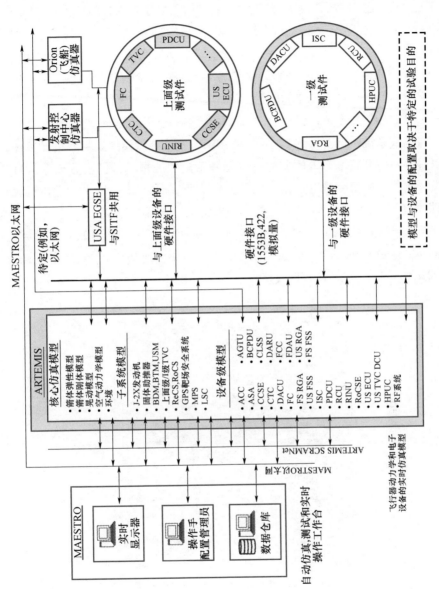

图 5-5 NASA 电子系统集成验证测试环境

该集成测试兼具了我国综合试验和仿真试验的功能,地面测发控系统(EGSE)与系统集成测试设施(SITF)共用,并且仿真了发射控制中心(LCC)与飞船的功能(称为等效器)。图 5-5 中大量缩写为火箭箭上设备,例如:BDM—助推器减速电动机;BTM—助推器滚转电动机;USM—气隙分离电动机;ReCS—反作用控制系统;RoCS—滚动控制系统;LSC—线形充电系统;FSS—飞行安全系统;PDCU—电源分配和控制单元;AGTU—Ares 火箭 GPS 跟踪单元;CLSS—低温传感器系统;等等。限于篇幅不再逐一介绍,可参考文献[8]。

与电气系统的匹配性测试不同,仿真试验要尽可能模拟真实的边界条件,这也是各项仿真技术努力的方向。尽管基于模型的仿真已经十分成熟,但许多设计或制造的偏差难以建模,因此,一些大型的仿真试验系统,尤其涉及结构、机构系统的实物仿真系统,在航天领域也屡见不鲜。

图 5-6 是 NASA 位于休斯顿 Johnson 空间中心的六自由度动态测试系统(Six Degree of Freedom Dynamic Test System,SDTS),可以实时、六自由度地模拟短距离内两个运动体的对接过程。

图 5-6　NASA 六自由度动态测试系统(Johnson 空间中心)

图 5-7 所示空间操作仿真中心(SOSC)为飞行器交会对接提供了闭环的测试环境[11]。

图 5 - 7　美国休斯顿 JSC 空间操作仿真中心

在 SOSC 实验室,可以验证两个飞行器相对导航算法、飞船的制导与控制算法、各种传感器性能,以及与交会对接相关的结构/机构产品的特性等。

在第 4 章介绍系统级试验技术时就已指出,我国航天系统根据自身发展的特点,将系统级试验分在电气系统的综合匹配试验和控制系统的仿真试验这两个层面上进行,二者互为补充。仿真技术的范畴非常广泛,本章将着重介绍运载火箭控制系统的仿真试验。在本书的最后一章,介绍了一种将电气系统综合试验与控制系统仿真试验相结合的试验方案,为了区别于以往的试验方案,将之命名为"系统在回路"试验技术。

5.2　火箭控制系统仿真试验的基本原理

早期的运载火箭制导系统采用数学仿真,箭体模型和控制模型均集成在地面仿真计算机中运行,这种方式效率高、速度快、实施方便,缺点是与真实系统有一定差距,尤其是仿真计算机与目标机之间的差距。为此,制导系统也陆续采用半实物仿真,即制导软件(飞行软件)运行在真实的箭载计算机(目标机)上,箭机的输入、输出信号通过等效器进行模拟,仿真计算机中运行箭体运动仿真程序,这种方式基本满足了任务要求。载人运载火箭采用迭代制导技术后,制导系统与姿控系统的耦合更加密切,因此为了验证迭代制导对系统稳定性的影响,验证姿态控制精度对迭代制导入轨精度的影响,需要开展制导、姿控系统联合六自由度仿真试验[12]。

六自由度仿真的原理框图如图 5 – 8 所示。

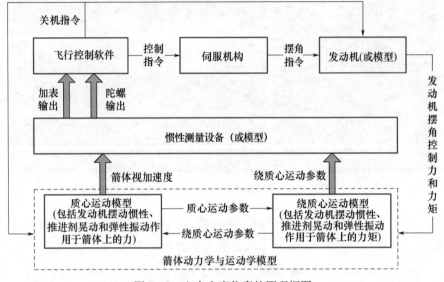

图 5 – 8   六自由度仿真的原理框图

与三自由度仿真相比,六自由度仿真建模的主要特点[12,13]如下:

(1)用时变非线性全量方程替代线性化小偏差增量方程。

(2)箭体方程的系数不依赖于理论标准弹道,均取自实时计算值。

(3)导引量不依赖于理论公式推导,而采用制导系统实时计算结果。

(4)考虑绕心运动对加速度表测量的影响。除了发动机推力、空气动力以外,发动机摆动、推进剂晃动和弹性振动都对加速度表产生影响。

(5)考虑箭体变形对姿态敏感元件的影响。

飞行过程中地面仿真计算机同时解算火箭质心运动和绕质心运动,还包括箭体的弹性运动、晃动运动、干扰,发动机推力脉动等情况,除此之外,仿真机还模拟火箭飞行过程中的环境变化对箭体运动的影响,如平稳风、切变风、阵风等,比较全面地模拟了火箭飞行的过程。因此六自由度仿真试验可以全面地考核制导系统、姿控系统以及制导和姿控系统之间的铰链影响。

在仿真试验中,箭体模型是数学模型。由于产品的一些非线性特性难以用数学模型描述,因此引入了真实状态的产品,如箭载计算机、惯性测量设备、伺服机构、发动机及其负载台等,由此构成了半实物仿真试验系统,其典型组成如图 5 - 9 所示。

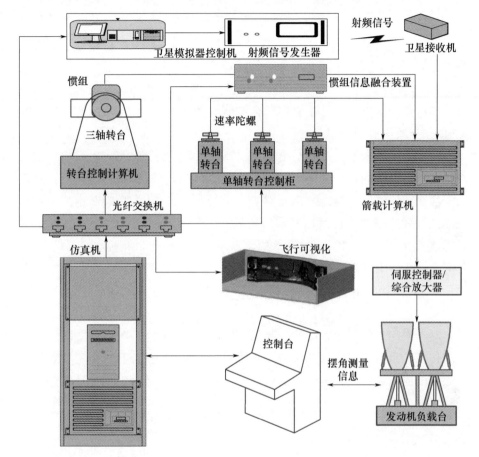

图 5 - 9 制导姿控联合六自由度仿真试验系统组成

捷联惯性测量组合安装于三轴转台,速率陀螺安装于单轴转台。仿真机根据箭体运动方程计算出箭体运动姿态,同时控制三轴转台模拟箭体姿态运动、单轴转台模拟箭体姿态角速度信号,仿真机将箭体加速度信息送至惯组信息融合装置,代替捷联惯组加速度表的测量值。融合处理后的捷联惯组信息和速率陀螺输出角速度信息均送到箭载计算机。飞行控制软件接收组合导航信息,进行冗余处理、导航、制导和姿态控制等计算,最后将控制指令输出到伺服控制器/综合放大器,变换成电流指令驱动伺服机构动作,使其摇摆发动机改变推力方向。发动机摆动信息通过测量系统反馈至仿真计算机,进行箭体运动姿态的计算,这样就构成了闭路仿真试验系统。发动机一般采用真实产品,也可以用于真实发动机的转动惯量和质心相近的模拟件替代。为了较为准确地模拟发动机摆角特性,由发动机负载台模拟飞行中各种施加在喷管上的力。为了解决多台仿真设备之间的同步性,采用了基于光纤网络的内存共享技术,各种控制量可以在光纤内实时传送。例如,仿真机计算出的箭体运动参数通过光纤交换机实时映射到转台控制计算机的内存中,从而控制转台转动,使惯组输出所需的姿态信号。

对于采用冗余设计的控制系统,在仿真试验中需开展冗余管理试验,重点对惯性测量设备的冗余设计、故障检测和隔离技术、阈值的设计等进行考核,由于故障的检测以及最终的隔离需要一定的时间,在从初步判断出故障到彻底隔离故障件(称为过渡段),以及产品发生异常但还没有超过门限值(称为发展段),在这两种情况下,故障件的信息还有可能参与到导航与控制运算,这是冗余试验中需要重点分析和考核的内容。因此,设置故障模式时,不能简单地用0、常值、极大值等数据来模拟,还要考虑时间特性,即要模拟出惯性器件故障发展过程中的输出效果。

对于采用迭代制导方法的控制系统,考核推力下降情况下系统的适应性也是仿真的重点。迭代制导对推力下降具备一定的适应能力,在考核算法是否收敛的同时还要关注推进剂是否耗尽,以及控制力是否不足导致箭体姿控失稳。

▶ 5.3 建模

◁ 5.3.1 控制系统单机模型

运载火箭控制系统一般由惯性测量设备、箭载计算机、中间装置(如放大器等)、各级伺服机构,以及时序和供电系统等组成。控制系统在进行仿真时,需要将控制系统所使用的单机建立数学模型,然后转化为仿真计算模型,在仿真机中通过数值计算实现单机特性。计算机仿真过程中:如果控制系统各个单机及被控对象均采用数学模型,称为数学仿真;如果部分单机或全部单机采用实物设备,只有被控对象为数学模型,称为半实物仿真。

1. 惯性测量设备建模

目前,运载火箭控制系统使用的惯性测量设备主要包括捷联惯性测量组合(捷联惯组)、速率陀螺、横法向加表等,下面主要就捷联惯组建模进行重点描述,其他与之相似。捷联惯组包含陀螺仪和加速度计,以激光惯组为例说明惯组的数学模型。

一般激光陀螺仪测量数学模型采用如下形式:

$$\begin{cases} (\Delta N_{gx+}K_{gx+} - \Delta N_{gx-}K_{gx-}) = D_{0x} + \omega_x + D_{xy}\omega_y + D_{xz}\omega_z \\ (\Delta N_{gy+}K_{gy+} - \Delta N_{gy-}K_{gy-}) = D_{0y} + D_{yx}\omega_x + \omega_y + D_{yz}\omega_z \\ (\Delta N_{gz+}K_{gz+} - \Delta N_{gz-}K_{gz-}) = D_{0z} + D_{zx}\omega_x + D_{zy}\omega_y + \omega_z \end{cases} \quad (5-1)$$

式中:ΔN_{gx+}、ΔN_{gx-}、ΔN_{gy+}、ΔN_{gy-}、ΔN_{gz+}、ΔN_{gz-} 为三个陀螺仪正负通道单位时间输出的脉冲数(脉冲/s);K_{gx+}、K_{gx-}、K_{gy+}、K_{gy-}、K_{gz+}、K_{gz-} 为陀螺仪脉冲当量(($''$)/脉冲);D_{0x}、D_{0y}、D_{0z} 为陀螺仪零次项漂移系数((°)/h);D_{xy}、D_{xz}、D_{yx}、D_{yz}、D_{zx}、D_{zy} 为陀螺仪安装误差系数。

一般加速度计测量数学模型采用如下形式:

$$\begin{cases} \left(\dfrac{\Delta N_{ax+}}{K_{ax+}} - \dfrac{\Delta N_{ax-}}{K_{ax-}}\right) = K_{0x} + \dot{W}_x + E_{xy}\dot{W}_y + E_{xz}\dot{W}_z + K_{2x}\dot{W}_x^2 \\ \left(\dfrac{\Delta N_{ay+}}{K_{ay+}} - \dfrac{\Delta N_{ay-}}{K_{ay-}}\right) = K_{0y} + E_{yx}\dot{W}_x + \dot{W}_y + E_{yz}\dot{W}_z + K_{2y}\dot{W}_y^2 \\ \left(\dfrac{\Delta N_{az+}}{K_{az+}} - \dfrac{\Delta N_{az-}}{K_{az-}}\right) = K_{0z} + E_{zx}\dot{W}_x + E_{zy}\dot{W}_y + \dot{W}_z + K_{2z}\dot{W}_z^2 \end{cases} \quad (5-2)$$

式中:ΔN_{ax+}、ΔN_{ax-}、ΔN_{ay+}、ΔN_{ay-}、ΔN_{az+}、ΔN_{az-} 为三个加速度计正负通道单位时间输出的脉冲数(脉冲/s);K_{ax+}、K_{ax-}、K_{ay+}、K_{ay-}、K_{az+}、K_{az-} 为加速度计脉冲当量(脉冲/($g_0 \cdot s$));K_{0x}、K_{0y}、K_{0z} 为加速度计零次项漂移系数(g_0);E_{xy}、E_{xz}、E_{yx}、E_{yz}、E_{zx}、E_{zy} 为加速度计安装误差系数;K_{2x}、K_{2y}、K_{2z} 为加速度计二次项系数(g_0/g_0^2)。

实际捷联惯组中陀螺动态特性对控制系统稳定性有影响,一般采用二阶微分方程描述:

$$T_g^2 \frac{d^2}{dt^2}U_\omega + 2T_g\xi_g \frac{d}{dt}U_\omega + U_\omega = k_g\omega \quad (5-3)$$

经过拉普拉斯变换,可以得到陀螺动态特性的一般传递函数形式:

$$\frac{U_\omega(s)}{\omega(s)} = \frac{k_g}{T_g^2 s^2 + 2T_g \xi_g s + 1} \tag{5-4}$$

这是一个典型的二阶振荡环节,$\omega_g = \dfrac{1}{T_g}$为二阶环节的固有频率;$\xi_g$为相对阻尼系数。姿态控制系统设计对 k_g、ω_g、ξ_g 都有明确的要求。例如,k_g 的允许偏差一般为 5% ,ω_g 的允许偏差一般为 10% ,ξ_g 的允许偏差一般为 30% 。

上述的二阶环节描述了一个理想状态的陀螺特性,但是由于惯性器件测量精度、安装精度、仪器整体减振、输出延时等影响,实际使用中的特性与二阶环节并不完全一致。因此在建立起数学模型时,通常还需要考虑其非线性特性。非线性特性一般包含继电特性、死区、饱和、间隙和摩擦等,很多情况下,陀螺的模型可以表示为线性的传递函数特性,并在输入或输出端加入非线性环节。非线性环节的影响使数学模型的输出更接近于真实的物理设备,仿真结果也更加接近于真实系统。

目前,捷联惯组和速率陀螺中均采用数字化处理方式,通过数字滤波器来调整动态特性,因此设计人员在使用其模型时,可根据实际测试输出情况进行拟合,不局限于二阶环节,并且线性特性与非线性特性进行组合,可以使数学模型更加接近实际设备。

2. 伺服机构等执行装置建模

姿控系统是通过推力矢量控制来保证火箭稳定飞行的。箭载计算机输出控制指令使伺服机构动作,驱动发动机摆动,通过改变发动机推力方向实现火箭的稳定与控制。

运载火箭伺服机构由许多液压元件和电气元件组成,作为运载火箭控制系统的执行装置,系统对伺服机构的性能要求主要包括静态和动态两个方面。静态特性包括伺服机构的开环速度增益、作动器的位移或角度、伺服机构摆角速度、负载力矩、零位偏差等;动态特性主要包括伺服机构的阶跃响应和频率响应等要求。控制系统仿真中,对于伺服机构的模型可以采用传递函数和非线性环节组合的方式来模拟其特性。

3. 非线性环节

各类影响控制系统性能指标的单机,基本上都存在一定的非线性特性,必须经过实际测量,拟合出非线性特性,然后将非线性环节串联进单机模型,才能更加真实地体现单机的各种特性。几种常用的典型非线性环节如图 5-10

所示。

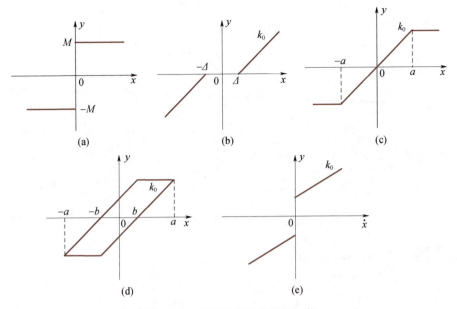

图 5 - 10　几种典型的非线性环节

（a）继电特性；（b）死区特性；（c）饱和特性；（d）间隙特性；（e）摩擦特性。

5.3.2　箭体运动模型

对于一个大型运载火箭而言，箭体六自由度模型是一个复杂的数学模型，也是仿真试验得以开展的基础，关于箭体建模方面更加深入的讨论可参考相关文献资料[14-16]，下面仅对仿真计算中使用的箭体运动模型进行描述。

1. 坐标系转换

如图 5-11 所示，由箭体坐标系到发射惯性坐标系的转换矩阵为

$$A = \begin{bmatrix} \cos\varphi\cos\psi & \cos\varphi\sin\psi\sin\gamma - \sin\varphi\cos\gamma & \sin\varphi\sin\gamma + \cos\varphi\sin\psi\cos\gamma \\ \sin\varphi\cos\psi & \cos\varphi\cos\gamma + \sin\varphi\sin\psi\sin\gamma & -\cos\varphi\sin\gamma + \sin\varphi\sin\psi\cos\gamma \\ -\sin\psi & \cos\psi\sin\gamma & \cos\psi\cos\gamma \end{bmatrix}$$

$$(5-5)$$

式中：φ、ψ、γ 分别为发射惯性坐标系向箭体坐标系转动的三个欧拉角（火箭的俯仰角、偏航角和滚动角）。本书中除了特殊说明之外，欧拉角均按照 $\varphi \rightarrow \psi \rightarrow$

γ顺序转动。

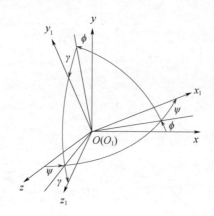

图 5 - 11　发射惯性坐标系到箭体坐标系的转换关系

2. 箭体质心运动模型

火箭运动方程[4,14,15]是一组确定火箭运动轨迹的动力学方程,火箭运动轨迹与所受外力以及力矩的大小、方向有关,主要包括地球引力、空气动力和力矩、发动机推力、控制力和控制力矩等。对于大型火箭,箭体运动除了作为刚体的质心运动和绕心运动以外,还有箭体自身的弹性运动、燃料晃动等,但由于其基本不影响质心运动的轨迹,所以在弹道设计时,一般把箭体视为刚体,不考虑弹性运动、燃料晃动等因素。

1）地球引力模型

按照牛顿引力定律,质量为 M 的质点与另一质量为 m 的质点之间相互引力为

$$F = f\frac{Mm}{r^2} \tag{5 - 6}$$

式中:f 为万有引力常数;r 为两个质点之间的距离。

当假定地球为质量均匀的圆球时,可以把地球质量 M 看作集中于地心,则地球对球外距地心为 r 的一点的引力位为

$$U = \frac{fM}{r} \tag{5 - 7}$$

式中:$\mu = fM$ 为地球引力系数。

实际地球为一形状复杂的非匀质球体,因此对地球外一点的引力位应由

以下公式计算：

$$U = f \int_M \frac{\mathrm{d}m}{\rho} \tag{5-8}$$

式中：ρ 为地球内部质量为 $\mathrm{d}m$ 的质点与球外质点的距离。

由式（5-8）可以看出，要精确计算地球引力位，必须知道地球表面和内部的密度分布，这是非常困难的。为了简化问题，通常把地球看作质量分布均匀的旋转椭球体，其中心与地心重合，旋转轴与地球自转轴重合，且与地球具有相同的质量，称为地球椭球。

考虑到 J_2 项，地球椭球的引力位表达式为

$$U = \frac{fM}{r} \left[1 + \frac{J_2}{2} \left(\frac{a_e}{r} \right)^2 (1 - 3\sin^2\varphi_{\mathrm{dx}}) \right] \tag{5-9}$$

式中：a_e 为地球赤道半径；φ_{dx} 为空间点的地心纬度；J_2 为二阶带谐系数。

引力位的梯度表示单位质量受地球引力作用的引力加速度矢量，即

$$\boldsymbol{g} = \mathrm{grad}\boldsymbol{U} \tag{5-10}$$

引力加速度在 r 和 φ_{dx} 方向上的投影为

$$\begin{cases} g_r' = \dfrac{\partial U}{\partial r} = -\dfrac{fM}{r^2} \left[1 + \dfrac{3}{2}J_2 \left(\dfrac{a_e}{r} \right)^2 (1 - 3\sin^2\varphi_{\mathrm{dx}}) \right] \\ g_\varphi' = \dfrac{1}{r}\dfrac{\partial U}{\partial \varphi_{\mathrm{dx}}} = -\dfrac{fM}{r^2}\dfrac{3}{2}J_2 \left(\dfrac{a_e}{r} \right)^2 \sin 2\varphi_{\mathrm{dx}} \end{cases} \tag{5-11}$$

为了计算方便，通常把引力加速度分解为 r 方向和地球旋转方向 ω 的两个分量，即

$$\begin{cases} g_r = -\dfrac{fM}{r^2} \left[1 + \dfrac{3}{2}J_2 \left(\dfrac{a_e}{r} \right)^2 (1 - 5\sin^2\varphi_{\mathrm{dx}}) \right] \\ g_\omega = -3\dfrac{fM}{r^2}J_2 \left(\dfrac{a_e}{r} \right)^2 \sin\varphi_{\mathrm{dx}} \end{cases} \tag{5-12}$$

将其在惯性坐标系投影，可得到惯性坐标系下地球引力分量，即

$$\begin{cases} g_x = g_r \dfrac{R_{0x} + x}{r} + g_\omega \dfrac{\omega_x}{\omega_e} \\ g_y = g_r \dfrac{R_{0y} + y}{r} + g_\omega \dfrac{\omega_y}{\omega_e} \\ g_z = g_r \dfrac{R_{0z} + z}{r} + g_\omega \dfrac{\omega_z}{\omega_e} \end{cases} \tag{5-13}$$

2）空气动力与力矩

火箭相对于空气介质运动时,所产生的压力和摩擦力称为空气动力。火箭上升段在出大气层以前,空气动力是一项非常重要的外力。一般火箭外形比较简单,对称性非常好,故空气动力可由下式得到:

$$\begin{cases} X = -C_x q S_M \\ Y = C_y q S_M \\ Z = -C_z q S_M \end{cases} \quad (5-14)$$

式中:X、Y、Z 分别为大气作用于箭体的阻力、升力、侧向力,沿气流速度坐标系三个方向;C_x、C_y、C_z 分别为阻力系数、升力系数、侧向力系数,这些系数一般是马赫数、攻角、侧滑角的函数,升力和侧向力系数也可根据该系数导数与攻角、侧滑角的乘积得到;S_M 为箭体特征横截面积;q 为速度头,其表达式为

$$q = \frac{1}{2}\rho \cdot V_w^{\ 2} \quad (5-15)$$

式中:V_w 为飞行器相对气流的速度。

得到箭体的阻力、升力、侧向力后,经以下公式可计算沿箭体坐标系三个轴的力和力矩。

气动力为

$$\begin{bmatrix} R_{x1} \\ R_{y1} \\ R_{z1} \end{bmatrix} = \boldsymbol{E} \cdot \begin{bmatrix} X \\ Y \\ Z \end{bmatrix} \quad (5-16)$$

气动力矩为

$$\begin{bmatrix} M_{Rx1} \\ M_{Ry1} \\ M_{Rz1} \end{bmatrix} = \begin{bmatrix} 0 \\ R_{z1}(X_d - X_Z) \\ -R_{y1}(X_d - X_Z) \end{bmatrix} \quad (5-17)$$

式中:X_d 为箭体气动压力中心至理论尖端的距离,一般随马赫数变化;X_Z 为箭体质心至理论尖端的距离,随火箭质量而变化;$\boldsymbol{E}$ 为速度坐标系与箭体坐标系的转换矩阵,是攻角和侧滑角的函数:

$$\boldsymbol{E} = \begin{bmatrix} \cos\alpha\cos\beta & \sin\alpha\cos\beta & -\sin\beta \\ -\sin\alpha & \cos\alpha & 0 \\ \cos\alpha\sin\beta & \sin\alpha\sin\beta & \cos\beta \end{bmatrix} \quad (5-18)$$

在气动力的计算公式中,阻力系数、升力系数、侧向力系数、气动压力中心位置等都是通过风洞吹风试验得到。

3)发动机推力、控制力和力矩

发动机推力以及通过控制推力矢量方向而得到的控制力,是作用在火箭上的主动力。

火箭发动机稳态推力有如下形式:

$$P = P_{b0}\dot{m}g_0 + S_a p_0\left(1 - \frac{p}{p_0}\right) \tag{5 - 19}$$

式中:P_{b0} 为发动机地面比冲;$\dot{m}$ 为燃料秒耗量;S_a 为发动机喷口截面积;p_0 为地面标准大气压力;p 为瞬时的大气压力;$S_a p_0\left(1 - \dfrac{p}{p_0}\right)$ 为静压差,如果火箭已飞出大气层,推力可直接采用真空比冲与燃料秒耗量的乘积计算,不再考虑静压差。

产生火箭控制力的力和力矩方式通常有燃气舵偏转、摇摆发动机、姿控喷管等,目前运载火箭主动力段大多采用摇摆发动机,通过伺服机构控制发动机的摆角大小,从而产生箭体横向、法向的力,进而产生绕箭体三个轴的控制力矩,分别控制俯仰、偏航和滚动三个姿态。

如果产生控制力的为四台"+"字形安装摇摆发动机,编号顺序及摆角方向如图 5 - 12 所示,且每台发动机的推力为 P_1,摆角分别为 δ_1、δ_2、δ_3、δ_4,则沿箭体三个轴的力为

$$\begin{cases} P_{x1} = 4P_1 - P_1(\cos\delta_1 + \cos\delta_2 + \cos\delta_3 + \cos\delta_4) \\ P_{y1} = -P(\sin\delta_2 + \sin\delta_4) \\ P_{z1} = -P(\sin\delta_1 + \sin\delta_3) \end{cases} \tag{5 - 20}$$

绕箭体三个轴的力矩为

$$\begin{cases} M_{Px1} = -P_1 R_c(-\sin\delta_1 + \sin\delta_2 + \sin\delta_3 - \sin\delta_4) \\ M_{Py1} = -P_1(\sin\delta_1 + \sin\delta_3)(X_c - X_Z) \\ M_{Pz1} = P_1(\sin\delta_2 + \sin\delta_4)(X_c - X_Z) \end{cases} \tag{5 - 21}$$

如果产生控制力的为四台"×"字形安装摇摆发动机,编号顺序及摆角方向如图 5 - 13 所示,摆角分别为 δ_1、δ_2、δ_3、δ_4,则沿箭体三个轴的力为

$$
\begin{cases}
P_{x1} = 4P_1 - P_1(\cos\delta_1 + \cos\delta_2 + \cos\delta_3 + \cos\delta_4) \\
P_{y1} = P_1\cos45°(\sin\delta_1 + \sin\delta_2 - \sin\delta_3 - \sin\delta_4) \\
P_{z1} = P_1\cos45°(\sin\delta_1 - \sin\delta_2 - \sin\delta_3 + \sin\delta_4)
\end{cases}
\quad (5-22)
$$

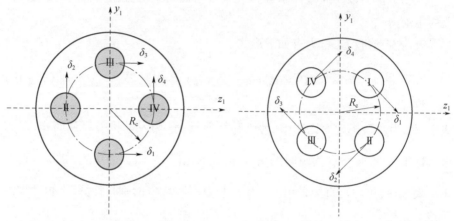

图 5-12　"+"字形发动机摆角示意图　　图 5-13　"×"字形发动机摆角示意图

绕箭体三个轴的力矩为

$$
\begin{cases}
M_{Px1} = -P_1 R_c(\sin\delta_1 + \sin\delta_2 + \sin\delta_3 + \sin\delta_4) \\
M_{Py1} = -P_1\cos45°(\sin\delta_1 - \sin\delta_2 - \sin\delta_3 + \sin\delta_4)(X_c - X_Z) \\
M_{Pz1} = -P_1\cos45°(\sin\delta_1 + \sin\delta_2 - \sin\delta_3 - \sin\delta_4)(X_c - X_Z)
\end{cases}
$$

$$(5-23)$$

4）箭体运动方程

火箭运动方程是基于变质量刚体及质点的一般运动规律来建立的。建立火箭弹道方程常用的坐标系有两种：一种是发射点相对坐标系，该坐标系跟随地球的自转而旋转；另一种是发射点惯性坐标系，是将发射点相对坐标系在火箭起飞时刻固化下来，成为相对于地球引力场的惯性坐标系。

自由刚体在空间的运动，一般可以分解为随质心的平动和绕质心的转动，因而是具有六个自由度的运动。当把飞行器运动学方程建立在惯性坐标系时，运动方程有以下形式：

$$
\begin{cases}
\dot{V}_x = a_x = \dfrac{P_x}{m} + \dfrac{R_x}{m} + g_x \\[2mm]
\dot{V}_y = a_y = \dfrac{P_y}{m} + \dfrac{R_y}{m} + g_y \\[2mm]
\dot{V}_z = a_z = \dfrac{P_z}{m} + \dfrac{R_z}{m} + g_z
\end{cases}
\tag{5-24}
$$

$$
\begin{cases}
\dot{x} = V_x \\[1mm]
\dot{y} = V_y \\[1mm]
\dot{z} = V_z
\end{cases}
\tag{5-25}
$$

$$
\begin{cases}
J_{x1}\dot{\omega}_{x1} - (J_{y1} - J_{z1})\omega_{y1}\omega_{z1} = M_{P_{x1}} + M_{R_{x1}} \\[1mm]
J_{y1}\dot{\omega}_{y1} - (J_{z1} - J_{x1})\omega_{z1}\omega_{x1} = M_{P_{y1}} + M_{R_{y1}} \\[1mm]
J_{z1}\dot{\omega}_{z1} - (J_{x1} - J_{y1})\omega_{x1}\omega_{y1} = M_{P_{z1}} + M_{R_{z1}}
\end{cases}
\tag{5-26}
$$

式中:m 为火箭质量,其变化率 $\dot{m}$ 等于发动机的秒耗量;ω_{x1}、ω_{y1}、ω_{z1} 为绕箭体三个正交轴的角速度;J_{x1}、J_{y1}、J_{z1} 为火箭绕三个正交轴的转动惯量;P_x、P_y、P_z 为发动机推力矢量在惯性坐标系的分量;R_x、R_y、R_z 为气动力在惯性坐标系的分量。

推力和气动力分别表示为

$$
\begin{bmatrix} P_x \\ P_y \\ P_z \end{bmatrix} = A \begin{bmatrix} P_{x1} \\ P_{y1} \\ P_{z1} \end{bmatrix}
\tag{5-27}
$$

$$
\begin{bmatrix} R_x \\ R_y \\ R_z \end{bmatrix} = A \begin{bmatrix} R_{x1} \\ R_{y1} \\ R_{z1} \end{bmatrix}
\tag{5-28}
$$

式中:A 为箭体坐标系向惯性坐标系的转换矩阵。

以上建立火箭运动学动力学模型的过程中并没有明确考虑各种干扰因素的影响,在实际情况下,很多参数并不是完全与理论值相同的,会有一定概率和幅值的随机扰动,为了方便数据分析,在进行软件编写时,往往把各种干扰项和偏差量单独提取出来作为模型的一部分。

3. 箭体绕质心运动模型

火箭飞行过程中的箭体坐标系的绕质心运动可以用以下方程式进行描述：

$$
\begin{bmatrix} \dot{\omega}_{x1} \\ \dot{\omega}_{y1} \\ \dot{\omega}_{z1} \end{bmatrix} = \begin{bmatrix} \omega_{y1}\omega_{z1}(J_{y1}-J_{z1})/J_{x1} \\ \omega_{x1}\omega_{z1}(J_{z1}-J_{x1})/J_{y1} \\ \omega_{x1}\omega_{y1}(J_{x1}-J_{y1})/J_{z1} \end{bmatrix} + \begin{bmatrix} (M_{px1}+M_{qx1})/J_{x1} \\ (M_{py1}+M_{qy1})/J_{y1} \\ (M_{pz1}+M_{qz1})/J_{z1} \end{bmatrix} \quad (5-29)
$$

其中，欧拉角与绕箭体坐标系的角运动间的关系如下：

$$
\begin{bmatrix} \dot{\gamma} \\ \dot{\psi} \\ \dot{\varphi} \end{bmatrix} = \begin{bmatrix} 1 & \tan\psi\sin\gamma & \tan\psi\cos\gamma \\ 0 & \cos\gamma & -\sin\gamma \\ 0 & \sin\gamma/\cos\psi & \cos\gamma/\cos\psi \end{bmatrix} \begin{bmatrix} \omega_{x1} \\ \omega_{y1} \\ \omega_{z1} \end{bmatrix} \quad (5-30)
$$

欧拉角偏差及绕箭体轴姿态角偏差如下：

$$
\begin{bmatrix} \Delta\gamma \\ \Delta\psi \\ \Delta\varphi \end{bmatrix} = \begin{bmatrix} \gamma-\gamma_{cx} \\ \psi-\psi_{cx} \\ \varphi-\varphi_{cx} \end{bmatrix} \quad (5-31)
$$

$$
\begin{bmatrix} \Delta\gamma_{x1} \\ \Delta\psi_{y1} \\ \Delta\varphi_{z1} \end{bmatrix} = \begin{bmatrix} 1 & 0 & -\sin\psi \\ 0 & \cos\gamma & \cos\psi\sin\gamma \\ 0 & -\sin\gamma & \cos\psi\cos\gamma \end{bmatrix} \begin{bmatrix} \Delta\gamma \\ \Delta\psi \\ \Delta\varphi \end{bmatrix} \quad (5-32)
$$

式中：$\Delta\varphi_{z1}$、$\Delta\psi_{y1}$、$\Delta\gamma_{x1}$ 分别为绕箭体轴 Oz_1、Oy_1、Ox_1 的角偏差；$\dot{\omega}_{x1}$、$\dot{\omega}_{y1}$、$\dot{\omega}_{z1}$ 分别为箭体坐标系中绕箭体轴的角加速度；J_{x1}、J_{y1}、J_{z1} 分别为绕箭体轴的惯量；M_{px1}、M_{py1}、M_{pz1} 分别为发动机产生的控制力矩；M_{qx1}、M_{qy1}、M_{qz1} 分别为气动力产生的力矩；φ、ψ、γ 分别为火箭三个姿态角；φ_{cx}、ψ_{cx}、γ_{cx} 分别为火箭飞行中三通道程序角。

4. 箭体小偏差运动模型

一般来说，可以按以下方程式描述箭体俯仰通道、偏航通道和滚动通道的姿态运动方程。

俯仰通道为

$$
\begin{cases}
\Delta \dot{\theta} = c_1 \Delta\alpha + c_2 \Delta\theta + c_3 \Delta\delta_\varphi + c_4 \Delta\dot{\varphi} + c''_3 \Delta\ddot{\delta}_\varphi + c'_1 \alpha_w + \\
\qquad \sum c_{4p} \Delta\ddot{y}_{1p} + \sum (c_{1i}\dot{q}_i + c_{2i}q_i) + \overline{F}_{byc} \\
\Delta\ddot{\varphi} + b_1 \Delta\dot{\varphi} + b_2(\Delta\alpha + \Delta\alpha_w) + b_3\delta_\varphi + b''_3 \Delta\ddot{\delta}_\varphi + \sum (b_{1i}\dot{q}_{iy} + b_{2i}q_{iy}) + \\
\qquad \sum (b_{4p}\Delta\ddot{y}_p - b_{5p}\Delta y_p) = \overline{M}_{bz1} \\
\Delta\theta = \Delta\varphi - \Delta\alpha
\end{cases}
\tag{5-33}
$$

偏航通道为

$$
\begin{cases}
\dot{\sigma} = c_1\beta + c_2\sigma + c_3\delta_\psi + c''_3 \ddot{\delta}_\psi + c_4\dot{\psi} + c'_1\beta_w + \\
\qquad \sum c_{4p}\Delta\ddot{z}_{1p} + \sum (c_{2i}q_{iz} + c_{1i}\dot{q}_{iz}) + \overline{F}_{bzc} \\
\ddot{\psi} + b_1\dot{\psi} + b_2(\beta + \beta_w) + b_3\delta_\psi + b''_3 \Delta\ddot{\delta}_\psi + \sum (b_{1i}\dot{q}_{iz} + b_{2i}q_{iz}) + \\
\qquad \sum (b_{4p}\ddot{z}_p - b_{5p}z_p) = \overline{M}_{by1} \\
\sigma = \psi - \beta
\end{cases}
\tag{5-34}
$$

滚动通道为

$$
\ddot{\gamma} + d_1\dot{\gamma} + d_3\delta_\gamma + d''_3 \ddot{\delta}_\gamma + \sum (d_{1i}\dot{q}_{ni} + d_{2i}q_{ni}) = \overline{M}_{bx1} \tag{5-35}
$$

运载火箭一般为轴对称结构,因此俯仰通道和偏航通道的小偏差方程系数相同。

式中:$\Delta\theta$ 为弹道倾角偏差;σ 为航向角;$\Delta\varphi$ 为俯仰通道姿态角偏差;ψ 为偏航通道姿态角;γ 为滚动通道姿态角;$\Delta\alpha$ 为攻角偏差;β 为侧滑角;c_1 为气动力系数;c'_1 为气动阻尼力系数;c_2 为与重力相关的系数;c_3 为控制力系数;b_1 为气动阻尼力矩系数;b_2 为气动稳定力矩系数;b_3 为控制力矩系数;d_1 为滚动阻尼力矩系数;d_3 为滚动控制力矩系数;δ_φ 为俯仰通道发动机摆角;δ_ψ 为偏航通道发动机摆角;δ_γ 为滚动通道发动机摆角;α_w 为风干扰引起的风攻角;β_w 为风干扰引起的侧滑角;$\overline{F}_{byc}$ 为俯仰通道合成干扰力;$\overline{F}_{bzc}$ 为偏航通道合成干扰力;c_{4p} 为俯仰、偏航通道晃动力铰链系数;b_{4p} 为俯仰、偏航通道晃动力矩铰链系数和;b_{5p} 为俯仰、偏航通道晃动质心铰链系数;c_{1i} 为俯仰、偏航通道弹性附加气动阻尼力系数；c_{2i}为俯仰、偏航通道弹性附加气动力和附加推力系数；b_{1i}为俯仰、偏航通道弹性附加气动阻尼力矩系数；b_{2i}为俯仰、偏航通道弹性附加气动力矩和附加推力力矩系数；d_{1i}为滚动通道弹性气动阻尼力矩系数；d_{2i}为滚动通道弹性力矩系数；$\overline{M}_{bz1}$为俯仰通道合成干扰力矩系数；$\overline{M}_{by1}$为偏航通道合成干扰力矩系数；$\overline{M}_{bx1}$为滚动通道合成干扰力矩系数。

小偏差方程系数均可按标准弹道计算得到，然后根据这些系数按时间插值，可进行小偏差状态仿真。

5. 箭体弹性运动模型

可以按以下方程式描述箭体弹性运动方程：

$$
\begin{cases}
\ddot{q}_{iy} + 2\xi_i\omega_i\dot{q}_{iy} + \omega_i^2 q_{iy} = D_{1i}\omega_{z1} + D_{2i}(\alpha + \alpha_w) + D_{3i}\delta_\varphi + D''_{3i}\ddot{\delta}_\varphi + \\
\qquad \sum (G''_{ip}\ddot{y}_p + G_{ip}y_p) - Q_{iy} \\
\ddot{q}_{iz} + 2\xi_i\omega_i\dot{q}_{iz} + \omega_i^2 q_{iz} = D_{1i}\omega_{y1} + D_{2i}(\beta + \beta_w) + D_{3i}\delta_\psi + D''_{3i}\ddot{\delta}_\psi + \quad (5-36) \\
\qquad \sum (G''_{ip}\ddot{z}_p + G_{ip}z_p) - Q_{iz} \\
\ddot{q}_{ni} + 2\xi_{ni}\omega_{ni}\dot{q}_{ni} + \omega_i^2 q_{iz} = d_{31ni}\delta_\psi + d''_{31ni}\ddot{\delta}_\gamma - Q_{ni}
\end{cases}
$$

式中：q_{iy}、q_{iz}为法向和横向第i次振型的弹性广义坐标；q_{ni}为第i次扭转振型的弹性广义坐标；ω_i为第i次振型的固有频率；ω_{ni}为第i次扭转振型的固有频率；ξ_i为第i次振型的阻尼系数；ξ_{ni}为第i次扭转振型的阻尼系数；D_{1i}、D_{2i}为绕质心角速度和攻角等效广义力对第i次振型振动的作用；D_{3i}、D''_{3i}为发动机摆角和角加速度对第i次振型振动的影响系数；d_{31ni}、d''_{31ni}为发动机摆角和角加速度对第i次扭转振型振动的影响系数；G''_{ip}、G_{ip}为p贮箱中液体晃动广义坐标对第i次振型振动的影响系数；Q_{iy}、Q_{iz}为对应第i次振型的法向和横向广义力；Q_{ni}为对应第i次扭转振型的广义力；$\dot{\omega}_{z1}$、$\dot{\omega}_{y1}$为六自由度仿真中绕质心的角加速度，在小偏差方程中可以简化为$\Delta\dot{\varphi}$和$\ddot{\psi}$。

6. 箭体晃动运动模型

可以按以下方程式描述箭体晃动运动方程：

$$
\begin{cases}
\ddot{y}_p + 2\xi_p\Omega_p\dot{y}_p + \Omega_p^2 y_p = -E_{pz}\dot{\omega}_{z1} - a_{yb} + \sum (E''_{ip}\ddot{q}_i + E_{ip}q_i) \\
\ddot{z}_p + 2\xi_p\Omega_p\dot{z}_p + \Omega_p^2 z_p = -E_{pz}\dot{\omega}_{y1} + a_{zb} + \sum (E''_{ip}\ddot{q}_i + E_{ip}q_i)
\end{cases}
$$

$$(5-37)$$

式中: y_p、z_p 为 p 贮箱液体在法向和横向的晃动位移; Ω_p 为 p 贮箱液体晃动的固有频率; ξ_p 为 p 贮箱液体晃动的阻尼系数; E_{pz} 为绕质心加速度对晃动的影响系数; a_{yb}、a_{zb} 为箭体系下的视加速度, $a_{yb} = \dot{W}_{y1}$、$a_{zb} = \dot{W}_{z1}$; E''_{ip}、E_{ip} 为 p 贮箱液体晃动与第 i 次振型的弹性的铰链系数; $\dot{\omega}_{z1}$、$\dot{\omega}_{y1}$ 为六自由度仿真中绕质心的角加速度, 在小偏差方程中可以简化为 $\Delta\dot{\varphi}$ 和 $\dot{\psi}$。

7. 箭体六自由度仿真模型

在运载火箭控制系统设计和仿真中, 习惯采用发射惯性坐标系, 箭体六自由度运动模型包括箭体质心运动方程和绕质心运动方程, 这在前面已分别进行了介绍。

箭体六自由度仿真模型如下:

$$\begin{cases} \dot{V}_x = \dot{W}_x + g_x \\ \dot{V}_y = \dot{W}_y + g_y \\ \dot{V}_z = \dot{W}_z + g_z \end{cases} \tag{5-38}$$

$$\begin{cases} \dot{x} = V_x \\ \dot{y} = V_y \\ \dot{z} = V_z \end{cases} \tag{5-39}$$

箭体坐标系视加速度的求解:

$$\begin{cases} \dot{W}_{x1} = F_{x1}/m \\ \dot{W}_{y1} = F_{y1}/m \\ \dot{W}_{z1} = F_{z1}/m \end{cases} \tag{5-40}$$

$$\begin{cases} F_{x1} = P_{x1} + Q_{x1} \\ F_{y1} = P_{y1} + Q_{y1} \\ F_{z1} = P_{z1} + Q_{z1} \end{cases} \tag{5-41}$$

将箭体坐标系下的视加速度转化到发射惯性坐标系:

$$\begin{bmatrix} \dot{W}_x \\ \dot{W}_y \\ \dot{W}_z \end{bmatrix} = A \begin{bmatrix} \dot{W}_{x1} \\ \dot{W}_{y1} \\ \dot{W}_{z1} \end{bmatrix} \tag{5-42}$$

在箭体坐标系下包含箭体弹性振动和贮箱内推进剂晃动的绕心运动方程：

$$\begin{bmatrix} \dot{\omega}_{x1} \\ \dot{\omega}_{y1} \\ \dot{\omega}_{z1} \end{bmatrix} = \begin{bmatrix} \omega_{y1}\omega_{z1}(J_{y1}-J_{z1})/J_{x1} \\ \omega_{x1}\omega_{z1}(J_{z1}-J_{x1})/J_{y1} \\ \omega_{x1}\omega_{y1}(J_{x1}-J_{y1})/J_{z1} \end{bmatrix} - \begin{bmatrix} \overline{M}_{\delta_\gamma} \\ \overline{M}_{\delta_\psi} \\ \overline{M}_{\delta_\varphi} \end{bmatrix} - \begin{bmatrix} 0 \\ \sum(b_{4p}\ddot{z}_p - b_{5p}z_p) \\ \sum(b_{4p}\ddot{y}_p - b_{5p}y_p) \end{bmatrix} -$$

$$\begin{bmatrix} \sum(d_{1i}\dot{q}_{ni} + d_{2i}q_{ni}) \\ \sum(b_{1i}\dot{q}_{iz} + b_{2i}q_{iz}) \\ \sum(b_{1i}\dot{q}_{iy} + b_{2i}q_{iy}) \end{bmatrix} + \begin{bmatrix} (M_{px1}+M_{qx1})/J_{x1} \\ (M_{py1}+M_{qy1})/J_{y1} \\ (M_{pz1}+M_{qz1})/J_{z1} \end{bmatrix} \tag{5-43}$$

式中：$\ddot{y}_p$、y_p、$\ddot{z}_p$、z_p 分别为火箭贮箱内推进剂质点的法向和横向晃动过程中的加速度及位移，具体计算公式见式(5-37)；q_{iy}、$\dot{q}_{iy}$、q_{iz}、$\dot{q}_{iz}$ 分别为箭体第 i 阶法向和横向弹性振动的广义坐标以及广义坐标下的速度，具体计算公式见式(5-36)；q_{ni}、$\dot{q}_{ni}$ 分别为箭体第 i 阶扭转弹性振动的广义坐标和广义坐标下的速度。

欧拉角与绕箭体坐标系的角运动间的关系见式(5-30)；欧拉角偏差及绕箭体轴姿态角偏差见式(5-31)。其中，$\Delta\varphi$、$\Delta\psi$、$\Delta\gamma$ 分别为惯性下的姿态角偏差，$\Delta\varphi_{z1}$、$\Delta\psi_{y1}$、$\Delta\gamma_{x1}$ 为箭体系下的姿态角偏差，也是用于控制的偏差量。

考虑到火箭一般在射面内飞行，故 $\psi_{cx}=0$，$\gamma_{cx}=0$，因此 $\Delta\psi=\psi$，$\Delta\gamma=\gamma$。如前文中小偏差运动方程就是指与弹道的偏差方程，因此姿态角运动方程包括 $\Delta\varphi$、ψ、γ。

▶5.4　仿真计算

⊿5.4.1　仿真计算流程

1. 六自由度模型计算流程

根据仿真任务书获得箭体总体数据,包括箭体质量、惯量,发动机推力模型、气动数据、弹性数据、晃动数据、风场数据、摆角合成分解公式,发射点和目标点等相关参数以及各个控制系统单机模型。根据上述数据建立各个单机模型,并完成单机模型的初始化工作。

进入循环计算模块,可按图 5–14 中顺序进行:首先计算由控制模块输入的发动机摆角指令,计算执行机构模型,得到本周期所有发动机摆角的实际摆角;然后计算本周期的箭体参数,并根据飞行高度进行风场和引力场模型的计算;计算火箭飞行攻角和侧滑角;计算火箭飞行过程中受到的发动机推力和气动力;计算箭体受到的各种力矩;根据力和力矩的计算结果进行质心、绕心、弹性和晃动方程的数值积分计算,可采用龙格–库塔或亚当姆斯法进行计算;最后计算惯性器件的测量方程输出。这样就完成了箭体运动模型的计算过程。

图 5–14 中的惯性器件单机模型计算和执行机构模型计算在半实物仿真试验中,可采用实际箭上真实的单机来替代,在模型计算中可以省略这两项。

2. 控制模块计算流程

控制模块的计算一般从惯性数据的录取开始,进入控制周期后,首先进行惯性器件数据录取,包括捷联惯组、速率陀螺以及横法向加表。惯性数据录取之后,若控制系统有冗余设计,则进行冗余处理,否则直接对惯性测量信息进行各种误差补偿和四元数计算得到箭体运动的姿态角、飞行位置和速度信息。在完成导航计算后,开展制导计算,得到火箭飞行中实时需要的程序角,同时进行导引及关机量的计算等。

在完成上述计算后开始姿控计算,将姿态角偏差、角速度和横法向加表信息经过姿控网络校正、增益补偿后,按照控制指令分解公式进行指令分解,并将最终的控制指令送至执行机构。整个计算流程参见图 5–15。

图 5-14 六自由度模型计算流程　　　图 5-15 箭上控制模型计算流程

5.4.2 数值积分方法

1. 数值积分

在仿真计算中需要用到大量数值积分,连续系统仿真的数值积分方法,就是利用数值积分法对常微分方程建立差分方程,并求其数值解。有了差分方程,就可以编写程序开展仿真计算。

数值积分法要求将仿真系统表示为一阶常微分方程的形式,考虑一阶常微分方程及其初值为

$$\begin{cases} \dot{y} = f(t,y) \\ y(t_0) = y_0 \end{cases} \qquad (5-44)$$

式(5-44)在 $t_{n+1}(n=0,1,2,3,\cdots)$ 时的连续解为

$$y(t_{n+1}) = y(t_0) + \int_0^{t_{n+1}} f(t,y)\mathrm{d}t = y(t_n) + \int_{t_n}^{t_{n+1}} f(t,y)\mathrm{d}t \quad (5-45)$$

下面用近似表示式(5-45)的解,即

$$y(t_{n+1}) = y_n + Q_n \quad (5-46)$$

式中:y_n 为准确解 $y(t_n)$ 的近似值;Q_n 为 $\int_{t_n}^{t_{n+1}} f(t,y)\mathrm{d}t$ 的近似值。因此,数值解法就是寻找式(5-44)初值问题的解在一系列离散点 $t_1,t_2,\cdots,t_n,t_{n+1}$ 上的近似值 $y_1,y_2,\cdots,y_n,y_{n+1}$,即数值解。

相邻两点的间距定义为

$$h = t_{n+1} - t_n \quad (n = 0,1,2,3,\cdots) \quad (5-47)$$

式中:h 为计算步长,后面若无特殊说明,总假设 h 为定值。

数值积分法采用的是递推算法。常用的方法可以分为单步法、多步法和预估-校正法三种类型,又可分为显式公式和隐式公式两种类型。不同的方法对系统求解的精度、速度和数值稳定性均有不同的影响。本节后续推导采用标量形式,导出的结果可方便的推广到矢量形式。

欧拉法是一种最简单的数值积分法,由于精度差,实际很少使用,但常用于说明基本概念。对于式(5-44),在区间 (t_n,t_{n+1}) 上求积分,得

$$y(t_{n+1}) = y(t_n) + \int_{t_n}^{t_{n+1}} f(t,y)\mathrm{d}t \quad (5-48)$$

若区间 (t_n,t_{n+1}) 足够小,则 (t_n,t_{n+1}) 上的 $f(t,y)$ 可近似地看成常数 $f(t_n,y_n)$。因此可用矩形面积 $f(t_n,y_n)h$ 近似替代 $\int_{t_n}^{t_{n+1}} f(t,y)\mathrm{d}t$,于是有

$$y(t_{n+1}) \approx y_n + f(t_n,y_n)h = y_{n+1} \quad (5-49)$$

将式(5-49)写成差分方程,即

$$y_{n+1} = y_n + f(t_n,y_n)h \quad (n = 0,1,2,3,\cdots) \quad (5-50)$$

式(5-50)就是欧拉公式。

2. 改进的欧拉法

如果用梯形面积而不是用矩形面积来代替每一个小区间上的曲线积分,就可以提高计算精度,梯形法的计算公式为

$$y_{n+1} = y_n + \frac{h}{2}[f(t_n,y_n) + f(t_{n+1},y_{n+1})] \quad (5-51)$$

式(5-51)等号右端含有待求量 y_{n+1},因而它是隐形函数。这种方法不能

自行启动运算,需要依赖其他算法的帮助。它每次计算都需要用欧拉法算出 $y(t_{n+1})$ 的近似值 y_{n+1}^P,以此计算 f_{n+1} 的近似值,最后利用 $f_{n+1}^P = f(t_{n+1}, y_{n+1}^P)$ 和式(5-51)求出修正后的 y_{n+1}^C。为了提高计算精度,可以利用梯形公式反复迭代求出 y_{n+1}^C,但是很多工程问题中,为了简单起见,迭代到此精度就可以认为求得了近似解,这样就得到了改进的欧拉公式。

预估式为

$$y_{n+1}^P = y_n + hf(t_n, y_n) \qquad (5-52)$$

校正式为

$$y_{n+1}^C = y_n + \frac{h}{2}[f(t_n, y_n) + f^P(t_{n+1}, y_{n+1}^P)] \qquad (5-53)$$

这种两步方法称为预估-校正方法。

3. 单步法与多步法

式(5-50)是用前一时刻 t_n 的 y_n 求出后一时刻的 y_{n+1},这种方法称为单步法,它是一种能自行启动的算法。如果求 y_{n+1} 时需要 $t_n, t_{n-1}, t_{n-2}, \cdots$ 时刻的值 $y_n, y_{n-1}, y_{n-2}, \cdots$,那么这种方法就是多步法,它是一种不能自行启动的算法。

4. 显式与隐式

在式(5-50)的右端,计算 y_{n+1} 所有的数据均已求出,这种公式称为显式公式。式(5-51)的右端有待求量 y_{n+1},这种公式称为隐式公式。隐式公式不能自行启动计算,需要用预估-校正法。

单步法和显式在计算上比多步法和隐式方便,但有时为了满足精度、稳定性等方面的要求,需要采用隐式算法。

5. 截断误差

可以用泰勒级数为工具来分析数值积分公式的精度,假设 y_n 是精确的,用泰勒级数表示 t_{n+1} 处的精确解为

$$y(t_{n+1}) = y(t_n) + hy^{(1)}(t_n) + \frac{h^2}{2!}y^{(2)}(t_n) + \cdots + \frac{h^r}{r!}y^{(r)}(t_n) + 0(h^{r+1})$$

$$(5-54)$$

显然,欧拉法是从以上精确解中取前两项之和来近似计算 y_{n+1},每一步由这种方法引入的误差称为局部截断误差,简称截断误差。欧拉法的截断误

差为

$$y(t_{n+1}) - y_{n+1} = 0(h^2) \qquad (5-55)$$

不同的数值方法有不同的截断误差。一般若截断误差为 $0(h^{r+1})$，则此方法方法为 r 阶。所以方法的阶数可以作为衡量方法精确度的一个重要指标。由此可见，欧拉法是一阶精度，而改进的欧拉法由于采用了平均斜率，相当于取了泰勒级数的前三项，因此为二阶精度。分析欧拉法截断误差的思想，同样也适用于其他数值积分方法。

6. 舍入误差

由于计算机的字长有限，数字不能表示得完全精确，在计算过程中，不可避免地会产生舍入误差。舍入误差与计算机步长成反比。例如计算步长小、计算次数多，则舍入误差就大。产生舍入误差的因素较多，除了与计算机字长有关以外，还与计算机所使用的数字系统、数的运算次序以及计算 $f(t,y)$ 所用的子程序的精度等因素有关。

7. 数值解的稳定性问题

采用数值积分法求解稳定的常微分方程，应该保持原系统的稳定特征。但是，在计算机逐次计算时，初始数据的误差及计算过程的舍入误差对后面的计算结果将产生影响。而且，如果计算步长选取不合理，有可能使计算仿真出现不稳定的结果。下面简单讨论一下此问题。

差分方程的解与微分方程的解类似，可分为特解和通解两部分。与稳定性有关的是方程的通解，它取决于差分方程的特征根是否满足稳定性条件。例如，为了考虑欧拉法的稳定性，研究方程 $\dot{y} = \lambda y$。其中，λ 为方程的特征根，对此有

$$y_{n+1} = y_n + \lambda h y_n = (1 + \lambda h)y_n \qquad (5-56)$$

显然，要使差分方程稳定，必须有

$$|1 + \lambda h| < 1 \qquad (5-57)$$

成立。这表明，为了使数字仿真是稳定的，对计算步长应该有所限制。另外，数值稳定性还与系统的特性以及数值积分的方法有关。欧拉法稳定性的思想，同样也适用于其他数值积分方法。

在实际仿真系统设计中主要采用龙格-库塔方法和亚当姆斯方法，限于篇幅本书不再展开介绍。

5.4.3 仿真条件

姿控系统仿真重点考核姿态控制系统的稳定性以及设计余量,也是六自由度仿真试验的基础。姿控系统的仿真一般包括以下工作内容[17]。

1. 偏差仿真

偏差仿真是姿控系统重点考核的内容,在进行偏差仿真之前,一般首先安排额定状态的仿真,即箭体的各种模型参数均取理论值(额定值)。然后进行偏差仿真,各种参数取上限状态和下限状态,可以是单个参数的偏差,也可以是组合偏差。通过这种仿真来考核姿控系统设计的余量和适应能力。表 5-1 给出了一个示例,各种增益的取值是根据型号的经验、模型参数的准确性、对设计余量的要求、产品的性能与制造工艺等多方面的因素共同确定的(相对额定值的偏差)。

表 5-1 姿控仿真参数偏差组合

参数名称	上限	下限
系统增益	+20%	-20%
导引增益	+15%	同上限
控制力矩系数	+20%	-20%
控制力系数	+20%	-20%
滚动控制力矩系数	+15%	-15%
晃动频率	-10%	-10%
晃动力交联系数	+10%	-10%
晃动力矩交联系数	+15%	-15%
晃动质心交联系数	+10%	-10%
弹性振动阻尼系数	-20%	同上限
弹性振动频率	-30% ~ -15%	+15% ~ +30%
惯组处弹性振型斜率	同极性10% ~12%	同上限
速率陀螺处弹性振型斜率	同极性10% ~12%	同上限
弹性交连系数	+25%	-25%
扭转振动阻尼系数	-20%	同上限
扭转振动频率	-50% ~ -30%	+30% ~ +50%
扭转振动在惯组处振型	同极性10% ~15%	同上限
扭转交连系数	+30%	-30%

除了上下限测试以外,姿控系统一般还会开展上下极限的仿真,既进一步增大各种参数的偏差,也可以通过增大静态增益偏差的方式来等效考核。

2. 卸载仿真

对于采用主动卸载控制方案的设计,在姿控仿真试验中安排专项的针对卸载控制效果的仿真。风干扰在运动方程中单独考虑,在 5~20km 飞行高度的范围内考虑切变风干扰 α_{wq}、β_{wq}。在一级飞行中俯仰和偏航通道切变风加入点 t_{Hw} 选为跨声速、$|b_2|_{max}$、速度头最大时刻等,切变风按飞行高度 2000m 加入,切变风示意图如图 5-16 所示。

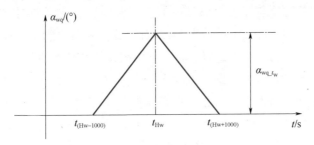

图 5-16 切变风示意图

3. 初始状态的适应性试验

初始状态的适应性试验分别考核各个关键节点,如起飞时刻、助推器分离时刻、二级起控时刻、整流罩分离时刻等不同初始姿态对系统稳定性的影响。

4. 对干扰的适应性试验

对干扰的适应性试验考核控制回路中存在干扰情况下系统能否稳定。干扰施加的位置一般在姿控指令功率放大输出部位、伺服机构摆角反馈信号部位等,这些部位的模拟量信号易受干扰,电磁环境也较为恶劣。干扰信号选用不同频率和幅值的正余弦信号。

5. 系统相位裕度余量试验

系统相位裕度余量试验通过增加系统延时的方法考核姿控系统相位裕度。

6. 非线性特性测试

非线性特性测试主要针对伺服机构,在发动机加载情况下,输入小角度正弦信号,通过角位移传感器的输出解算出动态特性,记录伺服机构的死区等非线性特性,供分析使用。

7. 故障模拟试验

故障模拟试验模拟故障情况下冗余系统的功能以及对姿控系统的影响。一般包括速率陀螺的故障（0值、饱和、保持、随机等模式）、横法向加速度表故障（0值、保持、单调变化等）、捷联惯组的故障、伺服机构的故障（伺服机构停摆、卡滞，伺服控制0值输出、饱和输出、开路等）、推力下降的故障、姿控转级（提前转级、滞后转级等）的故障等。故障施加的时刻由理论分析来确定，选择该故障对系统性能影响最大、控制余量最小、载荷最大、飞行状态变化最大等时刻。

捷联惯组的故障包括陀螺及加表的故障，姿控系统主要从故障后果进行仿真，并不涉及陀螺与加表内部具体的软硬件设计。主要考核一些典型的模式，如无输出、饱和输出、常值输出等，针对这部分冗余功能的考核在制导系统相关的试验中更加充分，也是对故障判别门限设计合理性的验证。

采用迭代制导后，如果推力下降不影响系统的控制能力，并且推进剂没有耗尽，仍能保证准确入轨。因此姿控系统对推力下降的考核重点是检查是否失稳。对推力下降的时刻、幅度、持续时间、推力下降后是否恢复以及恢复到原推力的百分之多少等进行设置来加以考核。

参 考 文 献

[1] 包为民. 对航天器仿真技术发展趋势的思考[J]. 航天控制,2013,31(2):4-8.

[2] Eickhoff J. Simulating spacecraft systems[M]. Berlin:Springer - Verlag,2009.

[3] 王恒霖,等. 仿真系统的设计与应用[M]. 北京:科学出版社,2003.

[4] 徐延万. 控制系统 下册[M]. //导弹与航天丛书 - 液体弹道导弹与运载火箭系列. 北京:中国宇航出版社,1992.

[5] Cervantes D, Montaez L, Tatge L. Low cost test bed tool development for validation of mission critical events[C] // IEEE Aerospace Conference Proceedings, March 6 - 13, 2004, Big Sky, MT,USA. Piscataway:IEEE, c2004(vol. 1):59 - 67.

[6] Cockrell C E, Taylor J L, Tuma M, et al. Integrated system test approaches for the NASA Ares I crew launch vehicle [C] // 57th International Astronautical Congress. October 2 - 6, 2006, Valencia, Spain.

[7] 江思荣,王晓东. 运载火箭控制系统全系统闭路仿真技术[R]. 北京航天自动控制研究所,航天控制学术年会论文集,1999.

[8] Hughes R, Walker D. ARTEMIS:Ares real time environment for modeling, integration, and simulation [C]. // AIAA modeling & Simulation Technologies Conference. Chicago:

Illinois,USA, August 10 – 13, 2009.

[9] Kromis P A. Modeling and Simulation of the ARES UPPER STAGE Transportation, Lifting, Stacking and Mating operations within the Vehicle Assembly Building at KSC[EB/OL]. [2010 – 12 –28]. http://ntrs. nasa. gov/archive/nasa/casi. ntrs. nasa. gov/20100042551. pdf.

[10] Slagowski S E, Vican J E. A hardware – in – the – loop simulator for software development for a Mars airplane[C] // AIAA Modeling and Simulation Technologies Conference and Exhibit, August 20 –23, 2007, Hilton Head, South Caroline,USA. Reston：AIAA, 2007 – 6477.

[11] Milenkovic Z, D'Souza C. The space operations simulation center (SOSC) and closed – loop hardware testing for Orion rendezvous system design[C] // AIAA guidance, Navigation, and Control Conference, August 13 – 16, 2012, Minneapolis, Minnesota, USA. Reston：AIAA, 2012 –5034.

[12] 刘立军,徐庚保. 运载火箭控制系统六自由度数字仿真研究[J]. 航天控制,1998,16(3):46 –52,45.

[13] 邓方林,阎斌,王仕成. 大型弹道式飞行器六自由度仿真研究与展望[J]. 宇航学报,1999,20(3):106 –111.

[14] Zipfel P H. MODELING AND SIMULATION OF AEROSPACE VEHICLE DYNAMICS[M]. 2nd ed. Reston：AIAA EDUCATION SERIES,2007.

[15] Wie B. Space Vehicle Dynamics and Control[M]. Tem – pe：Arizona State University, 1998.

[16] Du W. Dynamic modeling and ascent flight control of Ares –1 Crew Launch Vehicle[D]. Ames：Iowa State University, 2010.

[17] 王玲. CZ –2F 火箭 II 级姿态控制系统半实物仿真试验[R]. // CZ –2F 型号系列科技报告文集(中册). 北京:中国运载火箭技术研究院,2008.

第6章
发射控制技术

测试与发射控制系统[1]（以下简称测发控系统）的作用包含两个方面：一是测试，这在前文已经进行了介绍；二是发射控制，用于完成与发射相关的一系列工作，如生成诸元和软件、装订飞行程序、确定初始状态、准时点火，并在故障下实施紧急关机等。因此，发射控制对飞行的成败同样起着重要的作用。

为了应对航天发射市场愈发激烈的竞争，各国都认识到了地面测试和发射控制在其中能够发挥的重要作用。例如，NASA 在 2010 年、2015 年公布了空间技术发展路线，其中第 13 个领域是地面发射系统（Ground and Launch System Processing，GLSP）。在其 2010 年的分析中，各种地面操作（不仅仅指测试与发射控制）占到了项目总成本的 40% ，因此需要进一步简化操作、提高效率、降低成本，实现"运输即发射"（ship and shoot）的目标。这其中与测发控系统相关的内容包括箭地一体化的自动化命令与控制系统、先进的发射技术、故障诊断与隔离等，强调箭上设备的自主化、数据分析的智能化，以及简化人工操作和地面设备、精简技术保障人员。

为了确保安全性，发射控制系统普遍采用前后端远距离测发体系[2,3]，前端设备一般安装在发射塔架下的地下室或活动发射平台内，后端设备一般在指挥控制大厅，前后端通过光纤网络进行连接。后端设备一般均由计算机组成，它将操作者发出的各种指令通过网络传输到前端；前端为具体的执行设备，它将后端的指令转化为具体的操作，并将操作结果以及被控、被测设备的响应通过网络传送到后端,在计算机屏幕上显示。

　　本章首先对国外运载火箭的发射控制系统进行简要介绍,这是对第 1 章相关内容的补充。与之对应的也介绍了中国长征运载火箭的发射控制技术,包括射前工作的基本流程以及"零窗口"发射要求等。随后根据发射控制系统的组成,按前端发控系统、后端发控系统、前后端通信网络、地面发射控制软件等几个章节展开介绍。由于地面系统中与发射控制相关的软件安全性等级要高于一般的测试软件,因此地面软件的可靠性设计、软件测试,以及流程控制语言等地面软件特有的技术内容,也将在这一章介绍。

6.1　国内外发射控制系统介绍

6.1.1　国外运载火箭的发射控制系统

　　根据 NASA 的定义,发射控制系统是"命令、控制与通信系统"的一个组成部分,而"命令、控制与通信系统"与其他系统一并构成"地面系统",彼此之间的层次关系[4]如图 6 − 1 所示。

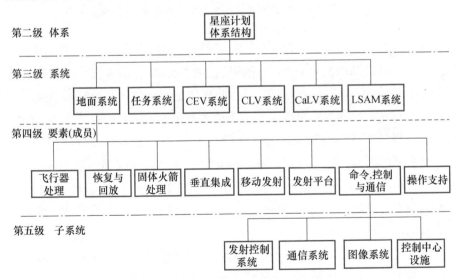

图 6 − 1　发射控制系统在航天项目中的层次关系

　　尽管美国的 LCS 经过了多次的技术革新[5],从总体上看,其三个组成部分

并没有改变:①发射控制功能;②健康监测功能;③安全控制功能。对于未来的
SLS,NASA 期望进一步规范 LCS 内部各个组成部分的功能,提出了如图 6 – 2
所示的信息拓扑结构。

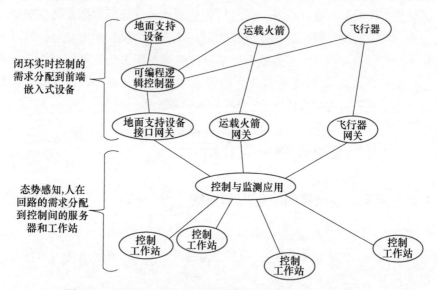

图 6 – 2　NASA 发射控制系统的拓扑结构与需求分配(简化)

　　LCS 分为前端和后端两大部分。前端设备(包括嵌入式系统)中,用于完
成与闭环实时控制相关的工作;前端的信息由飞行器、运载火箭以及地面支持
设备等各自的网关(Gateway)收集,并将数据传送至后端各个控制间的控制与
监测应用程序。后端主要用于当前状态或进程的显示,以及"人在回路"的控
制功能。以星座计划为基础,NASA 期望在 SLS 发射控制中心的建设中,要考
虑三个主要的因素:①系统应具备服役 40 年的能力;②应采用标准化的设备,
包括工业标准的 PLC 等,而不能受制于单个供应商;③系统应具有较强的灵活
性和适应能力,以应对未来运载火箭和飞行器的需求,而这些需求目前可能还
不太清晰。

　　LCS 的后端测发大厅将主要由网络和计算机组成,而各种终端执行机构
均位于前端活动发射平台或离火箭较为接近的场所,图 6 – 3 是建设中的 Ken-
nedy 空间中心(KSC)控制间的物理布局,图 6 – 4 是中心点火控制间的网络拓
扑结构。

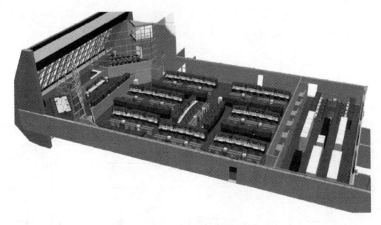

图 6 - 3　KSC 控制间的物理布局

图 6 - 5 是美国"猎户座"飞船乘员舱(CM)中止(逃逸)系统试验时的发射控制系统组成框图[6],尽管名称不同,但各个部分的作用基本类似。该系统分前后端设备,后端为各种服务器、网络设备及计算机终端,前端设备主要包括命令与控制设备、供电设备、无线测试设备等,其中命令与控制设备采用三冗余表决设计,并具有手动的应急系统(MSF)。该系统最大的特点是,前后端系统均是可以移动的,后端设备称作移动操作设施(MOF),而前端设备集成在厢式货车内。

6.1.2　中国运载火箭发射控制系统

我国运载火箭也采用前后端远距离测发控体制,一个典型测发控系统的组成如图 6-6 所示。

图 6-6 中,前端主要为测试控制机柜和电源机柜,电源控制组合用于各类电源的启停、调压等控制,发控组合实现各种控制逻辑,由继电器线路组成;增压气脱组合用于控制增压和气管脱落,供配电组合实现对箭上设备的加电、转电、断电等的控制,惯性测量组合用于对惯性器件的激励以及信号采集等功能,数据记录仪用于自动记录箭上各类模拟量信号,外系统组合用于模拟或连接各外系统的接口,点火输出组合用于输出大电流信号实现箭上相关火工品的引爆,除此以外,还有 PLC 控制机柜和 VXI(PXI)测试机柜,用于发射控制以及对箭上的测试功能。

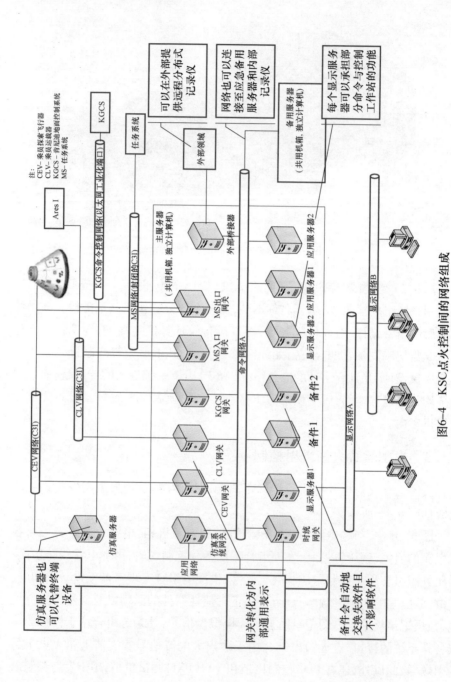

注:
CEV-乘员探索飞行器
CLV-乘员运载器
KGCS-肯尼迪地面控制系统
MS-任务系统

图6-4 KSC点火控制间的网络组成

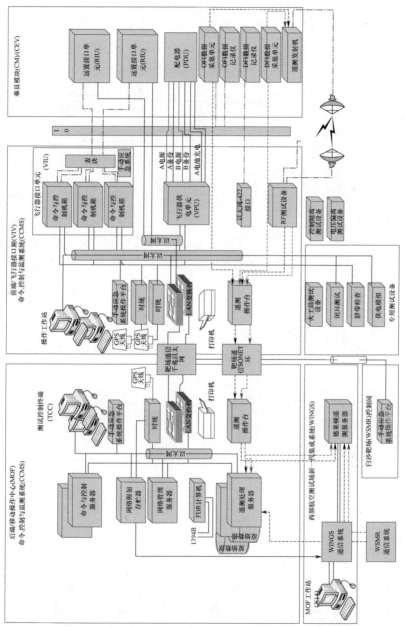

图6-5　"猎户座"飞船乘员舱中止系统试验移动式发射控制系统

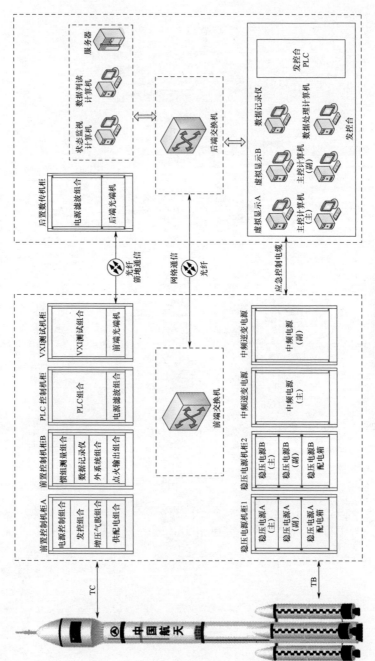

图6-6 某型火箭测发控系统组成

电源机柜主要分为直流稳压电源和中频逆变电源。直流稳压电源根据箭上和地面供电的需求分为几种,每种直流稳压电源分主、副机并联工作,主机电压略高于副机;当主机故障时,通过配电箱自动切换到副机工作。中频电源则采用主、副机热备份工作方式,当主机故障时,通过电源控制组合实现主、副机的切换。

为避免前后端设备在网络故障下失去联系,对于一些与安全性相关的信号,采用应急直连电缆(光缆)连接。

1. 发射控制的基本流程

运载火箭的发射流程[7]与火箭的设计密切相关,尽管每型火箭的流程不尽相同,但基本设计思想是一致的,本节以某型火箭为例进行介绍。控制系统的射前工作一般从发射前 8h(简称 -8h)开始。首先进行功能普查,这是火箭加注后首次也是最后一次控制系统全面的"体检"。功能普查结束后转为发射准备状态。

-4h 是控制系统的重要工作节点,一般在此时确定有效载荷的目标轨道参数,同时根据高空风测量结果确定风修正弹道,并结合最近一次的瞄准参数,控制系统开始诸元生成工作。随后针对最终版本的飞行控制软件开展测试,测试结果作为飞行软件验收交付的依据。

-2h 开始控制系统的射前检查,这是封舱后控制系统最后也是唯一的一次"抽检"。当测试合格后,开始上传飞行控制软件。软件上传过程中进行校验,并回传,将回传的代码在仿真测试平台中进行最后一次模拟飞行测试,其测试结果应与诸元生成后的测试结果一致。

软件装订完成即开始运行,此时基本上距离发射还有 30min 左右的时间,飞行控制软件会将关键的信息下传至测发控系统进行显示,包括射向、惯性测量组合的关键参数、制导方法标识、软件状态标识等,同时循环进行自检和对箭上其他设备的状态检查;当发现问题时,将错误编码发送至地面测发控系统,供定位故障及决策使用。

-15min,通过 B 码控制终端设置点火时间,启动自动点火程序。在这期间如果 B 码终端异常,可以由自动点火程序切换为手动模式。

-5min 后,根据 B 码终端发出的倒计时信息,依次启动各级伺服机构,并发出转电指令,由地面供电转为箭上电池供电。

发控台接收到转电指令后,封锁箭地通信的上行通信链路,以避免箭上飞行控制软件受到干扰。飞行控制软件随后将最后一次的检查结果发送给测发控系统,如果检查结果异常,则流程暂停,由现场指挥决定是否继续流程;如果正常,则测发控系统依次控制脱落插头的脱落、摆开摆杆,至此,点火的条件基本具备。

飞行软件在此期间进行一系列的初始状态的计算及建立,详见有关文献。

为避免误发点火指令,一般设置"允许起飞"控制,即在转电后的一段时间内,地面系统禁止发送点火指令,箭上设备也不采样起飞信号。在 0s 时刻 B 码终端发出点火指令,前端 PLC 根据点火时序要求将指令送至箭上相关设备,完成点火控制。

火箭发动机建立推力,飞离塔架,起飞触点接通,此时飞行控制软件采样到起飞信号,建立发射点惯性坐标系,开始起飞后的飞行控制。

地面测发控系统根据流程,在点火后的某一时刻自动发送紧急关机指令。此刻在正常情况下火箭已飞离塔架并将箭地连接的最后一个脱拔电缆拔开,该指令送不到箭上,对飞行任务没有影响;若因某种原因火箭未能起飞,未能将脱拔电缆断开,则该指令送到箭上后实施自动紧急关机。

上述 8h 工作流程可参见图 6 - 7。

射前 30min 的工作流程可参考图 6 - 8,其中箭上飞行控制软件、地面主控软件和 B 码点火控制软件彼此之间存在着相互影响。图中①～⑧表示的是无法自动处理的故障状态,需要由现场指挥来决策后续如何处理。A 框内显示的是自检处理措施,自检的项目分为强制类和非强制类。强制类检查如果出错,需要现场决策处理;而非强制类检查如果出错,则允许忽略。

2. 零窗口发射

零窗口发射[8]是指要确保按照预先设定的时间起飞。由于火箭从点火到起飞触点接通的时间相对固定,所以按设定的时间起飞等同于按设定的时间点火。

零窗口发射的要求主要是因对入轨精度要求高而提出的。有效载荷的目标轨道相对于惯性空间是静止不动的,地球相对于惯性空间在转动,因此地球上的发射点相对于目标轨道也处在不断变化中,即火箭的初始位置与目标轨道的空间关系是不断变化的。但对火箭而言,其飞行控制必须有一个参照系,

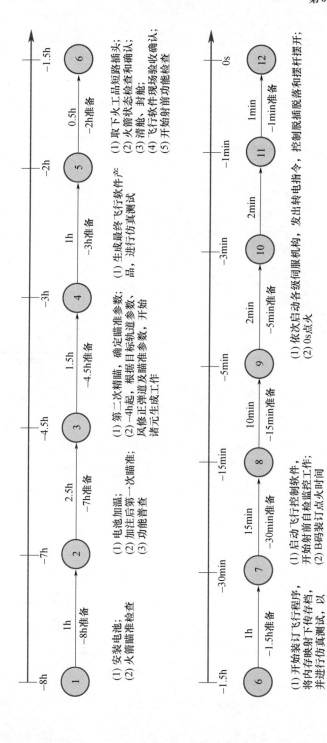

图6-7 射前8h工作流程(示例)

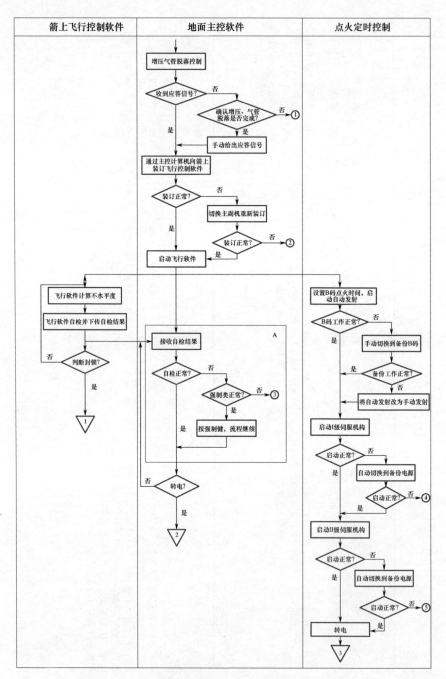

图 6－8　射前30min工作流程(1)

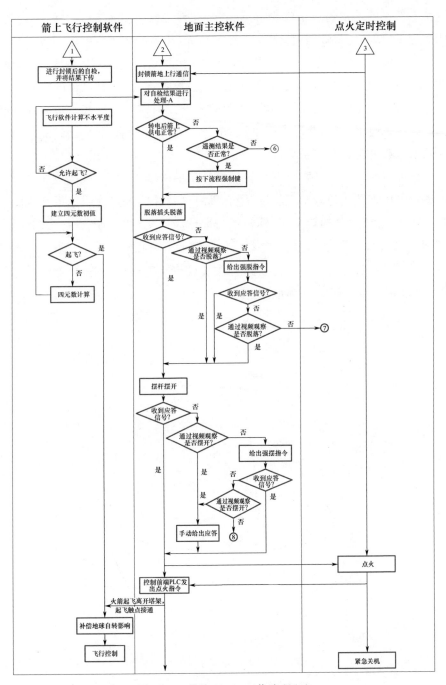

图 6-8 射前 30min 工作流程(2)

这个参照系就是发射点惯性坐标系,在起飞触点接通的时刻建立该坐标系。当确定了发射时间,就确定了发射惯性坐标系,也就确定了惯性空间中目标轨道与发射惯性系的原点,即火箭初始位置之间的相对关系,控制系统的诸元参数就是按照这个相对关系装订的。但若火箭推迟起飞,在这推迟的时间段内地球带着火箭继续转动,起飞时刻重新建立的发射惯性系已经与按时起飞建立的坐标系有了区别,此时火箭按照新的坐标原点和原有的诸元参数去控制,会将有效载荷送到另一条轨道。

未能按时起飞主要影响五个轨道根数中的升交点赤经,该参数在飞行控制的诸元中被转化为升交点经度,即起飞时刻目标轨道与地球赤道交点的经度。显然,随着地球的转动,目标轨道与地球赤道交点的经度也在不断变化。如图 6-9 所示,假设原定起飞时刻目标轨道的升交点经度为 Ω_1,发射点的经度是 Ω_0,则可以近似地认为飞行过程中要转动 $d\Omega = \Omega_1 - \Omega_0$;如果推迟起飞 Δt,地球转动 $\omega \Delta t$,其中 ω 为地球自转的角速度,发射点也转动了相同的角度,此时目标轨道的经度变为 $\Omega_1' = \Omega_1 - \omega \Delta t$。但因为发射点与地球固联,其经度

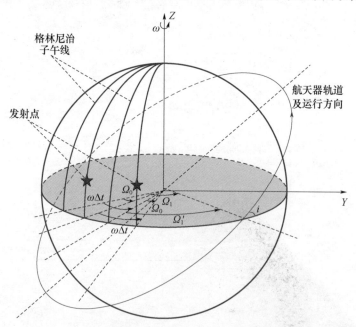

图 6-9　推迟发射对精度的影响

仍为 Ω_0,此时按照装订的诸元转过 $\mathrm{d}\Omega$,其经度为 $\Omega_0 + \mathrm{d}\Omega = \Omega_0 + \Omega_1 - \Omega_0 = \Omega_1$ $= \Omega_1{}' + \omega \Delta t$,而 $\Omega_1{}'$ 才是时间推迟后需要达到的经度,因此误差为 $\omega \Delta t$。

地球的转速为 $0.004167(°)/\mathrm{s}$,当推迟 $1\mathrm{s}$ 发射,升交点赤经的误差增加 $0.004167°$。事实上,任何相对惯性空间的发射均存在类似问题,但如果对轨道面的精度要求不高,例如,假设允许误差为 $0.5°$,则推迟 $1\mathrm{s}$ 的影响几乎可以忽略。但假设精度要求很高,允许误差为 $0.01°$,当推迟 $2.5\mathrm{s}$ 后,其误差已经超过了要求值。

如果充分发挥现有迭代制导技术的优势,在起飞时刻能够利用卫星导航系统或其他附加设备完成起飞时间的准确采集,然后采用箭上自主修正制导参数、生成飞行弹道的方法,可以消除由于起飞时间偏差造成的轨道面误差。利用这一技术可以取消"零窗口"的限制,将发射窗口增大,但增大的范围在很大程度上取决于火箭富余的运载能力。

为实现按时起飞(点火),就必须有精确的定时控制点火,一般采用 B 码授时并控制。它以 IRIG – B 码时统信号作为点火发射的时间基准,将 B 码时间信号转换为继电器触点信号送给控制系统发控台。

3. 发射惯性坐标系的建立

根据加速度表敏感地球支撑力得到的不水平度,是箭体横法向轴相对于大地水平面的角度,由此可以建立发射惯性坐标系[9],箭体初始姿态用四元数形式表示为

$$\varphi_0 = \frac{\pi}{2} + \Delta\varphi_0 \qquad (6-1)$$

$$\begin{cases} q_0 = \cos\dfrac{\gamma_0}{2}\cos\dfrac{\psi_0}{2}\cos\dfrac{\varphi_0}{2} + \sin\dfrac{\gamma_0}{2}\sin\dfrac{\psi_0}{2}\sin\dfrac{\varphi_0}{2} \\[2mm] q_1 = \sin\dfrac{\gamma_0}{2}\cos\dfrac{\psi_0}{2}\cos\dfrac{\varphi_0}{2} - \cos\dfrac{\gamma_0}{2}\sin\dfrac{\psi_0}{2}\sin\dfrac{\varphi_0}{2} \\[2mm] q_2 = \cos\dfrac{\gamma_0}{2}\sin\dfrac{\psi_0}{2}\cos\dfrac{\varphi_0}{2} + \sin\dfrac{\gamma_0}{2}\cos\dfrac{\psi_0}{2}\sin\dfrac{\varphi_0}{2} \\[2mm] q_3 = \cos\dfrac{\gamma_0}{2}\cos\dfrac{\psi_0}{2}\sin\dfrac{\varphi_0}{2} - \sin\dfrac{\gamma_0}{2}\sin\dfrac{\psi_0}{2}\cos\dfrac{\varphi_0}{2} \end{cases} \qquad (6-2)$$

式中:$\gamma_0 = A_0 - A_{发射}$ 为初始滚转角。

根据四元数可直接写出箭体坐标系向发射惯性坐标系的转换矩阵:

$$[\mathbf{A}] = \begin{bmatrix} A_{11} & A_{12} & A_{13} \\ A_{21} & A_{22} & A_{23} \\ A_{31} & A_{32} & A_{33} \end{bmatrix}$$

$$= \begin{bmatrix} q_0^2 + q_1^2 - q_2^2 - q_3^2 & 2(q_1q_2 - q_0q_3) & 2(q_0q_2 + q_1q_3) \\ 2(q_1q_2 + q_0q_3) & q_0^2 - q_1^2 + q_2^2 - q_3^2 & 2(q_2q_3 - q_0q_1) \\ 2(q_1q_3 - q_0q_2) & 2(q_0q_1 + q_2q_3) & q_0^2 - q_1^2 - q_2^2 + q_3^2 \end{bmatrix} \quad (6-3)$$

当采用发射惯性坐标系进行导航时,火箭导航初值(初始速度和位置)可根据发射点坐标(A_0, B_0, H_0)计算,由于坐标原点就在发射点,所以位置初值为0,但速度由于地球自转原因在惯性坐标系下并不为0,此时原点的地心矢径和初始速度可采用如下公式计算:

$$\begin{cases} V_{x0} = \omega_E [H_0 + R_a(1 + \alpha_E \sin^2 B_0)]\cos B_0 \sin A_0 \\ V_{y0} = 0 \\ V_{z0} = \omega_E [H_0 + R_a(1 + \alpha_E \sin^2 B_0)]\cos B_0 \cos A_0 \\ R_0 = \{R_a(1 - \alpha_E)/[1 - \alpha_E(2 - \alpha_E)\cos^2 \varphi_{dx0}]^{1/2}\} + H_0 \\ \varphi_{dx0} = \arctan[(1 - {\alpha'}_E^2)\tan B_0] \\ \mu = B_0 - \varphi_{dx0} \\ {\alpha'}_E^2 = \alpha_E(2 - \alpha_E) \\ R_{0x} = -R_0 \sin\mu \cos A_0 \\ R_{0y} = R_0 \cos\mu \\ R_{0z} = R_0 \sin\mu \sin A_0 \end{cases} \quad (6-4)$$

式中:R_a为地球赤道半径;ω_E为地球自转角速度;α_E为地球扁率。

▶6.2 前端发控系统

考虑到发射安全性,测发控系统采用前后端远距离测发控体制,并在我国载人航天工程中首次得以实施。相应地,测发控系统也分为前端和后端两部分。前端主要为测试控制机柜和电源机柜,电源机柜中安装有各类电源,测试控制机柜中安装有各类组合、模块、模件等。前端设备用于对箭上设备施加控制指令,完成供配电功能、点火和紧急关机控制等;通过网络和通信设备完成箭地之间以及前后端设备之间的信息交互。

6.2.1 逻辑控制/指令电路设计

在发射控制中,逻辑控制电路和指令电路构成基本的组成单元。例如,点火、脱插脱落、增压控制等均由指令控制电路实现,而每种指令的输出均有各种连锁控制条件,在不满足条件时,指令即使发出也无法产生有效输出,这些连锁控制条件由逻辑电路实现。

逻辑控制与指令电路的设计,一般由继电器电路与可编程控制器(PLC)实现。早在20世纪60年代以前,主要是由继电器组完成逻辑和数字量控制。它使用简单、直观,同时还可以实现较大功率的转换。但其应用也存在不方便之处,每一次设计改进都直接导致继电器控制装置的重新设计和安装,不适应现场快速重组等需求,因此在工业控制领域内又发展了PLC技术,用来取代继电器控制装置。在现今运载火箭的中,两种设计均有应用[10-12],尤其在一些大功率的输出控制上,仍普遍使用继电器类产品。

PLC是一种专门为在工业环境下应用而设计的数字运算操作的电子装置,主要用于各种开关量控制、逻辑控制、通信、信号采样等。最为常用的PLC编程语言为梯形图,在对梯形图的逻辑状态求解时,有硬解题(Hardware Logic Solver,HLS)和软解题之分,也称作编译型和解释型。梯形图本身是一种"位"的逻辑运算,HLS是以专用的芯片取代通用的CPU,来进行梯形图程序的求解,而软解题则通过通用处理器完成上述功能。由于通用处理器在位运算方面效率不高,因此,采用软解题若要达到较高的性能,该处理器的性能必须很高才能弥补效率方面的不足,而硬解题一般采用双核的机制[13]:一是通用处理器,主要完成控制功能,负责系统的启动、主程序的运行、状态查询与传输、功能块的运算、中断处理以及IO状态表刷新等工作;二是专用处理器,主要完成梯形图计算。

目前,商用PLC设备一般均采取软解题技术,需要高性能的处理器满足"位"运算要求,体积大、功耗高。因为要散热,难以密封设计。同时部分技术细节,尤其是冗余管理的内容对用户不透明。这些都导致在涉及高可靠和高安全的航天应用领域采用上述商用PLC不是十分适合。硬解题的PLC因其功耗低、体积小、密封设计等特点,适合现代航天领域应用,但需要掌握 HLS 的核心技术。

HLS 处理速度的优势主要体现在以下方面:

(1)专用指令解析速度更快。HLS 针对"位"运算设计了专用指令集,以"与"运算为例,HLS 只用一条指令就可完成,若采用软件解析方式,则包括以下几步,效率比专用指令要低很多:

① 取指令;

② 判断指令类型;

③ 根据字偏移地址计算该元件状态所在字的绝对地址;

④ 根据绝对地址,获取元件状态所在字的值;

⑤ 根据位偏移地址,读元件状态所在字的某一位,作为当前元件的状态;

⑥ 根据当前元件的状态(开或者关)和输入,计算输出("与"计算);

⑦ 将当前元件的输出,写入到相关寄存器。

(2)专用寄存器窗口设计。根据梯形图解析需求定义各种寄存器,如列状态寄存器,采用寄存器窗口的设计,前一列的输出作为下一列的输入,不需要反复访问存储器。

(3)并行操作提升速度。纵向扫描方式适合并行操作,对于典型的位操作,采用专用硬件电路进行多路并行运算。

(4)可靠性设计。不必受制于通用处理器架构,可以进行针对性的可靠性设计,满足高可靠应用需求。

由于继电器控制装置的设计非常成熟,本节重点介绍采用硬解题的 PLC 设计及其应用。

1. 梯形图解析

PLC 编程采用梯形图,但对于梯形图的解析方式有两类:一类是横向的执行方式,这种方式在目标码采用布尔代数和 IL 逻辑的情况下是比较适合的,但编译软件的要求相当高,部分网络在横向扫描中无法支持,对用户的限制相当多。另一种是纵向扫描方式,如图 6 - 10 所示,同一列的'与''或'操作可以在一个指令周期内操作完毕,相当于在同一网络之中是并行执行的,这种扫描方式符合物理的电气图原理,也最适合图的解析,并且对于梯形图的构图(即用户编程)要求很低,基本上可以解析任意的图。

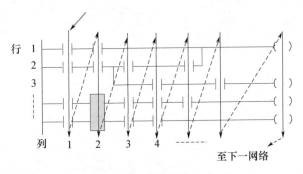

图 6 - 10 纵向扫描方式

梯形图通过编译软件转换成指令码(机器码),编译过程是针对特定编码规则进行的。不同 HLS 设计方的编码规则不尽相同,对于大部分用户而言,可以不用关心这些编码规则,利用设计方提供的编译工具,能够自动将梯形图转换成相应的编码。为了增进对 HLS 工作原理的了解,下面选择一种指令编码进行说明,以图 6 - 11 为例。在这种指令体系中,D15 ~ D13 位表明指令类型,当为'000'时,表明该元件为常开节点'┤├'。D12 ~ D4 为该元件状态字的偏移地址,通过偏移地址加元件状态字的基地址,读元件状态字的值。每个状态字有 16 位,可以表示 16 个元件的状态。D3 ~ D0 用来指示当前元件在元件状态字的位置。一个完整的 HLS 指令集,还应包括常数(Constant)、寄存器(Register)、指针(Pointer)、函数(Function)以及扩展(Extension)等内容,本书只介绍下例中将要用到的部分。

D15	D14	D13	D12	D11	D10	D9	D8	D7	D6	D5	D4	D3	D2	D1	D0	说明
0	0	0	字偏移地址0~512									位偏移地址				-┤├-
0	0	1														-N-
						……										
1	0	0														-( )-
1	0	1	V5	V4	V3	V2	V1	V0	E6	E5	E4	E3	E2	E1	E0	BOC
			或关系						元件状态(该行有无元件)							
						……										
1	1	1	1	Label #0~4095												SON & Label
				功能块												
						……										

图 6 - 11 梯形图指令编码示意图

考虑以下示例(图 6 - 12):

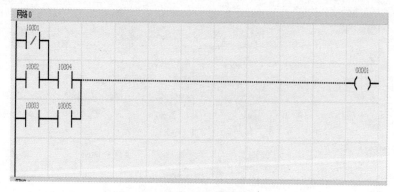

图6-12 简单梯形图程序示例

该梯形图共有3列,编译器将在纵向扫描后形成如下指令码,见表6-1。

表6-1 梯形图程序(图6-12)解释

序号	指令	指令码	备注
1	SON	F00H(1111 0000 0000 0000B)	网络启始码,第1个网络(网络编号从0开始)
2	BOC 1110000	A087H(1010 0000 1000 0111B)	第1列启始码,指示出前3行有元件,同时第1行与第2行元件间有或的关系
3	┤\├ 10001	2000H(0010 0000 0000 0000B)	B接点,读取10001的状态
4	┤├ 10002	0001H(0000 0000 0000 0010B)	A接点,读取10002的状态
5	┤├ 10003	0002H(0000 0000 0000 0010B)	A接点,读取10003的状态
6	BOC 0110000	A106H(1010 0001 0000 0110B)	第2列启始码,指出第2行与第3行有元件,且第2行与第3行元件间有或的关系
7	┤├ 10004	0003H(0000 0000 0000 0011B)	A接点,读取10004的状态
8	┤├ 10005	0004H(0000 0000 0000 0100B)	A接点,读取10005的状态
9	BOC 0100000	A002H(1010 0000 0000 0010B)	第3列启始码,指示出第2行有元件
10	─( )─ 00001	8800H(1000 1000 0000 0000B)	输出00001的状态,00001的地址为2049
11	……	……	……

第1条SON指令,表示一个梯形图页的开始,HLS将第一列元件的输入端全部初始化为1。第2条为BOC指令,表示第1列的起始,通过图6-12中定义可以看出,该指令表明第1列起始码,指示出前三行有元件,同时第1行与第2行元件间有或的关系。第3~5条指令为三个节点指令,根据外部节点10001~10003(继电器、开关等)的状态和输入状态(已经初始化为1),分别计算其输出。第1列指令执行完毕后,HLS根据该列元件"或"关系,一个时钟周

期计算出该列所有输出状态。

第6条为梯形图第2列开始标志,指示出第2行与第3行有元件,同时第2行与第3行元件间有或的关系。第7~8条为两个节点指令,根据外部节点10004~10005(继电器、开关等)的状态和输入状态(节点10002~10003输出状态),计算节点10004~10005的输出。该列执行完毕后,HLS根据该列元件"或"关系,一个时钟周期计算出该列所有输出状态。

第9条为第3列开始标志,只有00001一个线圈,根据输入(第2列第2行输出结果)决定线圈状态。

HLS按照表6-1所列顺序执行梯形图程序,其过程包括解析、执行、写回等,上例很好地诠释了纵向扫描中同一列的并行操作。不同指令编码,其操作均类似。

2. PLC在火箭测发控系统中的应用

PLC因其设计的灵活性,其在测发控系统中的作用大致可以分为以下几类:

(1)控制指令的输出,如配电的接通、断开、转电指令,设备的启动、停止指令等;

(2)时序指令的输出,是控制指令与定时控制的结合,如点火、关机(紧急关机)指令等;

(3)条件控制功能,用于设置各种状态,这些状态往往用于测发控流程中的连锁条件;

(4)状态信号的采样、指示、应答等功能;

(5)模拟量的采样及输出控制功能;

(6)通信功能,前后端的PLC可以直接通信。

同时为了保证发控功能的可靠性,一般要采用冗余设计。

PLC也采用模件及背板(可以没有机箱)连接形式,其典型的配置包括背板(底板)、嵌入式控制器(CPU模块,一般不采用外挂式)、开关量输入模块、开关量输出模块(一般由继电器实现)、模拟量输入模块(配套有调理电路和隔离电路)以及专用的直流电源模块等。下面从配置、冗余设计、工作模式等方面介绍PLC的应用。

1)PLC的配置

针对运载火箭远距离测发控方案,前端和后端PLC的配置可以采取以下几种模式：

（1）模式一——前后端均配置应用程序（梯形图程序）：前端接收火箭的各种反馈信息和后端 PLC 的控制信息，进行逻辑运算，并将计算结果和相应的状态传送到后端；后端 PLC 接收测控人员的指令和前端 PLC 的信息，在逻辑计算之后送显示系统显示并将计算结果和相关指令送前端 PLC。前后端 PLC 都安装应用程序，运算是"本地化"的。

（2）模式二——前端仅为后端的 I/O 映射：考虑到前端设备所处的环境条件较后端恶劣，可以采用简化前端设备的方案，在前端 PLC 中不运行应用程序，仅配置 MAC 地址、IP 地址等；在后端 PLC 中运行逻辑控制程序，前后端的 I/O 模块互为映射。这样前端的各种 I/O 输入在后端 I/O 能同步采样到，后端经运算产生的输出也会同步映射到前端 I/O 模块实现输出控制。

模式一前后端的运算功能均较强大，灵活性较好，但前端的系统设计较复杂。模式二简化了前端设备的设计，I/O 的映射功能由通用处理器完成，可以不需要 HLS 参与。但逻辑运算都在后端，前后端网络通信频繁。

2）PLC 的冗余设计

PLC 故障的最终表现形式主要为短路和开路两种，当两种故障的发生概率和危害程度相当时，采用三冗余设计并通过三取二表决是较为合理的方案，尤其对一些非常关键的信号。

如果短路故障发生概率较大，可以采用串联设计；如果开路故障发生概率大，则可以采用并联设计。若要进一步细化可靠性设计，还可以根据危害程度的不同，综合利用串并联或并串联的措施，采用双冗余设计。双冗余简化了系统，它是建立在某些类型故障发生概率很小或即使发生对系统影响也能承受的前提下，同时对一些关键信号还可以加以必要的连锁条件控制和状态监控。

3）主从工作模式和并行工作模式

双冗余设计有主从工作和并行工作两种模式。主从工作模式中，两个 CPU 模块仅一个产生真正的输出，二者之间通过网络通信进行自检和互检，当主控 CPU 模块发生故障时会自动切换到从模块。由于牵涉到 CPU 模块的诊断，对冗余管理的要求较高。

并行工作方式更为直观简单，如图 6 – 13 所示。

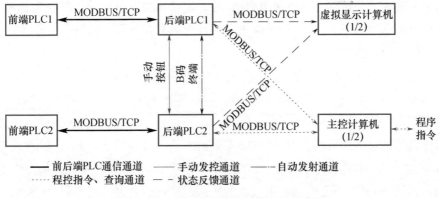

图 6 - 13　双路 PLC 并行工作原理示意图

后端 PLC 采用并联工作方式,主控计算机发出的自动控制指令、B 码点火终端发出的启动指令、人工手动按钮发出的控制指令,均同时送到后端两组 PLC 中,并均映射到前端两组 PLC,由前端 PLC 采用并串联的形式输出各种指令,如图 6 - 14 所示(PLC1、PLC2 表示前端两组 PLC,K1 ~ K4 表示各 PLC 中对应的输出单元)。

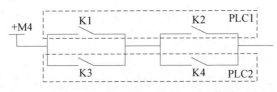

图 6 - 14　PLC 并串联输出示意图

前后端 PLC 的任一 I/O 单元故障,均不会影响系统的功能。但当 PLC 发生将所有单元全置 0 或 1 的故障时(往往因 CPU 故障引起),并串联将不起作用。针对这类故障要采取其他连锁条件加以控制。

具体采用哪种方案,应根据 PLC 的应用场合和对故障模式、故障后果的分析而定。需要注意的是,PLC 确实是用来解决继电器控制装置的不灵活性而采用的,但它也带来了代价,如软件的开发及验证等,这一点在实际工作中应得到充分重视。

6.2.2　供配电功能设计

在绝大部分测试以及发射前的准备状态,箭上设备供电由地面电源提供。

箭上分为火工品母线和设备供电母线,地面电源也按此分类并适当压缩品种。地面电源供电方案有两种,即地面电源直接供电方案和箭上反馈供电方案。

1. 地面电源直接供电方案

地面电源直接供电适用于供电电流相对较小且系统设置了脱落插头的应用场合。由于电流小,在地面电源远端调压(一般为箭上配电器端)为 28V 的情况下,电源本机端的电压不至于很高。由于设置了脱落插头,地面供电电缆可以直接铺设到脱落插头处,脱落插头离箭上用电设备很近,箭上的供电线缆较短,阻抗小;而连接到脱落插头的地面供电电缆可以设计得较粗,从而降低供电阻抗,同时也不会增加箭上电缆的质量。通过这种措施,使得供电线路上的压降较小,同样确保了电源本机端的电压不是很高,从而使地面电源也能够用于地面测发控系统自身的供电。

此外,当模拟转电时,系统使用专用的供电电缆从电源本机端直接连接到箭上电池处,该电缆因此也称作“模拟电缆”。模拟电缆提供的电压是地面电源本机端的电压,由于其仅比 28V 略高,因此也满足转电的供电要求。

但上述设计不是适用于所有场合。例如,为了减化操作,箭地之间取消脱落插头,只在火箭尾部保留脱拔插头,所有地面供电电缆将从箭体尾部一直连到仪器舱。在这种情况下会存在如下问题:

(1)压降较大,导致地面电源本机端电压很高。由于从火箭尾部引至各仪器设备的供电电缆较长,阻抗大,当箭上用电设备的电流较大时,线路的压降就较大。因此为了保证箭上设备用电端电压 28V,地面电源端的电压就会高出 28V 很多,甚至达到 40V。而地面电源同样为测发控设备供电,这给地面设备及元器件的选型带来了不便,会导致其长期处于额定上限电压或超过了上限电压工作,对测发控系统的可靠性不利。

(2)线缆多且重,既影响运载能力,也影响走线用的整流罩设计。为了尽可能降低线路压降,只能加粗电缆,降低线缆阻抗,由此带来了电缆质量的增加,这会影响运载能力。另外,部分电缆走线只能在舱外,需要长排整流罩对电缆进行防护。当电缆较粗时,长排整流罩也较大,除了带来结构安装上的不可靠因素以外,也影响火箭的气动外形,对控制不利。

(3)不同电压状态、负载状态电压变化较大,电压难以兼顾。由于箭地间供电用线缆阻抗较大,随着箭上设备加电过程中负载电流的变化,尤其是惯性测量组合加温电流在初始阶段和稳定阶段电流相差很大,导致地面电源电压变化大,难以保证地面设备供电的稳定性。

(4) 在模拟电缆转电过程中会对箭上设备产生瞬态高压冲击。模拟电缆主要用于模拟转电后的箭上电池供电。当刚转为模拟电缆供电时,由于地面电源的调压点还没有切换,模拟电缆的电压为电源端电压,其电压值远高于28V,会给箭上用电设备产生瞬态高压冲击。只有当电源的调压点切回本机端,模拟电缆的电压才恢复为28V。

鉴于以上原因,可以采用箭上反馈供电方案。

2. 箭上反馈供电方案

箭上反馈供电方案仍由地面电源供电,其调压点设置在箭上,确保箭上的电压为稳定的28V。但地面设备不再直接使用地面电源的输出,而是将箭上供电母线再引至地面为其供电。此时,即使地面电源本机端的电压很高,但地面设备使用的是箭上引下的28V信号,不存在高压使用情况。这种应用的前提是箭上设备的用电量远大于地面设备,其示意如图6-15和图6-16所示。

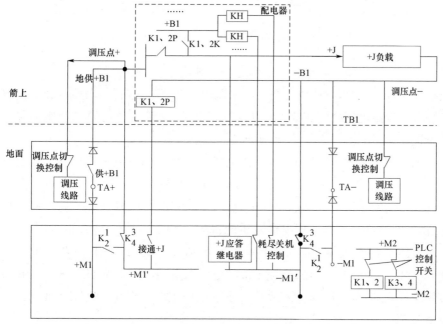

图6-15 供电及箭地控制原理示意图(转电前图)

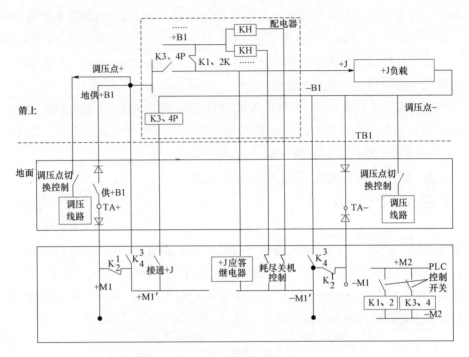

图 6 – 16　供电及箭地控制原理示意图(转电后图)

图 6 – 15 是转电前地面供电示意图。地面电源(M1)通过 TA + 、TA – 两个插头供电,其调压点设置在箭上配电器输入端,保证在任何负载变化的情况下配电器端的电压稳定在 28V。在这种情况下,将箭上稳定的 28V 电源再反馈至地面(标记为 + M1′),供地面测发控设备使用。

测发控系统中箭上供电控制、供电指示等相关的电路需要与箭上设备共用 28V 电源,其他设备可以另用专用直流电源供电,这样使得地面 28V 负载少、电流小,因而箭上引至地面的供电线可以不用很多,其压降就能控制在较为合适的范围内,从而达到电缆减重的目的。另外,上行的电缆也可以减重,因为调压端在配电器端,不管上行电缆粗细,总能保证箭上供电端电压为 28V,只不过上行电缆越细,地面电源的电压越高,但地面电源的电压已不再直接用于地面其他设备供电,因此只要该电压仍在地面电源可靠工作区间内就没有问题。

转电后的供电关系如图 6 – 16 所示。当地面发出转电信号后,箭上电池

(模拟电池)供电,此时存在箭上电池与地面电源并联供电情况,电压高的一方真正带载输出,随之因带载而电压略微下降。当带载后的电压一直高于另一方时,将一直由该电源供电;当带载后的电压略低于另一方时,由另一方带载输出,但其电压也会随之下降,最终两个电源达到平衡。当确认箭上转电好后,地面电源调压点切回本机端,+ M1 电压恢复到 28V。随后继电器 K1、K2 触点接通,地面设备由 M1 和箭上电池供电母线共同供电;然后 K3、K4 触点断开,地面设备仅由 M1 供电。此时 + M1 的电压为 28V,满足测发控设备供电的要求。

转电后,如果由地面发出点火以及紧急关机等信号,由于箭上以光耦接收,电流较小,在地面本机端电压为 28V 的情况下,能够保证箭上可靠录取。

通过这种设计,有效地解决了在箭上设备供电电流较大且箭地之间只有脱拔插头连接情况下的箭上和地面供电问题。但由于存在多个供电母线的汇流点,要十分重视潜通路的分析。

6.2.3　点火及紧急关机控制

不同发动机其点火与关机控制是不同的。对于采用电爆阀门的控制,一般通过引爆火工品来实现阀门的接通或关断;对于采用电动阀门的控制,需要通过给阀门供电或断电来实现状态的转换。前者火工品的引爆是一次性不可逆的,后者要维持供电状态并可转换,因此点火和紧急关机设计也存在两种模式。

1. 由地面实施点火与紧急关机

一般传统火箭采用这种方式[14]。对这类发动机而言,点火或关机控制主要是引爆相应的火工品,为短时一次性供电。以图 6 - 17 所示的点火时序为例。

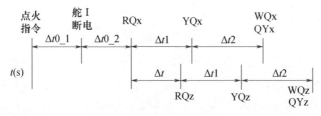

图 6 - 17　典型点火时序

发出点火指令后,间隔一段时间分别断开Ⅰ级伺服机构供电($\Delta t0\_1$)并控制芯级发动机点火($\Delta t0\_2$),芯级发动机点火之后Δts控制助推发动机点火。芯级发动机和助推发动机点火的时序相同,首先打开燃烧剂启动活门(RQ),间隔$\Delta t1s$打开氧化剂启动活门(YQ),再间隔$\Delta t2s$打开涡轮泵启动活门(WQ)和补压活门(QY)。

点火指令由地面B码终端发出,当B码计时到设定的时间时,给出一个开关量信号,后端PLC采集到该信号后,根据点火时序依次发出控制指令,该指令通过网络传送到前端PLC组合,前端PLC组合控制地面时序装置(主要由继电器组成),将指令转换为28V电平信号直接控制箭上时序系统的功率输出继电器。由于点火之前已完成了转电,将由箭上电池输出引爆电流,打开各种活门。地面点火控制借助了箭上电池以及箭上时序系统的功率输出通路,地面只输出控制指令。

以最后一个点火时序为起点间隔一段时间$\Delta t'$后自动发出紧急关机信号。此时,火箭若未能按时飞离发射塔架,没能将箭地之间的脱拔电缆拔开,紧急关机指令将通过该电缆发送到箭上。典型的紧急关机时序如图6-18所示。

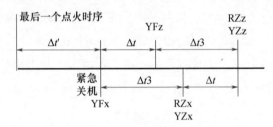

图6-18 典型紧急关机时序

同样,芯级发动机先关机,间隔Δts助推器发动机关机。关机时序均相同,首先发出氧化剂副系统关机指令(YF),间隔$\Delta t3s$后发出氧化剂主系统(YZ)和燃烧剂主系统(RZ)关机指令。

由于未能飞离塔架可能是因箭上控制系统故障而引起的,因此紧急关机不能借助于箭上设备,需要由地面设备独自完成,这一点与点火控制有很大不同。为此,地面配备有专用火工品电源(直流电源,安装在前端),该供电母线通过地面大功率输出继电器、脱拔电缆直接连至箭上相应的火工品,地面大功率继电器受关机时序控制,这一般也由PLC实现。

正常情况下脱拔电缆在点火后、紧急关机前早已被拽开,关机信号发出后送不到箭上。

2. 地面只发出启动指令,由箭上实施点火与紧急关机

低温推进剂的火箭一般采用这种方式。对这类发动机而言,点火与关机的控制主要为对各种电动(液)阀门的通断电控制,需要保持供电状态,不是短时一次性供电。如果由地面点火,箭地分离后就需转换为箭上来维持原状态,从系统设计的角度看略显复杂。箭上点火的另一个优点是可以减少箭地连接电缆。

以某发动机点火时序为例,其时序图如图 6 - 19 所示(箭头向上表示通电,向下表示断电):

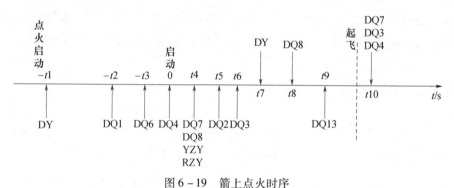

图 6 - 19 箭上点火时序

(1) -t1s,通电关闭电液阀 DY。

(2) -t2s,通电打开电动气阀 DQ1,打开燃料排放阀。

(3) -t3s,地面切换氮气强吹除,同时通电打开电动气阀 DQ6。

(4) 0s,通电打开电动气阀 DQ4,控制气体挤压起动箱,点火剂充填推力室点火路和发生器燃料阀前管路。

(5) t4s,通电打开电动气阀 DQ7,打开液氧主阀;通电打开电动气阀 DQ8,使燃料节流阀处于大流阻状态;燃箱、氧箱增压电磁阀(YZY、RZY)加电。

(6) t5s,通电打开电动气阀 DQ2,打开发生器燃料阀,点火剂进入发生器;燃料换向阀换向,推力室点火路入口由发生器燃料阀入口切换为流量调节器入口。

(7) t6s,通电打开电动气阀 DQ3,打开推力室燃料主阀。

（8）$t7s$，断电打开电液阀 DY，流量调节器开始转级。

（9）$t8s$，断电关闭电动气阀 DQ8，燃料节流阀转为小流阻状态。

（10）$t9s$，通电打开电动气阀 DQ13，泵隔离腔吹除转发动机自带气源；此间火箭正常应起飞。

（11）$t10s$，断电关闭电动气阀 DQ7、DQ3、DQ4，液氧主阀和推力室燃料主阀在液压作用下处于打开状态。

箭上综合控制器（时序控制器）接收到地面发送的"点火启动"指令后，按照上述时间序列完成相应处理。紧急关机也类似，必须箭上能够给阀门断电或加电才能真正起到关机的作用，否则如果箭上保持着某个阀门的供电状态，地面是无法实现关机所需的控制的，即必须由箭上主动实现紧急关机功能。但这也带来了不足，如果箭上时序系统发生了故障无法可靠工作，紧急关机也将无法完成，此时只能强行全系统断电，这将有可能影响发动机的再次使用。

▶ 6.3　后端测发控系统

后端测发控系统主要由发控台、各种指令控制，以及信息显示终端、B 码控制组合等组成，可以实现手动或自动的发射控制与测试。

6.3.1　发控台

发控台是由操作面板、指令控制装置、信息显示终端等多种设备集成的整体。

操作面板主要是各种按钮和开关，用于提供手动操作所需。绝大部分手动操作同样可以自动控制，手动提供了更大的灵活性。这些操作一般包括：

（1）地面电源的遥控启停；

（2）对地面设备的供电与断电；

（3）对箭上设备的供电、断电和转电；

（4）点火、紧急关机以及应急控制等；

（5）对箭、地设备的复位控制；

（6）对电池以及惯性器件的加温控制；

（7）冗余功能的切换，包括地面电源的切换、通信的切换、主控计算机的

切换、B 码控制装置的切换等;

（8）增压控制、各种脱落控制等;

（9）各种测试状态及发射状态的转换控制;

（10）施加测试所需的激励,如模拟耗尽信号、恒流激励信号等。

指令控制装置用于具体执行发控台人工操作的各种指令,它也接收主控计算机的自动测控指令,并将各种指令通过前后端网络传送至前端的执行设备。指令控制装置由继电器设备或 PLC 组成。

信息显示终端一般由计算机组成,采用虚拟显示技术,用于表示各种指令控制设备的当前状态,即该指令是执行了还是未执行,通过采样其反馈来判断。例如,供电是接通还是断开,当前是测试状态还是发射状态等。有时这部分内容也与其他数据一并在多屏显示计算机上显示。

6.3.2 B 码控制组合

为实现按时起飞（点火）,就必须有精确的定时控制点火,一般采用 B 码[15]授时并控制。它以 IRIG – B 码时统信号作为点火发射的时间基准,将 B 码时间信号转换为继电器触点信号送给控制系统发控台。完成这一功能的设备称为 B 码控制组合,一般安放在后端,射前由操作人员设定点火时间。它也可以安放在前端,通过网络在射前前端无人值守的情况下自动设置点火时间。

B 码控制组合发出控制信号的时间基准是接收到的 B 码时间,通过对外部时间 DC 源或 AC 源进行解码而得[16,17],原理框图如图 6 – 20 所示。

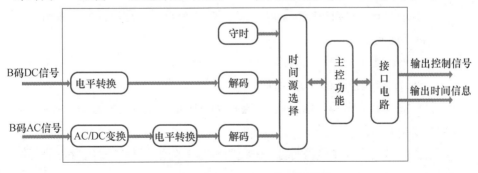

图 6 – 20 B 码控制组合原理框图

其中,DC 源是脉冲信号,AC 源是交流调制信号。当某时刻未接收到 B 码时,以自身的时钟继续计时,称作"守时",并显示 B 码源丢失指示;当 B 码信号又恢复后,重新以 B 码进行计时。

B 码设计的重点是解码。为讨论方便,介绍 DC 源的解码设计。AC 源则首先通过 AC/DC 变换电路,将 AC 信号变换为 DC 信号,进而解码,其原理与 DC 解码原理类似。

DC 源编码如图 6 – 21 所示。

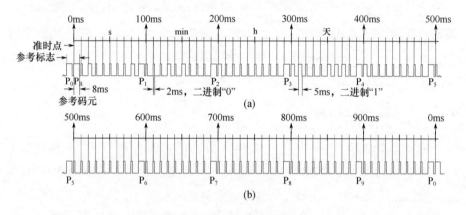

图 6 – 21   DC 源编码示意图

B 码信号每 1s 更新一次,在连续的脉冲序列中,包括以下三个特殊标记:

(1)参考码元:8ms 宽度脉冲;

(2)参考标志:连续两个 8ms 宽度脉冲;

(3)准时点:连续两个 8ms 宽度脉冲,第二个 8ms 宽度脉冲的上升沿;

(4)2ms 脉宽,表示二进制 0;

(5)5ms 脉宽,表示二进制 1。

B 码 DC 解码模块的工作原理:

找出输入直流电源的参考码元:在脉冲下降沿判断脉冲宽度,判断标志为脉冲宽度为 8ms;

根据参考码元找出参考标志:在参考码元下降沿判断与上次参考码元时间间隔,判断标志为间隔为 10ms;

在参考标志的基础上找出准时点并根据参考码元解出时间信息。B 码解码流程图如 6－22 所示。

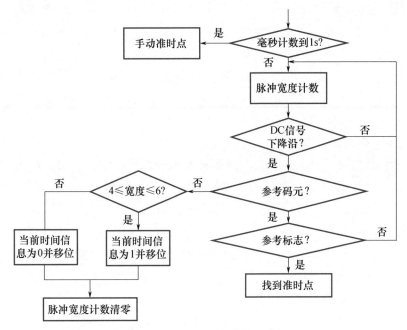

图 6－22　B 码解码流程图

从 B 码原理可以看出,其传输的是秒信息,如果要完整地解出"天 - 时 - 分 - 秒"需要 400ms 时间,此时离整秒点的时间偏差已达 0.4s,用这个信号进行时间控制显然不满足要求。为此,实际采取的是在上一个整秒点解码后用自身定时器计时,以防下一个整秒节点丢失;如果信号丢失,则当定时到下一个整秒点时,直接将前一秒信息加 1 后输出,其精度取决于 B 码自身定时器的精度;如果收到下一个整秒节点,则先将前一秒点信息加 1 后输出,然后解码,再用解码后的时间信息对当前时间信息重新赋值,依次反复进行。

6.3.3　计算机的功能分配

除了发控台以及 B 码控制终端以外,后端设备主要为各类计算机,这些计算机按功能分为主控计算机、数据处理计算机、监控计算机、数据判读计算机等,监控计算机根据其处理数据后表现形式的不同,也称作虚拟显示计算机或状态监视计算机。

1. 主控计算机

主控计算机主要完成测发控的各种流程控制,如飞行程序和诸元的装订,录取箭载计算机下传的自检结果,启动相应项目的分系统测试或总检查测试,终止测试等,它也接收更高一级指挥系统的流程启动指令。在主控计算机的屏幕上重点显示当前工作的进程、实时测试结果以及相应设备的状态,如网络连接状态,VXI/PXI/PLC 工作状态等。

2. 数据处理计算机

数据处理计算机用于将录取的各种测试数据进行解析、处理、判断、分发和存储。在数据量大、实时性要求高的情况下,数据处理计算机可采用实时操作系统。它也负责与其他电气系统的数据交互。

3. 监控计算机

监控计算机从大量的测试数据中筛选出表征箭上和地面设备工作状态的关键参数进行显示,包括:

(1)分系统测试结果;

(2)总检查时序动作指示及时间精度的显示;

(3)连接状态的显示;

(4)加电状态的显示;

(5)运行状态的显示(类似设备的"心跳"信号);

(6)连锁条件状态的显示,如"摆杆摆开""有效载荷准备好"等;

(7)重要单机的初态显示,如惯性器件在静置状态下的输出、不水平度解算结果,时序系统的初态等;

(8)电源参数的显示,包括电压、电流、频率等;

(9)伺服机构重要参数的显示,包括舵反馈信号、液压系统的压力信号、电动机的转速等;

(10)贮箱压力信号的显示;

(11)漏电检查指示;

(12)加温温度指示;

(13)设备累计加电时间等。

4. 数据判读计算机

用户可利用数据判读计算机对所有测试数据进行浏览,提供原始以及经解析的数据,这项工作一般是测试结束后离线进行的。自动判读系统一般也安装在该计算机中。

随着计算机功能的增强,上述的分工也不绝对,例如:在监控计算机中也可提供对当前工作进程的显示,这可以让更多的参试人员了解工作进展情况;在数据处理计算机中也可以对一些数据边解析边判读。但从功能上看,上述四类基本涵盖了后端计算机的所有需求。

▶ 6.4 箭地监控及前后端网络通信

◿ 6.4.1 箭地通信

前端设备还必须与箭载计算机进行通信,完成程序和诸元的装订、接收自检结果、控制软件的启动运行等工作,在分系统测试阶段,还要控制箭载计算机配合完成测试工作并接收测试数据。前端设备和箭机的通信一般采用两种模式:当存在较大数据监测量时,采用 LVDS 技术进行通信;当数据量较少时,也可采用 RS – 422 通信。为保证可靠性,通信系统采用整体双冗余备份工作方式,当一套通信系统故障时,切换到另一套系统工作。

采用 LVDS 技术的箭地通信拓扑结构如图 6 – 23 所示。图中:上行通信(即前端设备发送数据至箭载计算机)采用并行发送的方式,即同时将数据送至箭上三冗余的计算机;而下行接收(箭载计算机发送数据至前端设备)采用独立通路。借助于 LVDS 技术,可以提高通信速率。

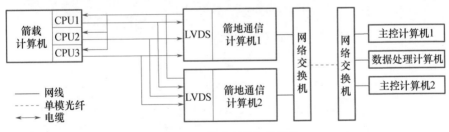

图 6 – 23 箭地通信拓扑结构

采用 RS – 422 通信方式的原理框图如图 6 – 24 所示。

考虑到运载火箭箭地连接电缆较长,一般不采用 1553B 总线通信方式。

图 6-24 RS-422 通信示意图

6.4.2 前后端统一网络系统

测发控系统采用前后端体制,前后端的设备之间通过网络连接,即前后端的设备均连至网络交换机,前后端网络交换机之间通过光纤连接[18-20]。该网络不仅仅用于控制系统的发射控制,所有系统将共用该网络,图 6-25 示例了一种方案,分别由远距离测发网络平台、指挥监控设备、数据服务设备和网络

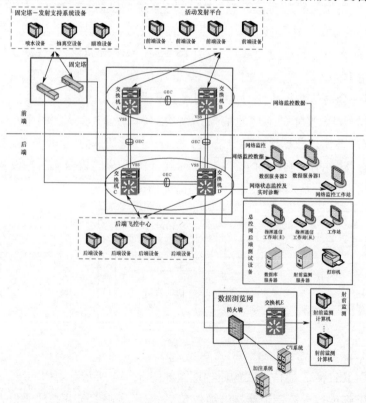

图 6-25 前后端统一网络系统配置

监控设备组成统一的前后端网络系统。

远距离测发网络平台由四台主干网交换机、若干台固定塔交换机、远距离光纤和浏览网络交换机和防火墙组成,为各个系统的远距离测发控提供网络接入和信息交互平台,实现各系统前后端设备之间信息的远距离传输和系统之间的信息共享传输。

指挥监控设备主要包括指挥通信工作站、射前监测服务器和辅助决策工作站等,实现火箭测试进程发布和各系统地面测发控信息收集和显示,并可实现系统间的信息交互和数据处理。

数据服务设备主要包括数据库服务器、射前监测工作站等,提供火箭测发数据的射前监测、历史浏览和数据打印服务,并提供与发射场 C3I 和加注系统之间的接口功能。

网络监控设备主要包括数据包获取服务器、网络监控工作站等,完成网络设备状态监控、测发控信息通信状态监控等功能。

以下重点介绍网络平台以及系统间的接口。

1. 网络平台

网络平台的组成如图 6 - 26 所示。图中 SWA、SWB、SWC、SWD、SWX、

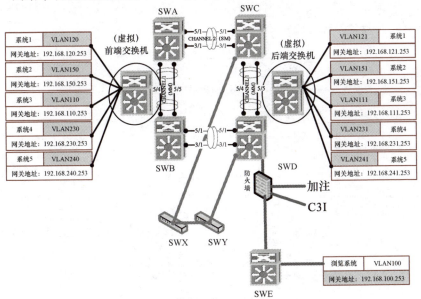

图 6 - 26　统一网络平台原理框图

SWY 和远距离光纤组成主干网,SWA、SWB 为前端交换机放置在活动发射平台上;SWC、SWD 为后端交换机放置在后端测控中心;SWX、SWY 放置在固定塔内。浏览交换机 SWE 通过防火墙接入主干网,为信息发布和数据浏览提供硬件接口;发射场 C³I 系统和加注系统通过防火墙与主干网相连。

采用静态路由实现各系统信息传输路径设计。按照测发控网络拓扑结构,事先设计好多条静态路由路径,按照优先级排列保存在网络交换机配置文件中。当网络的拓扑结构或链路的状态发生变化时,网络交换机会按照事先设计好的静态路由指令找到正确的路径。

为提高可靠性,采用了交换机–主干链路–网络端口的冗余设计,实现了整个通信链的冗余。主干网交换机采用 VSS 协议,其中 SWA、SWB 互为冗余,SWC、SWD 互为冗余。主干网交换机之间的光纤链路采用千兆以太网技术,将两条物理链路捆绑成 1 条逻辑线路来使用,实现负载均衡模式下的冗余设计:一方面提高传输带宽;一方面消除了传输链路的单点故障模式。各系统上网设备采用 IP 地址绑定技术,将同一设备的两块网卡捆绑成 TEAM 连接到互为冗余的交换机上,实现网络端口的冗余设计。当网络交换机、连接交换机光纤(光缆)、连接设备网线出现故障时,通过配置网络协议特有的算法实现快速收敛,其收敛过程如图 6 – 27 所示。

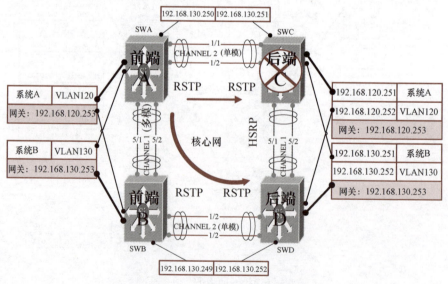

图 6 – 27　网络快速收敛过程示意图

正常情况下,交换机 A 和交换机 C 完成系统 A 的前后端信息通信,当交换机 C 出现故障而宕机时,RSTP 中的收敛算法快速计算出另外一条信息通道,即交换机 A→交换机 B→交换机 D,同时 HSRP 协议将备份路由器交换机 D 激活成为活动路由器,系统 A 默认网关也随之切换到交换机 D 上,实现信息通道的快速切换。网络收敛时间控制在 1s 以内,满足零窗口发射任务要求。

2. **软件接口与射前监控**

统一网络系统与各分系统的软件接口主要是指挥通信工作站与各系统测控工作站的接口。指挥通信工作站向各系统测控工作站发送指挥口令,接收各系统的指挥回令,并接收、转发、保存各系统的上网数据,其组成框图见图 6-28。

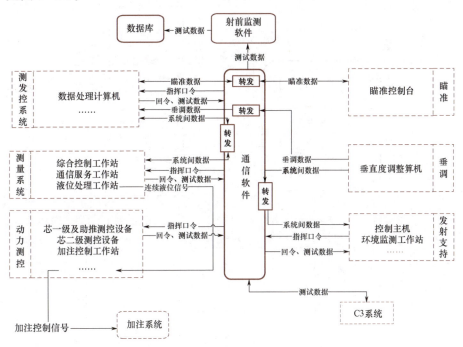

图 6-28 统一化网络系统软件接口图

统一网络系统还用于火箭射前关键参数实时监测[21],历史信息浏览,数据存储、转发,历史数据访问服务以及大屏投影等,运行在射前监测服务器和数据库服务器上。射前监测软件包括数据中心、数据源通信、人机交互客户端三个模块,其中客户端与数据中心采用 TCP 通信,具体见图 6-29。射前监测

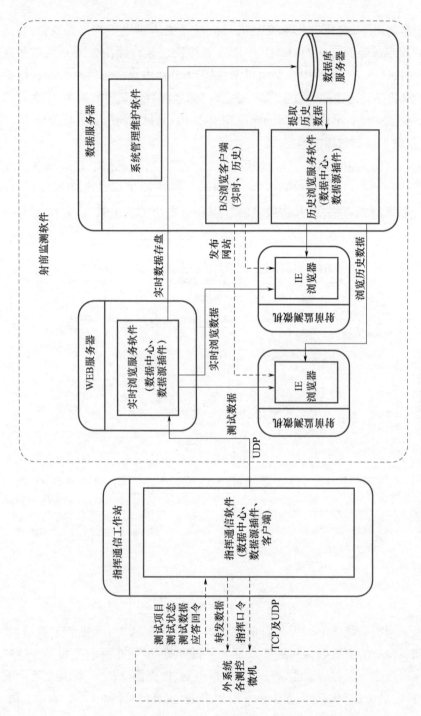

图6-29 射前监测软件体系结构

软件需提供多用户浏览服务,以 B/S 网站的形式发布并下载至每台浏览微机中,用户打开浏览器(启动客户端)时,选择连接射前监测软件或历史浏览软件的数据中心。

6.5　地面测发控系统软件

地面测发控软件是测发控系统的重要组成部分,与硬件一并完成测发控的功能。随着地面设备产品化的发展,硬件组成和配置基本相同,由软件来实现不同的测试发射控制功能。

与箭上软件相比,地面测发控系统的软件代码量更大,其集成测试的难度也在增大,因此,关于测发控软件,一直以来也在研究能否借用硬件标准模块的思路,软件也实现标准化的接口设计,从而实现快速的集成与应用,甚至即插即用。为此,美国 Goddard 任务服务评估中心(GMSEC)提出了一种地面软件系统的标准体系架构,将各个系统彼此之间的信息流统一用 API 和软件中间件来管理,从而形成类似于"软件总线"的概念,该技术瞄准于未来 SLS 的地面系统软件的集成应用。本章主要介绍传统的设计方案,有关地面软件标准体系架构的研究可参考相应文献[22,23]。

地面测发控系统的软件众多,尤其是测试设备高度集成和智能化之后,嵌入式软件的数量显著增多,如 B 码控制组合中的嵌入式软件、各种测试模件中的软件等,因此要完整地对整个软件系统进行描述是一项内容繁多且非常困难的事。鉴于此,本章从系统的角度阐述主要软件配置项之间的关系,并重点对地面测发控软件特有的关键技术进行介绍。

6.5.1　组成及功能

表 6 - 2 列出了测发控软件的主要组成和功能,不同的型号会略有差别。

上述统计的是在全自动化测试和发控过程中彼此之间有信息交互的系统级应用软件,是最基本的典型配置。在这些软件中,前 8 项是所有测试现场均会配套使用的软件,由于在靶场采用垂直测试模式,惯组和速率陀螺等安装在箭上不再转动,因此靶场测试没有转台测试项目,故第 9 项一般配置在综合实验室和总装厂房。

表6-2 测发控软件的主要组成和功能

序号	软件名称	软件功能
1	主控计算机测发控程序	地面测发控系统实现流程控制与测试的核心,由它控制PLC及测试系统完成测试发控流程控制、数据采集、判读并将测试数据及判读结果送数据处理计算机进行数据显示;同时通过数据处理程序与外系统交换控制命令和测试数据,也可以接收总体流程控制命令
2	后端PLC发控程序	处理主控计算机发来的发控指令及发控台上的手动发控指令,并将这些指令进行逻辑判断后输出,完成测试发控系统的加电、断电、加指令、转电、点火等一系列操作
3	前端PLC发控程序	接收后端PLC发控程序逻辑运算结果,直接进行状态输出
4	数据处理程序	将控制系统的测试数据及状态信息存储并分屏实时显示在多个显示屏上,并能对测试数据进行打印、回显等操作;同时将测试数据通过网络送到总体网,并负责总体网与主控计算机之间流程控制指令的传递
5	测试程序	接收主控计算机的测试命令,控制测试机箱完成相应的数据采集、加指令、时串测量等工作,并将采集到的数据送回到主控计算机。一般测试系统采用标准总线设计,如VXI或PXI测试系统等
6	箭地通信程序	与箭机进行LVDS、RS-422通信,完成飞行程序装订及数据接收工作
7	虚拟显示程序	接收发控台PLC、地面电源等送来的数据,将这些数据,主要包括地面电源状态(电压、电流)、地面系统工作状态(发射、测试、供电接通等)等,用图形化的方式进行显示
8	电源控制程序	监测电源的电压、电流、频率等状态,并将结果送到虚拟显示计算机进行显示
9	转台控制器程序	接收主控计算机的转台控制指令,控制各种转台,如惯组转台、速率陀螺转台等按要求进行转动

上述软件的数据流关系参见图6-30。测控人员通过发控台按钮或主控计算机的人机交互来施加各种命令。当测试时,测试指令由主控计算机软件①发出至测试程序⑤,由VXI/PXI设备完成主动测试工作。当测试工作需要箭上设备配合时,如由箭载计算机录取信号或发出控制指令,箭机中要装订箭载计算机程序,这由主控计算机软件①控制箭地通信软件⑥完成,箭地通信软件⑥负责箭载计算机中软件的装订和测试结果的回传,并同时将结果传送至

数据处理软件④。数据处理软件④还接收主控计算机软件①转发而来的测试程序⑤的测试结果,与外系统交换测试数据和测试流程,并将上一级测控指令转发给主控计算机程序①。数据处理程序④在处理数据的同时,也做一些必要的数据显示,并将数据分发给判读计算机,供测试人员浏览数据和判读。

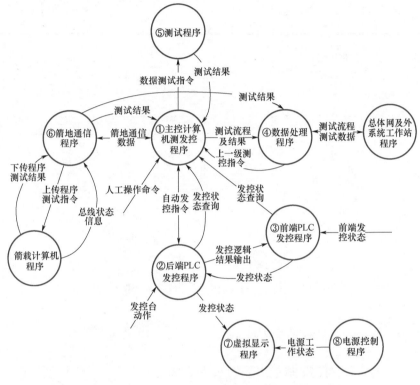

图 6 - 30　测发控软件间的数据流(靶场测试状态)

当发射控制时,直接操作发控台上的按钮,或者由主控计算机软件①自动实现,后端 PLC 发控程序②接收发控指令,通过网络传送到前端 PLC 发控程序③,由其完成最终的执行。当前端有人值守时,也可由前端控制人员直接操作。各种发控的状态经采集后传送到虚拟显示程序⑦,电源控制程序⑧传送的前端地面电源状态也一并显示。

实际的测发控系统,其软件的数量远大于此,以上仅是主要功能的介绍。从图 6 - 30 也可以看出,各个软件之间的通信信息、通信接口均有较大的差异。当软件数量较多时,系统集成联试的工作量很大,这也是 GMSEC 希望实现地面软件接口标准化的主要原因。按照其思路,未来的地面软件体系架构将如图 6 –31 所示。

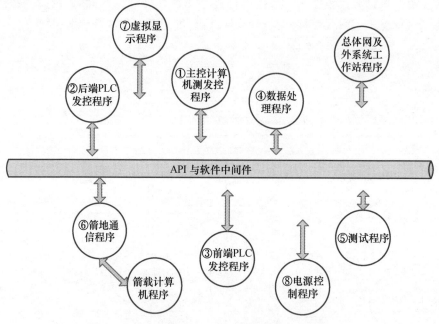

图 6 – 31　基于 API 与中间件的软件系统体系架构

✍ 6.5.2　软件的可靠性设计

针对地面测发控软件的功能特点,本节从七个方面对软件可靠性设计进行简要说明,这些可靠性措施是从具体应用层面提出的,相关软件可靠性设计的共性技术可参考其他资料文献[24 – 27]。

1. 多版本设计

多版本设计是避免软件共因失效的有效手段,但它也带来了系统设计的复杂性,尤其在需要指令输出同步以及软件状态和分支多的场合。但对路径单一且主要按顺序执行的程序,或者不同步产生的时间误差远小于系统要求值的情况下,可以采用多版本设计。在测发控系统的软件中,点火和紧急关机的软件就属于此类,它也是安全性等级较高的软件,因此可以采用该技术。此外,当确实因可靠性要求而要采用该技术时,可以将核心功能拆分出来形成独立的配置项,以简化软件的设计,当然硬件可能也需为此调整。

2. 信号采集

（1）静态测试时施加激励后延时以确保信号稳定,在稳定阶段采样信号;

（2）在施加激励后,除了检测应该有响应的确有响应以外,也应检测不应有响应的确无响应,以避免漏检;

（3）对模拟量的信号采样采取一定的滤波措施;

（4）对状态信号的采样采取连续周期判断、多数表决的措施;

（5）对采样值进行合理性判断;

（6）对有先后时间关系信号的采样,设置"允许采样"限制,避免因信号耦合干扰等而影响对下一信号的准确判断。

3. 数据通信与交换

（1）无论底层硬件采用何种协议,在应用层均要设计可靠的通信协议;

（2）对重要信号采取应答式的通信控制模式;

（3）对无应答的通信或数据交换,软件要设计循环队列,避免前一通信数据未被取走而被后续数据替代;

（4）在异步通信的情况下要考虑读写缓冲设计,避免读写同时进行的冲突;

（5）当采用查询方式进行通信时,通过查询标志字以及设置定时退出等措施避免故障下的死循环;

（6）采用"信号灯"进行数据交换时要避免互锁状态;

（7）避免大段的数据传输,应划分成多个小段逐段传输,设置故障下的出错重发以及再出错报警等机制,以提高故障下的处理时效;

（8）避免通信过程被其他高级中断打断,尽量保证通信数据一次写入缓冲区,如用单周期指令写入的数据不会被打断;

（9）每帧数据都带有时标,以保证在任何情况下只要是录取到的数据均有意义。

4. 状态输出控制

（1）对于有严格时序要求的状态控制信号,在输出指令后要对自身输出信号进行回采,并对被控设备的响应进行回采,确保该指令正常执行才进行下一步;

（2）优先选用电平输出控制，在功耗不受限制条件下可以一直保持有效，或尽可能延长信号有效时间，尽量少用沿触发；

（3）以应答作为下一步控制的起点，避免硬件响应时间的差异造成潜通路，消除硬件的相关性。

5. 故障处理

（1）故障情况下要有明显的指示并提供人工介入操作的控制，可决定中止、忽略还是继续；

（2）详细故障信息与实时报警可分在不同任务等级中完成，在实时性要求高的流程中只报警，详细信息存在后台或由联网的查询终端查询而不影响主流程的进行；

（3）关键参数与报警参数要区别对待。

6. 与实时性计时相关的操作

（1）选择与操作系统以及 CPU 无关的可控的计时系统。在地面计算机的运行中，有些计时指令是与 CPU 的主频相关的，但计算机为了散热等原因，会适时地降低工作频率，导致计时不准。因此，计时应选择与其无关的指令系统或外部可信不变的基准源。

（2）不在非实时性操作系统下处理有确定时间关系的指令。非实时操作系统由于其不确定性，不能用于有确定时间关系的指令设计。解决的措施大致可以分为两类：一是在非实时操作系统中增加实时内核，用该内核参与控制；二是采用上下位机的设计，在下位机中采用实时操作系统。

（3）避免利用高级语言中指令的执行时间来进行计时。一条高级语言往往会编译成数条汇编码，在不同状态下执行时间可能会不同；许多编译器或 CPU 存在指令预取功能，使得指令的执行时间更不确定；编译过程中不同的优化选项也会导致目标码各不相同，这些都导致了执行时间的不确定性。

7. 对冗余系统的测试

（1）为保证测试覆盖性和实时性，地面软件应设置相对独立的并行处理程序与箭上冗余系统对接，如多线程技术等，避免用单个程序对冗余部件进行串行处理。

（2）对冗余部件各种信息的处理，要考虑到箭地软件自身的不同步，开辟足够容量的缓冲区，确保即使无法实时响应也不会丢失数据。

（3）当存在由地面启动箭上三冗余控制的操作中，为避免因微小的不同步导致箭上两机进入下一状态且同时撤除同步控制信号，从而造成另一部件因三冗余条件不具备而始终停留在原状态的情况，各种同步控制信号应维持足够长的时间，或者将各冗余部件的状态转换作为反馈应答，在确认状态均转换后同步控制信号才撤除。

6.5.3　流程控制语言和脚本文件

为便于在现场灵活地调整和重组各项工作进程，提高软件的可靠性和重用性，也是为了提高系统的适应能力，针对测发控系统研制一种专用的测试语言，这种需求一直很强烈。例如，NASA最早尝试了"验收测试或发射语言"（Acceptance Test or Launch Language, ATOLL），在此基础上发展为"地面操作航天语言"（Ground Operations Aerospace Language, GOAL）[28]，具有类似人类自然语言的语法和相关运算，用于对测试及发射控制命令的编排等。在此之后，出现了众多不同名称的用于测试与发射控制的语言，如"系统测试与操作语言"（System Test and Operation Language, STOL）[29]，"空间站操作语言"（Space Station Operation Language, SSOL）[30]，以及接口控制系统公司开发的"空间飞行器命令语言"（Spacecraft Command Language, SCL）[31]等。欧洲也有类似的研究成果，例如，"飞行器控制与操作系统Ⅱ：操作语言"（Space Control and Operations System Ⅱ：Operation Language, SCOSⅡ OL），其目的是系统工程师可以根据需要编辑、测试、验证和安装由操作语言编写的脚本，而无须软件支持工程师的介入[32]。上述这些语言在很大程度上是采用定制的方式，其通用性和使用的广泛性均有不足。随着各种商用货架产品的涌现，采用脚本文件进行任务的编排，并利用商用软件进行编译和执行，逐渐成为一种主要的模式，文献[33]提出了"增强和改进设计的脚本语言"（Enhanced and Redesigned Scripting, ERS），并指出脚本语言对飞行控制操作等非常有效，与地面系统可以很好地集成，提供包括流程控制功能在内的多种功能，并采用C#或Visual Basic作为编程语言。

我国每一种运载火箭均有一套完全独立的测发控系统和软件，在发射现场的所有操作和测试流程均是固定的，不存在临时更改的情况，因此对这种语言的需求并不强烈。至载人运载火箭，由于发射现场排查故障需要临时更改测试流程,逐渐认识到测试流程与测试软件分离的便利性,于是开始采用流程控制语言和脚本文件[34]来设计测发控软件。流程控制语言用于对软件的运行状态进行调度,并按照一定语法规则对这些调度进行描述,以利于应用时解析使用;将各种调度的描述汇总在一份文件中,称为脚本文件。随着产品化以及软件重用度需求的增加,这种方式将逐渐成为测发控软件设计的主要技术途径。

为适应这种设计,一些测发控软件被封装成具有标准接口的最小程序单元,主控软件通过解析脚本文件中的描述,按次序完成相关程序单元的调用,以满足本次测试或发控的特殊需求。脚本文件可以事先考虑到测发控过程中各个工作项目的所有组合,确需临时变动时也可以授权对其增补。为方便现场操作,脚本文件采用文本方式进行编辑。而在国外一些介绍中,已经开始提供图形化的界面用于设计脚本文件,并扩展到面向 Web 的脚本语言,从而有利于跨平台的应用[33]。

这种设计方法增加了软件的适应性,例如测发控系统需要逐一实现对箭上设备的加电,假设"加电 1"是对惯性器件的加电控制,"加电 2"是对箭载计算机的加电控制,"加电 3"是对所有时序系统控制器的加电控制,"加电 4"是对伺服子系统的加电控制,每一类加电控制都由同样的程序单元来实现,只是控制参数不同以适应不同的加电需求。遵循流程控制语言的语法,对上述加电类进行编码,并按一定的顺序存储在脚本文件中。加电时,主控软件调用该脚本文件,根据语法规则解析这些编码,逐一完成各种加电控制。但有时测试并不需要所有设备均加电,例如时序系统测试时仅需"加电 2"和"加电 3"的控制,此时可以修改脚本文件,增加一条仅含上述两类加电控制的编码,测试时调用该编码即可。

下面简要介绍针对我国运载火箭的测发控需求而采取的一种设计思路,有关其技术细节可参考文献[34]。根据上述思路,测发控系统最小程序单元的功能至少包括自动加电、自动断电、设置状态、查询状态、测试控制、处理测试数据、通信等,而工作项目必须涵盖分系统测试、匹配试验、总检查、发射等需求。

在分析完各种最小程序单元后,选用一种语法来描述各种操作,每个操作在脚本文件中被视为一条记录,脚本文件就是由 N 个记录(随测试要求的改变会有增减)组成。每个记录用于独立描述一个测试或发控操作,每个记录定义有多个域,各个域用来说明操作的具体要求,其内部的格式可参见图 6-32。

每条记录需要多少个域以及每个域的具体含义可根据需要进行定义,这种定义代表了脚本控制语言的语法。

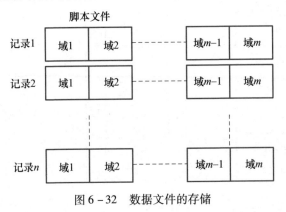

图 6 - 32　数据文件的存储

不同操作类型,域的长度和定义可以不同。例如,可以将每条记录的"域1"定义为操作标识码:

(1) 操作标识码 0,表示测试数据处理类,后面的域分别代表计算函数、参数等;

(2) 操作标识码 1,表示测试程序控制类,后面的域表示测控模件数据结构中对应的各个元素;

(3) 操作标识码 2,表示通信类,后面的域主要满足测试过程中 RS - 422、RS - 485 这一类串行通信的要求,PLC 的 SRTR 通信要求,TCP 网络 UDP 层的通信要求等。

使用时主控软件首先加载脚本文件,将所有描述均调入计算机的堆空间中,再用一个指针数组按次序指向每个记录,形成索引。数据文件加载原理见图 6 - 33。

文件加载成功后,生成了一个存储工作项目编号的数组或链表,每一个工作项目(如分系统测试的第 i 项、第 1 次总检查中的加电项等)均由多个记录组成,用于控制该项测试所有的操作及数据处理等。用户可以按任意组合的方式输入项号,主控程序查找到对应项号的记录,按顺序解析并执行。定位搜索方法采用顺序查找,从文件头按顺序遍历全部记录,找到第 1 个记录的位置,并记录索引头,同时找到该项的最后一个记录位置,记录操作总数,传给文件解析函数进行解析。

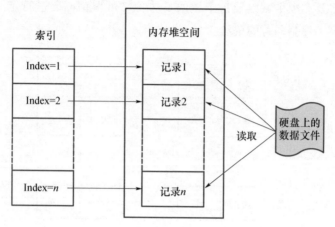

图 6 – 33 数据文件的加载

用脚本文件控制测试发控流程的方法,使测试发控软件的程序代码量相对减少,数据量相对较大,对提高软件可靠性有重要意义。更重要的是,如果需要改变测试内容,只要增减脚本记录而不用修改程序代码,对软件的开发速度和维护效率有重要意义。借助于这种灵活的描述方法和实现途径,增加不同类型的脚本信息,集成新的解析功能,可以满足不断扩展的测试和发射控制要求。

⊿ 6.5.4 射前诸元生成及质量保证系统

飞行控制软件装订诸元两千多个,对发射卫星而言,所有诸元参数均能在火箭发射前约 1 个月确定,在靶场设计人员将对这些诸元进行大量的测试。但对于交会对接任务,与入轨(飞船)和瞄准有关的诸元参数要在射前 4h 才能得到,传统人工生成诸元的方式无法满足实时性的要求,因而需要一套既能快速生成诸元,又能具备诸元质量保障功能的系统。

诸元的生成实际上是将各种原始参数编译成飞行软件能够识别和使用的目标码,这一过程本身并不需要太多时间。但为了确保数据生成是准确的,需要对原始参数与生成的目标码进行各种比对,并结合飞行软件进行多种状态的测试,同时还要根据质量管理要求,对射前测试结果进行分析汇总,作为最终软件产品交付的依据。

利用该系统,通过现场配置或加载预置好的各种单项及组合的干扰或故障仿真配置文件,可以方便地实现对飞行软件(含诸元)的测试覆盖,通过多种状态的数学仿真和一次到两次半实物仿真,使更改诸元的测试覆盖率达到100%。另外,通过定制的文件模板并自动收集测试数据,可以快速自动地生成测试报告,节省编写报告的时间。

该系统不仅在射前发挥作用,在其他靶场测试阶段,利用其自动配置测试用例和自动汇总报告的优势,可以开展无人值守全自动的 24h 连续半实物仿真测试,大幅度提高了工作效率。

1. 诸元种类及其生成流程

诸元就是飞行所需的各种参数,诸元转换就是将各种原始参数转换为飞行软件所需要的格式。控制系统的诸元主要包括以下内容,见表 6 - 3。

表 6 - 3　飞行控制软件诸元参数

序号	类别	内容
1	制导参数	物理常数、状态描述诸元、关机量和关机时间诸元、摄动制导诸元、迭代制导诸元、初始对准诸元、组合导航诸元、惯组冗余管理诸元
2	姿控参数	速率陀螺补偿系数、网络增益、程序角滤波网络参数、导引参数、校正网络参数
3	惯组参数	当量及误差标定参数
4	总体参数	飞行时间以及相应速度分量、位置分量、俯仰程序角、偏航程序角、瞄准参数、目标轨道参数
5	综合参数	允许关机、定时关机等时间参数

上述诸元参数分为两类:一类在发射前 1 个月能够确定,包括制导参数、姿控参数、惯组参数、精确弹道等;另一类在射前 4h 才能得到,主要是目标轨道参数(发射飞船)以及瞄准参数等。

系统瞄准方案与使用的惯性器件相关。对平台而言,在瞄准时,通过给平台加矩,可以使台体转动让瞄准棱镜严格对准射面,而理论射面是提前预知的,所以平台控制时准直方位不需要作为诸元进行装订。而捷联惯组固连安装于箭体,只能转动箭体才能使棱镜严格对准射面,当火箭燃料加注以后,不可能大角度或频繁转动箭体,只能将实际的火箭瞄准方位装订于飞行控制软件中,在起飞后,通过控制箭体滚转,使其对准射面。考虑到燃料加注过程可能影响到箭体瞄准角度,因此该参数会在射前重新通过瞄准测量而获得,具体包括瞄准仰角和准直方位角。

对于交会对接任务,为减少轨道调整所需的燃料,飞船的目标轨道需随目标飞行器轨道的变化而调整,装订时间越接近发射时刻,因预报造成的误差就越小。通过射前 4h 装订,可以消除 1 个月前预报结果的误差。目标轨道根数包括近地点高度、远地点高度、近地点幅角、轨道倾角等。

由于上述数据临射前数小时才能够获得,因此,控制系统诸元须采用两次生成的方式,制导姿控参数和标准弹道较早获得,可以提前转换并进行大量的测试。临射前得到瞄准参数和目标轨道参数后生成最终诸元,可开展针对性的测试。

诸元生成的流程一般包括如下过程,如图 6 – 34 所示。考虑到飞行软件采用高级语言编程,诸元生成后要进行一次逆变换,以检查转换是否正常。诸元生成后,要完成 1~2 次半实物仿真试验和多种状态的数学仿真试验,合格后形成正式的飞行软件。上述过程一般采用自动方式来实现。

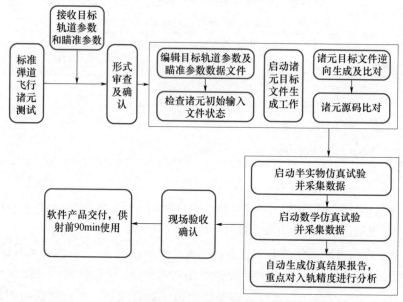

图 6 – 34　诸元生成流程

2. **诸元生成系统的硬件/软件设计**

诸元生成系统硬件设计的重点是半实物仿真功能,其组成见图 6 – 35。

诸元生成系统的设计可以参考飞行控制软件的仿真测试平台。通过仿真计算机仿真箭体运动模型的,仿真的结果要转换成飞行控制软件运行所必需

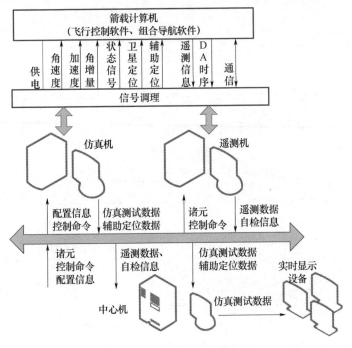

图 6 - 35　诸元生成系统

的物理信号输入到箭载计算机中,同时仿真软件也需要采样飞行控制软件输出的姿态控制信号等,因此需要一套接口模拟设备或者称之为信号调理模块。飞行控制软件的运行结果通过遥测接口录取用于分析,为此配置一台遥测处理计算机,该计算机可同时兼顾程序和诸元的装订等工作。在此基础上,配置一台计算机作为仿真机和遥测机的上位机,对这两台计算机进行统一管理和调度,并利用上位机提供诸元的编辑、编译、比对、人机交互等功能。

在图 6 - 35 中,中心机作为人机交互的上位机完成指令的发送、数据的收集和显示,仿真机用于运行箭体仿真程序,遥测机用于接收遥测信号,飞行软件运行在箭载计算机中。如果是数学仿真,仅在仿真机中进行运算。信号调理模块用于模拟飞行控制软件所需的各种输入信号,并接收/采集软件的输出信号。

根据上述硬件设计,软件功能也划分为中心机软件、仿真机软件和遥测机软件,软件框架如图 6 - 36 所示。

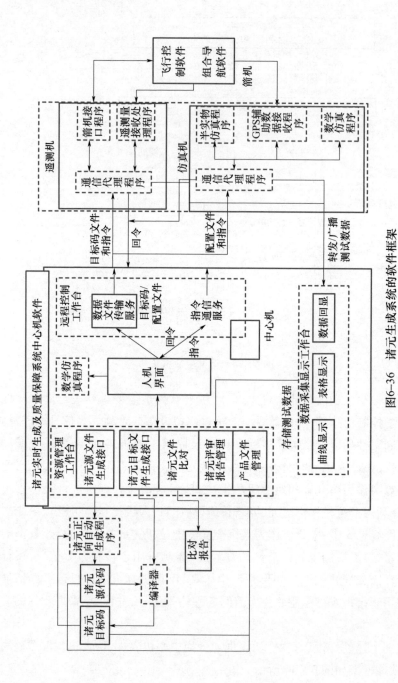

图6-36 诸元生成系统的软件框架

中心机软件的重要工作是诸元正向自动生成(从原始参数转换为软件需要的参数),编译诸元目标文件(从源代码转变为目标码),对诸元文件进行比对,生成诸元评审报告等,上述功能集成在一起,通过统一的资源管理工作台来统筹管理和调度。由于诸元正向自动生成、诸元编译等软件是安全性等级较高且相对独立的软件,因此资源管理工作台可以通过进程调用方式来调用上述软件,这有利于质量管控。资源管理工作台同时具备对过程中的各种文件,如原始数据文件、诸元文件、配置文件、比对报告等进行管理的能力。

由于中心机是仿真机和遥测机的上位机,因此可以将对这两台计算机的配置和控制功能集成为远程控制工作台,完成数据文件传输服务和指令通信服务。通过通信代理程序对遥测机和仿真机的程序进行远程控制,如发送控制指令、获取回令、下载配置文件和目标码文件、接收并存储采集到的数据等。通过通信代理程序较大程度上保证了各个计算机软件功能的独立性。

中心机软件的第三个功能是对采集到的数据进行显示,这部分功能集成为数据采集显示工作台。

仿真机上运行半实物仿真程序、数学仿真程序、GPS 辅助数据接收程序,分别完成半实物仿真功能、数学仿真功能、GPS 辅助定位数据帧接收等功能。

遥测机上运行箭机接口程序、遥测量接收程序,分别完成飞行控制软件装订和遥测量录取。这些软件可以与仿真测试平台中的软件采用产品化设计思路,通过通信代理程序来适应不同的应用。

在上述工作中,诸元比对是确保诸元生成正确与否的重要质量控制环节。诸元比对的目的,是将目标码逆向生成源码,并与初始文件进行比对,以确认诸元编译的正确性。诸元文件逆向生成及比对的流程如图 6-37 所示。

目标码逆向生成必须利用 map 文件和变量模板文件,通过分析 map 文件得到目标码数据段的所有变量或数组的基地址,再通过分析模板文件的变量类型获取每个变量或数组的大小,然后进行具体目标码内容的抓取工作。每抓取一个目标码内容,就将其内容转成高级语言源码中常用的十进制码内容,直到目标码分析完成。然后通过分析源码内容,以变量名和" = "号为标准,用逆向转换出来的十进制码内容匹配变量名,生成新的源码文件。

在此基础上进行比对,逐行比对逆向生成的新源码文件和原源码文件。以模板文件中的变量名和" = "符号为准进行分析:如非浮点类型,直接比较赋值的大小;如是浮点类型,就进行以'.'为准的切词分析,配合用户指定的误差率,实现'.'前后内容的误差分析。如在误差内认为相等,反之认为不等,并标记有偏差。一个变量或数组的比对分析以查找到';'为结束,若遇见注释则全部过滤。如果比对没有偏差,则说明诸元生成正确;如果存在偏差,则要继续查找原因。

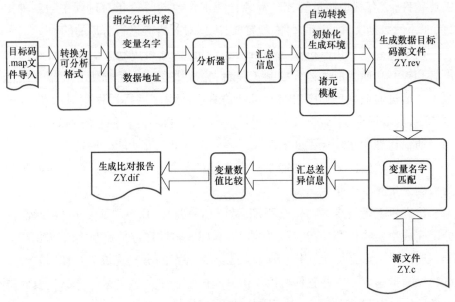

图 6 - 37　诸元比对流程

设计该系统,通过自动的诸元生成和数据比对,可以保证诸元生成的快速性与正确性;通过自动收集数据和定制文件模板,可以实现现场软件验收报告的自动生成。该系统同时具备发射准备阶段有人或无人值守的数学仿真以及半实物仿真的功能,既确保质量,又提高工作效率。

6.5.5　用户界面自动生成技术

图形用户界面是软件的窗口,是用户操作软件并获得反馈的媒介,并且随着信息技术的发展,用户不仅对软件的功能提出了更高的要求,同时对软件界面的美观程度、界面的可定制性等方面也提出了更高的要求。

软件图形用户界面一般采用开发环境提供的辅助设计工具、硬编码或两者结合的方式实现。采用辅助设计工具实现图形用户界面,开发者需要掌握的技术细节少,界面布局方便直观,但是对控件功能扩展和定制困难,而且定制和调试的成果不易重用,调试维护困难。采用硬编码实现图形用户界面,开发者可方便地对控件进行扩展或定制新控件,而且一些设计优秀的控件也可重用,但相应的开发者需要掌握大量的技术细节,并且界面布局困难、编码量大、开发周期长。在实际应用中,设计出美观、风格一致的界面还需要开发者具备一定的美术功底,能熟练应用图片编辑软件,更加大了软件用户界面的开发难度。

用户界面自动生成技术将有利于本问题的解决。该技术以控件、容器和布局三元素对软件用户界面进行抽象。

1. 控件

控件是对界面上在功能和逻辑上具有独立性的可视元素的抽象,每个控件都具有一组属性和可以执行的动作,例如界面上一个独立的按钮可以抽象为一个控件,两个相关的按钮也可以抽象为一个控件。

2. 容器

容器是界面上容纳一组在功能或逻辑上相关控件的窗口或面板,是一种特殊的控件,例如可以将显示某设备相关参数的控件放置在一个容器中,在需要时令该容器及其内部控件显示,不需要时令该容器隐藏,每个容器可包含任意多个控件和子容器。容器也可以是抽象的,没有相应的可视界面元素,仅用于对控件进行分组。

3. 布局

布局元素实现控件与某一容器上某相对位置的映射,并建立控件与容器的从属关系和相同位置上不同控件的叠放关系。任一应用程序的界面可由一个主容器及其中包含的若干子容器和若干控件构成。

图形界面的生成过程如图 6-38 所示。

控件接口和容器接口对图形界面元素或其组合进行包装,控件接口提供了访问控件属性的方法、定义控件动作的方法和创建控件实例的方法。容器接口定义了界面控件包中每个容器对外提供的管理其子控件的方法,如插入一个控件、删除一个控件或查找一个控件。由于容器是一种特殊的控件,所以每个容器必须同时实现控件接口和容器接口。一般地,容器的创建方法除了

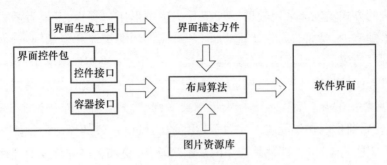

图 6 - 38　用户图形界面自动生成过程

创建其自身的实例以外,也创建其包含的子容器和子控件的实例。布局算法在程序启动时对以 XML 形式存储的界面描述文件进行解析,动态创建程序的图形界面。

1) 界面描述文件

界面描述文件按如下方式描述和定义一个图形用户界面:

(1) 定义主容器,包括主容器的容器类型、主容器的属性、主容器包含的子容器和子控件以及子容器和子控件在主容器所辖区域的布局信息。

(2) 定义主容器所包含的子控件,包括子控件的控件类型、子控件的属性。

(3) 定义主容器所包含的子容器,包括子容器的容器类型、子容器的属性、子容器包含的子容器和子控件,以及这些子容器和子控件在该子容器所辖矩形区域的布局信息。

(4) 按上述方式,完成该界面描述文件所需定义的所有容器和控件。

2) 界面布局算法

界面布局算法以界面元素库和界面描述文件为输入,以程序的图形用户界面为输出。具体步骤如下(图 6 - 39):

(1) 按照界面描述文件中的将要使用到的控件类型,从界面元素库中抽取主容器类型的描述并创建其实例。

(2) 根据界面描述文件中的布局信息确定主容器的位置坐标,使用主容器坐标设置方法设置其位置坐标,使用属性设置方法设置其属性。

(3) 遍历主容器的子控件和子容器,创建子控件和子容器的实例,按照界面描述文件中关于该子控件或子容器的控件属性描述设置其属性,设置动作响应的方式,确定子控件或子容器位置坐标并设置。若创建的是子容器,则在创建子容器后,向下遍历其子控件。若主容器的所有子控件和子容器都遍历完毕,则整个图形用户界面生成完毕。

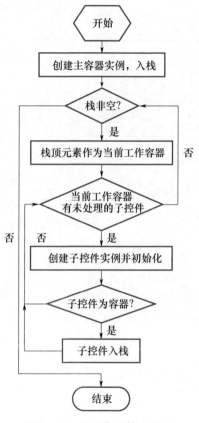

图 6 – 39　界面布局算法流程

3)界面自动生成工具

界面自动生成工具提供可视化的界面编辑功能,能使程序员采用鼠标拖拽的方式,所见即所得地配置出需要的用户界面,其主要生成产物为界面描述文件。图片资源库包含航天测发控软件界面常用的图片资源,以不同的界面风格进行分类组织。在界面自动生成工具中配置生成界面的风格后,由该工具自动从图片资源库中抽取相应的图片,在工具中以预览的方式呈现,并且复制到生成产物所在文件夹,与生成的界面描述文件共同作为界面布局算法的输入。

图 6-40 为采用这种技术生成的界面示例。

图 6-40　用户界面示例

⚔ 6.5.6　软件的测试

地面软件的规模很大,尤其涉及多个系统。以 NASA 新一代飞船(MPCV)与运载火箭(SLS)任务地面"命令与控制"软件为例[35],其完整的联合测试的系统简图如图 6-41 所示。

图中除了最左边的三个方框以外均是传统的火箭与飞船联合测试的示意,该测试涵盖了整个任务中发射控制操作人员、任务控制操作人员、飞行乘组等的操作内容;而最左边的三个方框是为独立评估而增加的内容,新增了来自制造与测试领域的专业操作人员。无疑,组建上述系统进行软件测试代价较大,在许多情况下甚至出现了依靠系统测试来验证软件的情况。为此,NASA 研发了"地面系统开发与操作工具"软件(GSDO),采用系统建模技术,

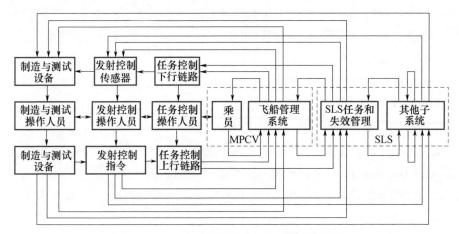

图 6 - 41　地面软件联合测试系统组成框图

建立起各个软件的系统级模型,然后利用该工具进行验证。应该说,这是一种对复杂系统间的软件接口与协议进行测试的有效手段。而各个子系统的软件测试,随着系统规模的缩减,软件的“模型”将逐渐由真实的程序或代码替代。由此可见,地面系统的软件测试是分级进行的,每级测试关注不同的重点。

地面发射系统的软件在整个地面系统软件中只占一部分,在完成与飞行器等系统顶层测试的基础上,需开展自身“子系统”级的测试,一般采用系统建模和真实代码相结合的混合测试方案,即被测的软件是真实代码,而与其关联的软件可以用建立的“模型”来替代。在展开具体方案介绍之前,首先回顾一下软件测试技术。

1. 常用的测试技术

·软件测试的分类在 2.2 节已经进行了介绍,本节略作展开[36 - 39]。

白盒测试是一种结构测试(structural test)或基于代码(code - based)的测试,测试者通过分析源代码获取的信息设计测试用例,能够在不插桩的情况下对软件运行的情况进行较为详细的检查。被测软件对测试方而言是“透明”的,并能够较为方便地获取测试覆盖率的信息。

白盒测试对高级语言的应用有特殊意义。用高级语言编写的飞行软件,目标代码的语句和分支与源代码并不具有一一对应的关系,这使基于源码的结构覆盖分析不能有效地反映在目标代码测试上的覆盖情况。即使源码的语句、分支和 MC/DC 覆盖率都达到了 100% ,目标码中仍可能有部分指令和分支跳转未被执行,如编译策略引起的结构变化、未使用的库函数等。若要检测这些在测试中未执行的目标码语句和分支跳转,一般只能通过白盒测试实现。

对白盒测试而言,设计测试用例似乎并非难事,因为白盒测试的环境能够动态执行被测程序,测试中软件的运行过程能够被"观测"到,这些信息可以反馈用于测试用例的设计,从而方便地统计源码级和目标码级的测试覆盖信息并增补测试用例。理想的测试是达到 100% 的路径覆盖,但穷尽所有路径的测试需要大量的测试用例,因此也很少用路径覆盖率来评价测试,有时用分支覆盖率(Branch Coverage)和语句覆盖率来等效说明。但这两种覆盖率不能完全反映软件的整体逻辑关系,因此又有其他覆盖率作为补充,如布尔操作覆盖率(Boolean Operator Coverage)关注于 OR、AND、NOT 等运算,关系操作覆盖率(Relational Operator Coverage)关注于" < "" > "" = = "" > = "" < = "等运算,循环覆盖率(Loop Coverage)关注于 FOR、WHILE、DO – WHILE 等循环操作,此外还有 MC/DC 覆盖率指标等。这些都是为了弥补无法 100% 路径覆盖的情况。

黑盒测试是一种功能测试(functional test)或基于需求的测试(specification – based),测试者重点关注软件的功能,即考核软件在给定的条件和输入信号下,产生何种输出,这些功能是从需求提取的,无须详细研究代码。这种测试一般在目标机上进行,无法跟踪每条语句的执行。

黑盒测试只能从被测软件对外的输出信号来判断软件的运行情况,所以难以给出覆盖率的信息。由于无法了解软件的详细设计、代码及其内部结构,如何设计黑盒测试用例就成为一项需要重点研究的内容。理论上,黑盒的测试用例设计应紧紧围绕需求和任务书来展开,如果需求和任务书描述得较为清晰,例如采用了形式化语言的描述方法,则可以借助于工具自动生成用例[40]。一些智能算法,如遗传算法,也用于测试用例的自动生成[41],按照这种理论,首先选择一组输入数据,并对软件的响应进行评估,以使软件的性能指标恶化或设计余量减少为目标作为遗传和杂交的标准,测试出软件的极限性能,这也认为达到了黑盒测试的目的。此外,对测试的有效性还要进行评估,这往往是基于模型的[42],与白盒测试的覆盖率统计有很大不同。

灰盒测试的目的是期望弥补上述二者的不足,即为了简化测试用例设计工作,适当了解软件的详细设计等内容,从而使得测试用例更有针对性。灰盒测试使得两种测试技术的界限不再那么明显。在这种测试方案中,被测软件将在目标系统上运行,通过监测处理器地址线和数据线的信号,结合对软件代码的分析或软件插桩的情况,判断被测软件运行的分支,从而得出测试覆盖率的统计。

地面测发控软件中,仅涉及发射控制的软件其安全性等级较高,并且嵌入式软件的数量较少,大部分软件运行在 Windows 平台下,无论白盒测试还是黑盒测试,均不需要重新对运行环境建模,可以直接采用其工作平台,并且大都采用黑盒测试技术,因此本节具体介绍地面软件的黑盒测试技术。

2. 测试系统总体方案

地面测发控软件主要工作在网络环境下,因此可以根据各个软件配置项之间的耦合程度,将多个软件组合起来一并测试,这在某种程度上也简化了测试环境(平台)的设计。图 6-42 给出了一种应用示例,图中主控计算机、数据处理计算机、虚拟显示计算机这几部分之间软件配置项的耦合度较强,因此一起测试。而方框外的软件配置项,可以建立起相应的模型集成到测试平台(环境)中。

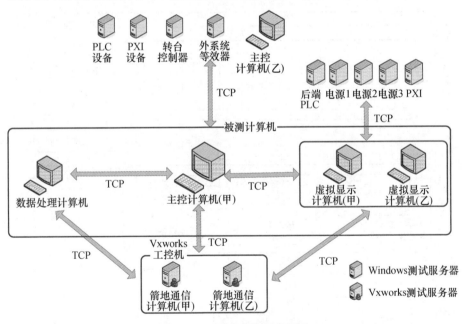

图 6-42　测试系统组成框图

测试环境以通用化、组合化的原则设计,能模拟多个不同的设备,设备建模的基本要求如下:

（1）以服务端程序的形式运行在 Windows 或者 Vxworks 平台上,其监听端口可以修改。

（2）每一台测试服务器上可以部署一(多)套(台)模拟设备系统,分别绑定不同的端口。

（3）测试软件模拟真实设备的网络通信收发包,可以双向(命令响应)和单向(单发或单收)方式发送,并且可以配置数据包发送的方式,如正常发送、延迟发送等。

（4）被测软件向模拟设备发送的数据,将以十六进制的形式记录原始值,并以可读文本形式保存和显示解析内容。

（5）模拟设备提供界面满足各种网络通信需求,如单次/连续发送数据包,异常数据包的模拟等。异常类型包括帧头异常、帧尾异常、数据区长度异常、校验和异常和自定义异常。

根据上述需求,可以设计如图 6–43 所示的测试框架。

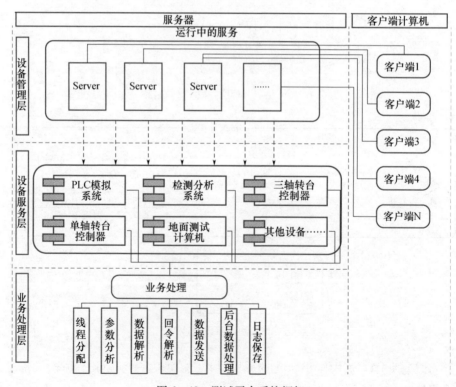

图 6–43　测试平台系统框架

除了上述的基本要求以外,不同设备建模有特定需求,主要归纳如下。

1)地面测试计算机的功能模拟

测试计算机一般采用 VXI 或 PXI 等体系结构,但软件测试中主要模拟其数据网络通信功能,其数据的内容、数据量、通信方式等与各型火箭所采用的测试方案相关,其具体要求如下:

(1)能够模拟各种分系统测试项目的数据,如点名自检结果、模/数信号等,并且方便测试数据的更改。

(2)模拟测试计算机本身的日志保存、日志显示功能。

2)各种转台控制器的模拟

(1)模拟转动规律的设置及应答(成功/失败),并能将转动规律以图形化的方式显示。

(2)模拟各种控制指令的交互,例如,当收到"开始转动"命令后,转台进入"转动中"状态;当收到"停止转动"命令后,进入"转动结束"状态;当接收到"电气寻零"时,自动进入零位状态。

(3)提供转台状态显示功能,包括"就绪""未就绪""转动中""转动结束""转台位置"等,并且可以根据测试的需要修改当前位置和状态回令值。

(4)提供默认时间设置功能。当收到"开始转动"命令后,系统按照默认时间进行倒计时,倒计时结束后停止转动。

3)PLC 设备的功能模拟

主控计算机与 PLC 设备采用标准的 MODBUS/TCP 协议通信,一问一答的形式,主控计算机向 PLC 发送命令并接收回令,从而完成一次查询或者发控操作,其要求如下:

(1)模拟各个 PLC 点位的开关量状态(0 或者 1),点位初始值、个数、名称、地址、后续变化值、复位等均可配置。

(2)提供界面以直观方式显示各个点位查询地址状态(0,1)并存储在测试数据文件中。

(3)界面提供修改点位状态功能,即打开、关闭功能。

(4)支持两套 PLC 设备同时工作,每套 PLC 包括一个发控点,一个后端输出查询点和一个前端输入查询点。正常情况下,查询点的状态和发控点的状态一致,可强行设置不一致。

(5)模拟一个发控点置位或复位多个查询点的情况。

(6)支持单点查询和批量查询模式。

(7)支持手动断开客户端连接功能,通过客户端连接列表强制断开某个客户端的连接。

4)箭地通信计算机功能模拟

(1)支持文件接收和发送功能,包括通信正常和异常状态的模拟。

(2)支持分系统测试对箭上采样数据的模拟与发送功能,并且可以方便地根据测试需求进行更改。

5)地面电源系统功能模拟

(1)提供中频电源变频器的电压、电流、频率、转速以及寄存器状态查询功能,提供各参数设置功能,在测试过程中能够根据需要修改参数值。

(2)提供主机电压、主机电流、副机电压、副机电流、主机工作状态、副机工作状态设置功能,其状态值能够修改。

测试平台中的数据分析系统可以直接借用型号的配套软件。

3. 集成测试环境

将模型集成到测试平台中,并提取各种公用功能,形成包括数据模拟、数据修改、通信模拟以及信息显示等功能的集成化测试环境,该测试环境由服务程序、分析程序、解包程序、响应程序、日志程序、日志文件、响应内容文件、管理工具几部分组成。

1)服务程序

每个设备的入口是服务引擎,主要提供 socket 服务监听,并对接收到的数据进行分析,根据配置文件中的配置调取相应的业务模块进行回令处理,同时通知 UI 模块进行界面显示的相关操作。此模块的主要特点如下:

(1)多线程管理。当客户端与服务器建立链接后,通过独立的线程进行处理,在客户端断开前,此线程一直保持通信状态,为客户端提供相应的回令反馈服务。当有新的客户端与当前设备建立链接时,启动新的线程,对新连接提供服务。对 UI 界面的处理同样通过单独的线程提供服务,这样保证回令业务处理与界面显示的独立性。

（2）多 IP 绑定。服务引擎提供多 IP 绑定功能,满足测试计算机两个 IP 绑定、单轴转台系统三个 IP 绑定等多 IP 的需求,多个 IP 采用不同线程服务,保证服务的稳定独立运行。

（3）客户端管理。对链接到当前设备的客户端进行统一管理,可以方便查看客户端的 IP 地址、端口号信息,并提供手动断开客户端连接等功能。

2）UI 功能显示

针对不同的设备,根据其显示功能要求,设计独立的 UI 界面,UI 界面与回令数据处理模块通过公共通信模块进行数据通信,保证界面处理与回令处理的独立性,如果 UI 程序出现异常,不影响回令数据的发送,客户端仍然可以得到正确的回令。

3）回令数据处理

socket 服务接到数据包后,启动新的线程,直接将数据传给回令数据构建模块,依次进行原始包保存、CRC 校验、数据包解析、回令包构建、异常模拟、封帧、回令数据发送等工作。

4）后台数据处理

后台数据处理主要包括不同设备的一些特殊处理操作,如转台功能和箭地通信模拟等。通过后台处理可以避免对正常回令数据发送的影响,同时也保证此类特殊处理操作的准确性,尤其涉及毫秒级处理的操作,独立的模块线程能保证时间更精确。

5）日志保存

系统提供程序处理过程中,每个阶段详细的日志保存功能,从客户端建立链接,到客户端断开链接,整个处理过程中主要的日志保存项目包括客户端链接信息、原始数据包、参数分析结果、数据包解析内容、回令包构建信息、回令发送结果、客户端断开信息、异常信息等。为了提高回令数据的反馈效率,日志保存操作在回令数据发送完成以后再进行。在每次保存日志时判断日志文件的大小,如果日志文件超过 10MB,日志模块会自动新建一个日志文件,以保证日志模块的执行效率。

6）通信约定

网络通信模拟双向（命令/响应）或单向通信,例如双向发送数据包流程如图 6 - 44 所示。

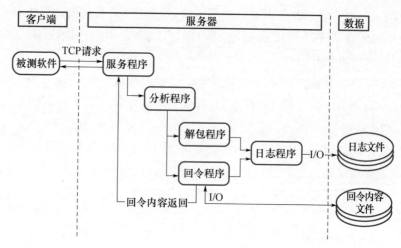

图 6 - 44 双向发包流程

参 考 文 献

[1] 徐延万. 控制系统:下册[M].//导弹与航天丛书-液体弹道导弹与运载火箭系列. 北京:中国宇航出版社,1992.

[2] 宋征宇,张磊. 中国运载火箭测试技术的发展与展望[C]//首届国防科技工业试验与测试技术高层论坛论文集. 北京:中国计算机自动测量与控制技术协会,2007:15 - 18.

[3] 张磊. 载人航天运载火箭地面测试发射控制系统[J]. 导弹与航天运载技术,2004 (1):34 - 37.

[4] Kania K, Hill J. The application of software safety to the constellation program launch control system [R/OL]. (2011 - 02 - 08)[2011 - 02 - 23]. http://ntrs. nasa. gov/archive/ nasa/casi. ntrs. nasa. gov/20110005533. pdf.

[5] Lougheed K, Mako C. Kennedy space center's command and control system: "Toasters to Rocket Ship"[C]. //NASA Project Management Challenge. Long Beach: USA, Feb. 9 - 10, 2011.

[6] Clarke S C. Overview of avionics and electrical ground support equipment [R/OL]. (2011 - 01 - 04)[2011 - 05 - 05]. http://ntrs. nasa. gov/archive/nasa/casi. ntrs. nasa. gov/ 20110011032. pdf.

[7] 任江涛,蔡远文,同江. 运载火箭测试发射流程构建与评估方法[J]. 导弹与航天运载技术, 2008(6):4 - 7,12.

［8］周建平．空间交会对接技术［M］．北京,国防工业出版社,2013.

［9］宋征宇．高可靠运载火箭控制系统设计［M］．北京:中国宇航出版社,2014.

［10］Mark M, Shelly E. Advances in ground operations for the next generation space launch vehicle programs［C］// Proceedings of the 3rd International Conference on Engineering, construction, and operations in space, May 31 – Jun4 4,1992,Denver, CO, USA. New York：American Society of Civil Engineers,c1992:1557 – 1566.

［11］Paul Giangarra, Bruce Semple. A COTS（Commercial off the Shelf）Based Approach to Plug – and – Play Launch Control System［C］//4th IEEE International conference on Space Mission Challenges for Information Technology, August 2 – 4,2011, Palo Alto, USA. Washington, DC:IEEECS,c2011:152 – 158.

［12］Nail W, Scheuermann P, Witcher K. The use of programmable logic controllers（PLC）for rocket engine componet testing［R］. AIAA, AIAA Paper 91 – 2403.

［13］宋征宇．基于硬解题的 PLC 设计及其在测发控系统中的应用［J］．航天控制,2012, 30(5):78 – 82.

［14］万文明,张煦．火箭发射中的紧急关机研究［J］．宇航学报,2002,23(4):52 – 56.

［15］国防科学技术工业委员会．B 时间码接口终端通用规范:GJB 2991A—2008［S］．北京:国防科工委军标出版发行部,2008,6.

［16］陈永胜．基于 FPGA 的 IRIG – B(DC)解码器的设计与实现［J］．无线电通信技术, 2014,40(1):93 – 96.

［17］聂浩．IRIG – B(AC)码解调技术浅析［J］．飞行器测控学报, 1997(1):1 – 5.

［18］余力凡,张磊．运载火箭测发控网络设计［J］．航天控制,2008,26(4):68 – 74.

［19］张晨光,陈闽慷,王刚．运载火箭地面实时网络系统［J］．导弹与航天运载技术, 2008 (4):19 – 21.

［20］陆浩然,吕明．一种高可靠可重构远距离测控网络系统［J］．导弹与航天运载技术 ［J］.2010 (1):7 – 9,51.

［21］张晨光,易航,李璨,等．运载火箭射前监测技术研究［J］．导弹与航天运载技术, 2013(2):71 – 73.

［22］Mohoit J, Mayorga A. An auto – configuration system for the GMSEC architecture and API ［EB/OL］. ［2007 – 05 – 02］. http://ntrs. nasa. gov/archive/nasa/casi. ntrs. nasa. gov/ 20070016576. pdf.

［23］Smith D, Bristow J, Crouse P. Reducing development and operations costs using NASA's "GMSEC" systems architecture［EB/OL］. ［2007 – 05 – 15］［2007 – 12 – 05］. http:// ntrs. nasa. gov/archive/nasa/casi. ntrs. nasa. gov/20070035885. pdf.

［24］Pomales W T. Software Fault Tolerance : A Tutorial［R/OL］. （2000 – 10 – 01）［2000 – 12 – 15］. http://ntrs. nasa. gov/archive/nasa/casi. ntrs. nasa. gov/20000120144. pdf.

［25］石柱,周新蕾,王纬．XX – X 软件可靠性设计指南［J］．质量与可靠性,1996(4):38 –

42.

[26] Hill J V. The development of high reliability software – RR&A's experience for safety critical systems[C]// Proceeding of 2nd IEE/BCS Conference on Software Engineering, July 11 – 15, 1988, Liverpool, England. London: IET, c1988: 169 – 172.

[27] Bologna S, Leveson N G. Special issue on reliability and safety in real time process control [J]. IEEE Trans. On Software Engineering, 1986, SE – 12(9): 877 – 896.

[28] Checkout Automation and Programning Office. Ground operations aerospace language [R]. NASA, NASA – TM – X – 69541, 1973.

[29] Desjardins R, Hall G, Mcguire P, et al. GSFC system test and operation language (STOL) functional requirements and language description[R]. NASA, NASA – TM – 79541, 1978.

[30] Wilhelm L. KSC space station operations language (SSOL) [R]. NASA, N87 – 29168, 1985.

[31] Mims T L. Use of spacecraft commnad language for advanced command and control applications[R]. NASA, KSC – 2008 – 288, 2008.

[32] Baldi A, Elgaard D, Lynenskjold S, et al. SCOSII OL: A dedicated language for mission operations [R]. NASA, N95 – 17533, 1995.

[33] Ritter G, Pedoto R. The next generation of ground operations command and scripting in C# and Visubal Basic [R]. SpaceOps 2010 Conference, April 25 – 30, 2010, Huntsville, USA. Reston: AIAA, 2010 – 2342.

[34] 刘俊阳. 火箭控制系统分系统测试的脚本描述和软件设计方法[J]. 航天控制, 2004, 22(1): 73 – 77.

[35] Aguilar M L, Bonanne K H, Favretto J A, et al. Review of Ground Systems Development and Operations (GSDO) Tools for Verifying Command and Control Software [R]. NASA, NASA/TM 2014 – 218278.

[36] Nidhra S, Dondeti J. Black box and white box testing technique – A literature review[J]. International Journal of Advanced Computer Science and Applications, 2012, 2(2): 29 – 50.

[37] Kelly J H, Dan S V, John J C, et al. A practicaltutorial on modified condition/decision coverage[R]. NASA, NASA/ TM – 2001 – 210876.

[38] Khan M E, Khan F. A comparative study of white box, black box and grey box testing techniques [J]. International Journal of Advanced Computer Science and Applications, 2012, 3(6): 12 – 15.

[39] Misra S. Evaluating four white – box test coverage methodologies[C]. Canadian Conference on Electrical and Computer Engineering (CCECE), May 4 – 7, 2003, Montreal, Quebec, Canada. Piscataway: IEEE, c2003(vol. 3): 1739 – 1742.

[40] Tahat L H, Vaysburg B, Korel B, et al. Requirement – based automated black – box test generation [C]. 25th Annual International Computer Software and Applications Conference (COMPSAC), Oct. 8 – 12,2001, Chicago, IL, USA. Washington, DC:IEEECS, c2001: 489 – 495.

[41] Kruse P M, Wegener J, Wappler S. A highly configurable test system for evolutionary black – box testing of embedded systems[C]//Proceedings of the 11th Annual conference on genetic and evolutionary computation (GECCO), July 8 – 12, 2009, Montreal, Québec, Canada. New York: ACM, c2009:1545 – 1552.

[42] Rajan A. Coverage metrics to measure adequacy of black – box test suites[C]//21st IEEE International Conference on Automated Software Engineering (ASE 06), Sept. 18 – 22, 2006,Tokyo,Japan. Washington, DC: IEEECS, c2006:335 – 338.

第7章
快速测试与发射控制技术

简化测发控操作,减少发射准备时间,精简现场保障人员,同时提高测试覆盖性,缩短天地差异性,加强设备通用性,这些看似矛盾的需求,是当前对测发控系统的新要求[1]。而传统测发控系统存在以下不足:

(1) 现场技术保障人员较多。主要体现在需要众多专业人士在前后方为火箭的发射"保驾护航",尤其是数据分析工作,增加了设计方人力成本。虽然采取了一些方法,例如,将测试数据传送到设计单位,但后方仍需要较多人员参与技术保障。又如,采用有限状态的静态测试,这有利于制定判读准则,从而实现自动判读将设计人员解脱出来,但这是以牺牲测试覆盖性为代价的。

(2) 现场人工操作多。尽管控制系统的人工操作与现场总装工作相比不算多,但只要有操作就会带来许多连锁反应,例如:插拔一个插头,需配置岗位人员,也带来了误操作的风险;为消除误操作,增加了双岗以及状态检查和汇报等工作,进一步耗费了资源、发射准备时间和人员精力。尤其在发射区,人工操作具有影响产品安全性和人身安全性的双重隐患。如果能够取消或减少人工操作,将带来诸多好处。

(3) 测试方案效率低。现有的测试方案已经使用了几十年,固定为三种状态的总检查,难以覆盖飞行中的各种工况。而增加测试状态,带来状态转换的诸多不便以及对测试分析人员要求的进一步提高,这些限制了测试方案的改进。虽然仿真试验等能一定程度弥补上述的缺陷,但系统总检查仍是最接近真实状态的测试,考核力度和深度不够。同时,固化的测试用例,尤其是开环测试的设计,降低了测试有效性,也无法适应迭代制导等闭路制导方法测试的需求。

(4)发射准备工作多。上述不足,以及临射前诸元准备及测试工作,使得发射准备稍显复杂。

对质量要求的提高,使得对测试的覆盖性和数据分析工作的要求也越来越高,需要分析的数据量也大大增加,投入的时间和人力资源呈上升趋势,且技术保障人员愈发专业。另外,快速、可靠、经济地进出空间已成为衡量火箭竞争力的一个重要标志,二者产生了矛盾。数据分析的目的是确保火箭在起飞前处于正常的工作状态,故障诊断是其重要手段。各国航天部门在很早就开展了关于自动或智能化的故障诊断技术研究,采用专家系统等技术手段,通过计算机的自动推理来诊断故障,以减少现场的技术保障人员。但考虑到知识库的完整性、准确性等问题,其应用效果并不理想。目前,远程发射支持系统的需求同样十分迫切,通过网络将测试数据送至设计和生产部门,专家系统又被提及。专家系统是开展智能化故障诊断的最早实践,其应用背景是火箭信息化程度低,诊断系统能获取到的测试数据较少,需要更多地借助专家的经验来分析问题。近年来,随着技术的发展,一些原有的制约条件已不再存在,故障诊断早已超出专家系统的范畴。同时,多种新技术的融合使用已渐成趋势。

本章首先介绍实现快速测试与发射的基本方案,随后介绍了故障诊断技术的发展及其在运载火箭中的应用,并提出了一种基于模型和数据驱动的自动分析技术。该方法特别适用于运载火箭射前的检测,与其他故障诊断技术相比,适应性、准确性均大幅提高,且简便易行。这也得益于箭上自检测技术和箭地高速总线的发展。本章的最后提出了一种闭路综合试验方法,结合了传统的综合试验和仿真试验的优点,进一步增强了系统级测试的有效性。

7.1 快速测试与发射的实现

目前,关于测发控技术的研究一直延续原有的设计思路,考虑问题的出发点没有根本改变,研究对象也集中在测试系统自身。而渐进式改进已难以大幅提升性能,须改变设计理念,从源头重新规划,即将箭上控制系统的设计与测试发控的需求结合起来统筹考虑。

"智能、全面、便捷"将是在这一背景下对测发控系统的具体要求。"智能"是以减少专业保障人员为目的,实现数据分析和判读的智能化,并能适应不同测试状态的需求;"全面"以提高测试覆盖性、天地一致性为目的,用闭环测试取代开环测试,实现从功能测试到功能与性能并重测试的提升;而"便捷"以简化发射场操作为目的,争取实现发射区无人上箭值守操作,具备箭上实时自主生成诸元的能力,提高火箭的使用性、适应性。

7.1.1 简化发射操作

梳理现有运载火箭的发射流程,重点是从火箭在发射区推进剂加注前至点火这一时间段内的工作。现有控制系统的工作流程[2]见图 7 - 1 中的流程 A,不同火箭略有差别。

图中带下划线的标记为需要较多人力资源参与、手动操作较多和相对费时的工作。

(1) 回路阻值测试,需要采用外置式测试设备逐一连接相应的测试电路进行测量,测量结束还需恢复现场状态并做好短路保护。

(2) 安装电池,现有的电池基本属于一次性使用产品,测试阶段无法事先安装,只能在射前安装。

(3) 状态检查,由于火工品回路的短路保护与解保、电池的安装连接等造成电气连接状态的变化,因此状态的检查和确认环节多。

(4) 诸元的准备,诸元由地面软件进行转换,并与飞行软件的其他部分链接成完整的飞行软件,需要对其进行测试、审查和交接。

针对上述各个环节,可以采取相对应的措施[3],如图 7 - 1 中的流程 B所示:

(1) 采用箭上检控器进行回路阻值测试,无须外接测试设备,测试、保护、解保等均自动完成。既缩短了测试时间,也减少了短路插头的插拔工作,许多由此产生的检查项目均可以取消。

(2) 采用可重复使用的电池参与测试与飞行,在转运至发射区之前将电池充满电并安装连接好。

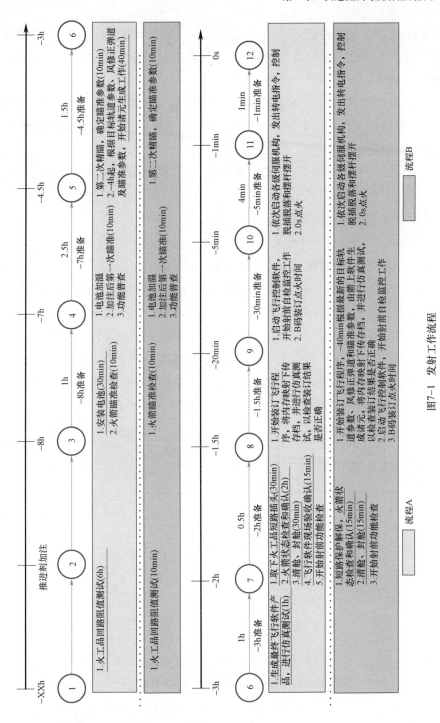

图7-1　发射工作流程

（3）由于上述两种措施,状态从技术区测试结束后就保持不变,状态检查的工作量大大降低或者可以取消这一环节,从而取消发射区控制系统技术人员的上塔操作。

（4）采用闭路制导,需要转换的诸元数量、诸元转换软件的代码量大大减少,可以集成到飞行软件中,由箭上软件自动生成诸元,其功能与飞行软件一起测试,发射现场无须测试、确认等工作。

仅以图7-1的示例看,对比两种流程,加注前可省时间350min,进入8h流程后可节省时间295min。

1. 火工品回路测试与保护/解保控制

在测试准备阶段,为避免火工品的误爆,需将各火工品正负端短路,一般通过连接短路插头来实现,同时在发射前需人工取下。这部分均属于临射前的上箭操作,风险较高。另一项工作是在火工品连入系统后,为避免误接和漏接,进行火工品通路的检测,同时也是对线路的功能性测试:检查是否存在限流电阻开路、短路以及其他不满足设计要求的情况,这项测试比较费时。

如果将上述工作从手动变为自动,将有可能做到前端无人值守。图7-2给出了自动短路保护的示意图,在电阻盒内将火工品两端并接上继电器触点,当触点闭合时,起短路保护作用;发射前将触点断开解除保护。

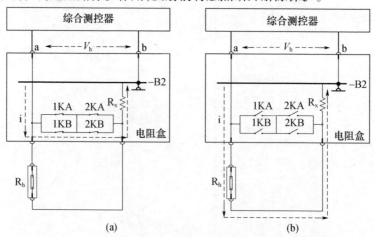

图7-2 火工品短路保护电路示意图

(a)短路保护状态;(b)解除短路保护状态。

继电器的控制方案如图7-3所示。

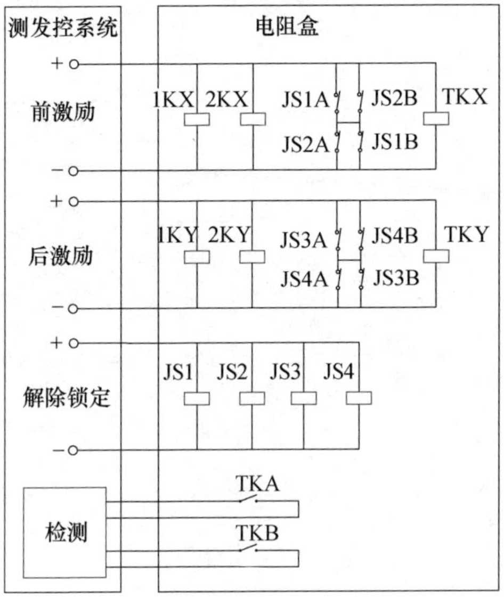

图7-3 火工品短路保护电路的控制与检测

1K、2K分别表示两个磁保持继电器,A和B表示继电器的两组触点,X和Y表示前激励和后激励线圈。采取并串联的电路,能在一度故障的情况下确保可靠断开,从而不影响飞行中的控制功能。而在需要保护的情况下是否真正短路,可以利用下节介绍的技术进行检测来确认。

磁保持继电器存在两个激励线圈,用测试继电器TK表示当前线圈激励状态。在各激励线圈上并联由继电器(JS1~JS4)常闭触点构成的锁定电路。当需要激励时,必须首先断开线圈的短路控制,这能有效避免干扰信号误触发电磁继电器动作而造成状态的不可控。

采用箭上配置一台综合测控器进行自动测试,代替外接专用测试仪手动测试的方案。事实上,这种测试方案在导弹武器以及卫星上已得到了应用[4]。本书提出的方案可参考图7-4,测控器每次将恒定小电流I_1施加到被测火工品回路,恒流源流过火工品桥丝R_h与限流电阻R_x时建立起电压,测量通路电压V_h,折算出阻值。当火工品被短路保护时,相当于R_h的阻值为0,这样测得的阻值为限流电阻R_x的阻值;当电阻盒解保时,测得火工品和限流电阻串联的总阻值,将其减去R_x可以计算出火工品电阻值R_h。

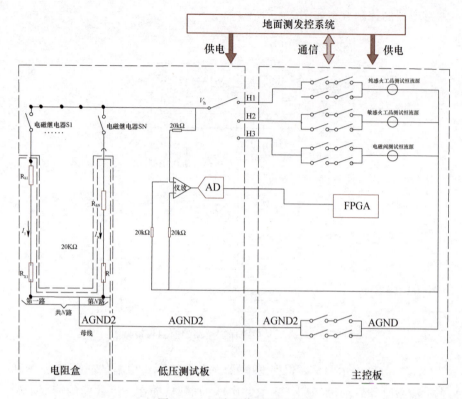

图 7 - 4 回路阻值测试示意图

短路保护与解保的工作流程如图 7 - 5 所示。功能 A 确保在连接火工品之前短路保护功能处于短路状态,从而起到保护作用;功能 B 确保在起飞前处于解保状态,不影响飞行使用。由于采用了并串联设计,在解保状态下单点故障不会造成误短路,这也保证了飞行的正常引爆。

采用上述设计后,火工品的解保可以延迟到起飞前某一时刻,从而进一步增强射前人员与产品的安全性。

2. 采用可重复使用电池参与测试时供电

在地面测试阶段,火工品或电磁阀等负载是用阻性负载来替代的,称为火工品及电磁阀等效器,其阻值一般为 $1 \sim 2k\Omega$,因此电源的用电很少。随着可重复使用电池的迅速发展,其循环周次多、充电速度快的优点突出,因此针对这部分原本由地面电源供电的设计,可以改为直接用可重复使用电池供电。

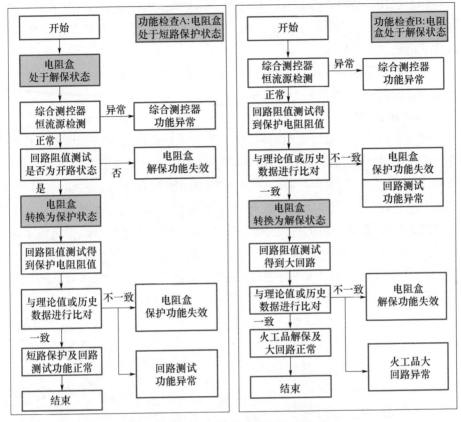

图 7-5 短路保护与解保的工作流程

并且,如果其他供电母线负载很小,地面测试时也可以选用该类电池,不仅仅局限在火工品电路及电磁阀的测试供电上。采用这种设计有以下好处:

(1) 不再需要为这部分设备保留箭地供电电缆,尤其是在箭地只有脱拔连接的情况下,大大减少了箭上供电电缆的质量。

(2) 电池装箭测试,测试状态更接近真实情况,不再需要模拟电缆。未来随着可重复使用电池,例如锂离子电池的不断成熟,如果飞行也采用该电池,则地面测试状态就做到了与飞行状态一致。

(3) 提高了用电的可靠性。前端设备安置在活动发射平台内,每次发射都会承受冲击等环境。且平台内空间紧张,设备越多安装越困难。采用本方案,可以节省前端电源设备。

（4）更加适应箭上分布式控制体制。在分布式控制系统中，每个舱段都可能单独供电。采用锂离子电池供电，不必为每个舱段都准备一套地面电源，减化了箭地供电连接。

采用本方案也有一些前提条件，例如，如果紧急关机由地面电源提供关机电流，在这种情况下就需要专配地面电源。

1）电池的选择

锂离子电池是目前可选的对象之一，其电池组由单体电池采用串并联形式组合而成，单体电池（正极：LiFePO4/C）由可逆嵌入和脱出锂离子的正极、负极、隔膜和电解质四部分构成。其工作原理如图 7-6 所示。充电时，Li^+ 从正极脱出，通过电解质和隔膜嵌入到负极，负极处于富锂态，同时电子从外电路供给碳负极，保证负极的电荷平衡；反之，单体电池放电时，Li^+ 由负极中脱出，通过电解质和隔膜重新嵌入到正极，正极处于富锂态。在正常充放电情况下，Li^+ 在正负极材料中嵌入与脱出，不破坏晶体结构，所以单体电池的可逆性很好，从而保证了锂离子单体电池的长循环寿命和工作安全性。

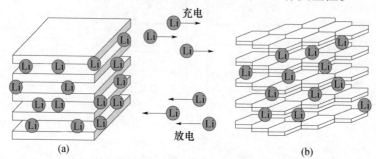

图 7-6　锂离子单体电池工作基本原理

(a)正极；(b)负极。

锂离子单体电池一般采用循环性能优异、安全性高的 $LiFePO_4/C$ 作为正极材料，负极为改性石墨碳材料。为提高设计容量，采用特殊多集流体的电池内结构，减少单体电池的内阻，提高大倍率（大电流）放电性能。为提高安全性，采用防锈铝合金作为电池外壳，铝合金外壳采用激光焊接封口工艺，减少单体电池体积，提高能量密度，并采用安全防爆阀结构。从材料稳定性和单体电池外部结构设计上充分保证其工作的稳定性和安全性。

锂离子电池的正、负电极材料直接关系到电池容量的高低、循环寿命的长短和高倍率放电性能，选择橄榄石结构的 $LiFePO_4$（理论容量为 $170(mA \cdot h)/g$）如

图 7 - 7 所示。

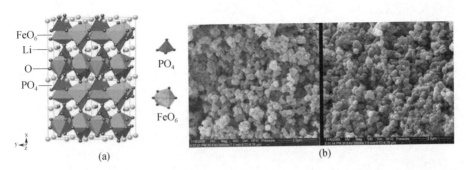

图 7 - 7　橄榄石型 $LiFePO_4$ 正极材料结构示意图和 $LiFePO_4/C$ 电极材料的扫描电镜照片
(a)结构示意图;(b)扫描电镜图。

该结构稳定,循环性能好,具有对环境无污染以及安全性好等优点,通过碳表面包覆、Mg 元素掺杂和降低颗粒尺寸改进了材料电导率低等缺陷,非常适合作为大容量动力或储能电池系统。

$LiFePO_4$ 的电极反应式如下:

$$LiFePO_4 \longleftrightarrow (1-x) LiFePO_4 + xLi + xFePO_4 + xe^-$$

图 7 - 8 为锂离子动力电池正极材料的微观组织形貌图,其表面包覆导电层(碳膜)、铁位掺杂金属离子(掺杂 Mg)的小颗粒尺寸($0.1 \sim 0.3$ μm) $LiFePO_4$ 粉末。

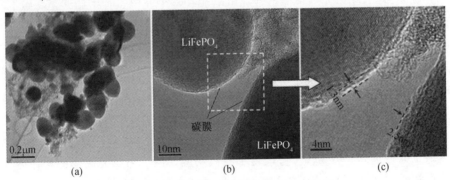

图 7 - 8　$LiFePO_4/C$ 电极材料的透射电镜照片

图 7 - 9 为 $LiFePO_4/C$ 复合正极材料在 0.1C 倍率下的前两次充放电曲线,其放电容量达到 151mA · h/g。图 7 - 10 为 $LiFePO_4/C$ 复合正极材料的放

电循环容量图,可见在不同倍率下都具有优异的循环性能,在所测循环周次内容量没有衰减。

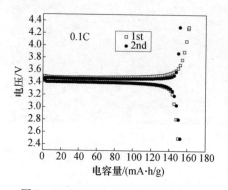 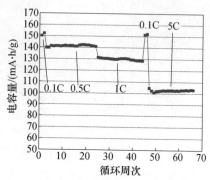

图 7-9 LiFePO$_4$/C 复合正极材料在
0.1C 倍率下的前两次充放电曲线

图 7-10 LiFePO$_4$/C 复合正极材料的
放电循环容量图

2)充放电的管理

充放电对保证电池的性能非常重要。即使单体电池按容量、内阻、中值电压和自放电率等参数严格筛选,但仍不能保证电池组在长期使用过程中,由于单体电池的充放电效率、自放电率等的变化,造成单体电池性能稍有差异。这种差异表现为各单体电池的荷电状态的不平衡,从而导致单体电池之间的电压发散越来越大,这种离散性在充放电后期表现尤为突出。

例如,各串联单元的单体电池充电电流在整个充电过程中始终是一致的,先充满电的单体电池端电压迅速上升,而未充满电的单体电池电压仍较低,但它们的电压之和可能已达到了要求值,其结果:轻者导致整体电池组充电不足,造成电池组容量下降;重者会发生个别单体电池过充。这种状况是不可逆的,且会不断恶化。因此,充电时要求保证每个单体电池都能达到满充状态,而放电时每个单体都能完全放电。

因此,在充电过程中增加均充功能,其原理是先大电流串联恒流充电,当达到充电容量约95%以上时,改为小电流均衡充电。对已充满电的单体电池停止充电,而对个别未充满电的单体电池继续小电流充电,直至电池组各单体电池荷电状态平衡。这需要对充电电路和电池组的连接关系做一些改进,限于篇幅不再展开介绍。

下面给出了实际使用的效果。图 7-11 是某电池组未经均衡充电的单体电池充放电特性曲线,该电池组由 18 个 3.2V/20A·h 单体锂离子电池通过 2 并 9 串组成,经过半年串联充电使用。从图 7 – 11 中可以看出,该电池组的单体电池在充放电后期,电压存在明显离散。在放电结束时,最大单体电压差值达到约 400mV。而在充电恒流转恒压时,最大单体电压差值达到约 250mV。

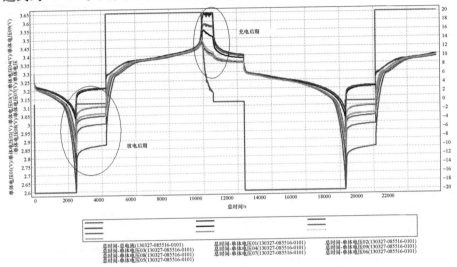

图 7 – 11　未经均充的电池组在充放电后期电压离散情况

图 7 – 12 是同一电池组经上述均充技术一次均衡充电后的单体电池充放

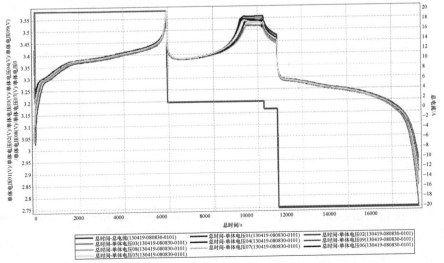

图 7 – 12　经过均充的电池组各单体电池电压离散性明显改善

电特性试验曲线。从图中可以看出,电池组在充放后期,单体电池的电压离散性明显改善,且容量增大大约 5%。

3. 射前诸元准备

对发射卫星的运载火箭而言,有足够的时间用于准备诸元并进行测试,因为卫星的目标轨道早就确定,控制系统最迟也可以提前 20 多天得到相关参数,因此火箭的诸元均是预先准备的。至交会对接任务,为避免提前预报误差太大,一般希望将临近火箭发射时刻的测轨信息用于飞船的目标轨道,但太接近发射火箭系统准备时间不足,因此采取了射前 4h 明确目标轨道的方案,火箭控制系统在 4h 的时间内完成诸元准备、测试,以及软件生产、评审、归档和向箭上装载等工作,这增加了现场工作的紧迫性。

如果将诸元准备工作由飞行软件自主完成,将大大减少地面工作量,也有助于简化发射流程。迭代制导的应用为这项工作带来了便利,因为迭代制导需要的诸元从传统摄动制导的整条标准弹道参数减少为仅 5 个轨道根数,转换的算法以及计算量大大减少,其转换的工作如图 7 - 13 所示。

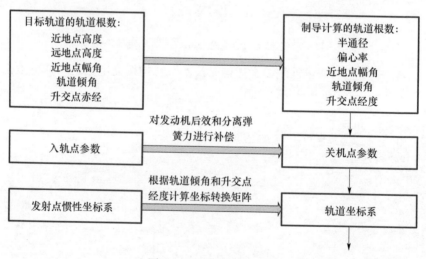

图 7 - 13　诸元转换过程

将这部分功能由飞行软件自主实现,并未增加太多软件的复杂性,对其可靠性几乎没有影响。同时转换工作在射前完成,也不影响飞行后的计算时间。

另外,借助于网络和信息技术,也可以放宽对测轨时刻的限制,对目标轨道可以边测量边传输,借助于测发控网络和箭地通信,将测轨结果实时传输到箭载计算机,由于箭地通信一直持续到转电前,因此上述工作也可以持续到转电前,其结果比 4h 前更接近当前实际情况。甚至在起飞后,只要在接入迭代制导前,仍可以通过可信的无线传输,如北斗短消息等,对测轨的结果进行修正。通过实时的有线或无线传输和飞行软件自主的诸元准备,将极大提升火箭的适应性。

✍ 7.1.2 提高测试覆盖性和有效性

简化操作,绝不是以牺牲测试为代价,相反,测试的覆盖性和有效性要提高,因此要抓住每一次的测试机会,尽可能真实而全面地考核系统。测试分为两个方面。

1. 分系统测试

分系统测试是对系统的全面体检,由于受到测试设备容量以及实时性的限制,这类测试往往是分段、按顺序串行进行,较为费时,以致射前只能进行抽检,且这种测试是静态离散的。

可以采取以下改进措施:

(1) 结合箭上产品自检测(BIT)功能,实现连续并行测试。同时合并测试项目和减少状态转换过程,测试时间也将大大缩短。可以在射前合适的时机随时开展,弥补传统抽检测试的不足。

(2) 采用总线窃听技术和箭地高速总线[3],对所有箭上设备的输入/输出信号进行连续采样和监测(7.2.3 节)。

2. 总检查测试

总检查测试是对飞行过程的一次全面模拟。传统的总检查是开环测试,系统输入是惯性器件在静置下的输出,状态单一,也不适应愈来愈多采用闭路制导方法的测试需要。此外,由于电池寿命限制,设计了多种供电方式的总检查状态,状态转换多、复杂且与真实飞行状态差别大。

采用可重复使用电池及闭环测试策略[3,5],可以弥补上述不足,总检查测试覆盖性的对比见表 7-1。

表 7-1 不同测试状态的对比

序号	测试状态			传统型号	在研型号	未来发展	备注
1	供电状态	检查一:箭地连接插头脱落情况下的模拟飞行测试(可连有用于断电控制的插头)	模拟电缆供电	√	—	—	
			电池供电	√	√	√	因寿命限制,传统型号参与测试的电池与飞行用电池可能不为同一产品,未来使用可重复使用电池,将做到飞行用与测试用产品的一致
		检查二:保持箭地连接插头连续情况下的模拟飞行测试	地面电源供电	√	—	—	取消"检查二"状态的测试,全部用更加真实的"检查一"替代
		检查三:按发射状态流程进行,点火后紧急关机	模拟电缆供电	√	—	—	
			电池供电	√	√	√	参与测试的电池与飞行用电池为同一产品
2	关机状态	通过不同用例考核耗尽关机、制导关机、定时关机、小过载关机以及其他备保关机方式等		√	√	√	
3	闭环状态	计算机输出的控制信号驱使伺服机构摆发动机,产生箭体运动进而影响惯性器件的输出;计算机录取到惯性器件的输出根据控制率产生新的控制信号,从而形成闭环控制		—	—	√	现有型号摄动制导均采取开环控制,迭代制导在地面模拟飞行测试中采用数据替换的方式,也没有形成闭环控制。未来将采用闭环总检查测试技术,测试状态更真实
4	偏差(干扰)状态	设备各种总体参数的偏差,考核控制系统设计的适应性		—	—	√	现有型号采用开环控制,不具备施加偏差(干扰)的条件。采用闭环总检查后,箭体的模型闭合到了系统测试回路中,可以设置各种偏差(干扰),丰富了测试用例

7.1.3　精简技术保障人员

发射现场的技术人员可分为三类：

（1）产品保障人员，在出现故障后进行现场处理。随着产品成熟度的提高，这部分人员在减少。

（2）测试人员，实施对系统的测试及发射准备、发射控制等。随着自动化程度的提高，需要的操作人员逐步减少，尤其箭上采用各种简化操作的设计后，需要上箭操作的人员将大为减少。

（3）数据准备及分析人员。现场的数据准备主要为诸元准备人员。采用箭上飞行软件自行转换诸元，专职的诸元准备人员可以省略。

数据分析人员主要参与对测试数据的判读分析，尽管判读方法几经改进，但对数据之间的耦合性、关联性分析仍较不便，例如，输入数据 A 的变化是否必然造成参数 B、C…的某种响应，这要求判读分析人员必须是专业人士甚至设计人员自身。另外，每个采样点的人工判读耗时大，自动判读又难以制定随时间变化的判读标准，因此常用特征点判读的方式，但带来了漏判的风险。并且这种方法只适应固定状态的测试，当测试状态增加时，判据需要事先重新准备，适应性不足。

如果采用智能化的数据分析手段，将可以减少甚至取消由设计人员在现场分析数据的工作，从而节约人力和时间的开销。有关这方面的内容将在后续章节展开介绍。

经过简化发射操作、提高测试覆盖性和有效性、精简技术保障人员这三方面的改进，现场操作便利性大大增强，对操作人员的专业要求和人数要求也可以显著降低，甚至取消发射区的上箭操作，火箭的测发控工作将更便捷。同时，测试覆盖性和真实性进一步提高，将看似矛盾的需求做到了统一。

7.2　射前诊断技术

故障诊断的分类有多种[6-9]，本书将目前在火箭领域的相关研究成果分为 6 大类：基于阈值的判别机制、基于知识库的专家系统诊断方法、基于模型的故障诊断方法、基于自学习的推理机制、基于信息融合的故障诊断方法以及自主诊断技术等。对电气系统的射前测试而言,上述许多方法显得过于复杂。本节从专家系统基本概念的介绍开始,对上述六类研究成果及其在国内外运载火箭中的实际应用情况进行分析。

7.2.1　专家系统

专家系统曾经是人工智能领域最重要和最活跃的研究和应用领域之一,其研究始于 20 世纪 60 年代,70—80 年代,专家系统的研究取得迅猛发展,在工业、国防等领域得到广泛应用。80 年代,专家系统进入控制领域,其主要应用包括了故障诊断等。这自然引起了火箭测发控系统设计人员的关注,测试的目的就是要发现存在的问题。

专家系统,就是一个智能计算机程序系统[10],内部包含某个领域大量专家的知识和经验,能够利用人类专家的知识和解决问题的经验方法来处理该领域的高水平难题,知识库、数据库、推理机就构成了专家系统的三要素。

知识表示、知识获取和知识推理是人工智能知识工程的重要研究内容。知识表示指知识在计算机中的表现形式,其表示方式有状态空间、问题规约、谓词逻辑、语义网络、框架、脚本、产生式规则等,其中产生式规则应用较为广泛,当用这种方式表示知识时,知识库就相当于规则库。

产生式规则是类似于"如果满足某个条件,那么就应当采取某些行动"的语句,其基本形式通常表示如下。

IF【前提】THEN【结论】

由 IF(如果)引导的部分称为条件、前项、前提或产生式的左边;而由 THEN(那么)引导的部分称为操作、结果、后项或产生式的右边。例如,有规则:

IF【收到助推器推进剂耗尽信号】THEN【延时 t 秒后关闭助推器发动机】

规则的前提一般是若干事实的逻辑积,当进行推理时,首先进行当前数据库与规则的前提条件部分的匹配工作。如果满足,那么该规则就可以应用,于是就可以得到或执行规则的结论部分所描述的结论或行动。当有多于一条规则与当前数据库相匹配时,就需要进行冲突解决,即决定先使用哪一条规则。产生式规则的推理以演绎推理为基础,通过规则的前提与数据库中的事实的不断匹配和冲突解决等操作,最终形成一个推理链,得到相应的结论。以产生式规则作为知识表示方式的产生式系统具有直观、清晰、灵活、方便和模块化等优点,因而得到广泛应用。

推理过程按照搜索方向可以分为正向推理、逆向推理和双向推理。正向推理又称为事实驱动、数据驱动的推理或前向链接推理,从数据库中的前提出发,查询所有规则并生成最终的结论;对于一个复杂的推理,其中间形成的结论也可以作为新的事实添加到总数据库中。逆向推理是从目标或结论出发,找到得出此结论的规则;然后,反向链接到所有相关的规则,一直找到支持期望结论的前提或发现一个矛盾的结论为止。逆向推理又称为目标驱动、假设驱动的推理或逆向链接推理。

表7-2是正向推理和逆向推理两种方式的对比。正向推理主要用于初试数据已知又无法提供推理目标或解空间很大的一类问题,如监控、预测等问题的求解;逆向推理主要用于结论单一或目标结论已知又需要验证和查找原因的场合,如故障诊断等问题的求解。

表7-2 两种推理方式的对比

项目	正向推理	逆向推理
驱动方式	数据驱动	目标驱动
推理方式	从一组数据出发,向前推导结论	从可能的解答出发,向后推理验证解答
启动方式	从一个事件启动	由询问关于目标状态的一个问题而启动
推理方向	由下往上	由上往下
透明程度	不能解释其推理过程	能解释其推理过程
典型系统	CLIPS	PROLOG

知识的获取也有三种方式:①完全由知识工程师完成。知识工程师通过与领域专家交谈,然后整理总结获得的知识,编制软件,并反复修改调试。这是一个相对漫长的过程。②通过知识库编辑器获取。知识工程师根据领域专家的知识编辑知识库编辑器,通过该编辑器与领域专家对话而获得知识。③引入机器学习来获取知识,如通过神经网络的实例训练等。

7.2.2 常用推理机制

本节提出的几种分类法并不是绝对的,例如:许多地面系统采用的诊断方法也有可能应用到自主诊断领域;在基于模型的诊断中,模型也有可能形成知识库;而自学习的推理机制也能形成诊断模型。因此,本书的分类更多地是沿着技术发展的历程来区分的。

1. 基于阈值的判别机制

基于阈值的判别机制是最早、最常用的处理方法,当被测信号超出阈值时报错。该方法主要应用于对静态或缓变信号的测试,或者测试用例相对固定的情况。

当信号处于连续变化时,很难有效地表示一个时变的阈值。在有些型号中采用"特征量"的概念来处理此类问题,即选择在特征时刻对信号进行判别,这些特征时刻可能是姿控网络变换的时刻、关机时刻、分离时刻、点火时刻等。

即使如此,针对不同测试用例仍需提前准备测试判据。对闭环反馈控制系统还存在故障传播问题,即系统输入条件的变化导致输出的改变,从而改变了系统的状态,进而又影响了输入信号的变化,使得整个闭环环节中各类信号均与预先设计值不符,这会对故障诊断产生干扰。为此又产生了频域分析法、时-频域分析法等信号处理方法。

信号处理方法将时域上的信号转变为其他量,并寻求针对这些量的判别准则。基于模态分解方法(EMD)和信息熵的故障诊断可以看作这种方法的一种[11]。EMD 利用信号内部时间尺度的变化进行能量与频率的解析,将信号展开成数个内固模态函数(IMF),利用希尔伯特变换获得 IMF 的瞬时频率和振幅,并将其转化为信息熵,作为诊断的特征量。以正常工作状态下的信息熵为阈值,可以对故障信号进行检测,如对惯性仪表的故障检测等。

基于阈值的分析不属于智能诊断,但各种信号处理技术却是其他智能分析方法的技术手段之一。

2. 基于规则的推理机制

当基于阈值的方法不满足要求时,最早考虑人工智能处理的方法就是专家系统[12,13]。文献[12]介绍了北京航天自动控制研究所与北京理工大学合作,针对某运载火箭控制系统设计的故障诊断专家系统,该系统结合 21000 余个知识点设计了由 2000 余条规则构成的知识库,是首次在实际应用中进行类似的尝试。

基于规则是最常用的专家系统推理机制,这里以火箭助推器关机信号的判断为例来说明这一原理。为了充分发挥助推器的运载能力,助推器的关机一般采用耗尽关机模式,尽可能将燃料耗光,此时其理论关机时间与芯一级的关机时间非常接近,就有可能出现芯级关机信号提前于助推器耗尽信号的情况,此时也要首先关闭助推器发动机,然后再关闭芯一级发动机。如果考虑到故障情况,即起飞后不久就收到助推耗尽信号,显然这是虚假信号的可能性极大,因此设置允许关机控制,即在"允许关机"之前收到的耗尽信号不作处理。同时,当飞行足够长时间既没有收到耗尽信号,也没有收到芯一级关机信号时,说明在信号产生或传输环节也可能发生了故障,因此设置定时关机控制。

如果采用正向推理,对测试中的助推器关机信号进行判断,则在知识库中存储以下规则:

R1:(禁止关机)

  IF［飞行时间小于允许关机时间］

  THEN［不允许发出助推器关机信号］

R2:耗尽关机

  IF［飞行时间大于允许关机时间］&［助推器还未关机］&［收到了助推器耗尽信号］

  THEN［延时 t 秒后关闭助推器发动机］

R3:备保关机

  IF［飞行时间大于允许关机时间］&［助推器还未关机］&［收到了芯一级关机信号］

  THEN［立即关闭助推器发动机］

R4:定时关机

  IF［飞行时间大于或等于定时关机时间］&［助推器还未关机］

  THEN［立即关闭助推器发动机］

因此,在判断测得的助推器关机信号是否正常时,通过对飞行时间、耗尽关机信号、芯一级关机信号等当前状态的判断以及四个规则的推理,确定是否有匹配的规则项。如果有,则说明信号正常;如果均不匹配,则说明该信号有误。如果采用逆向推理,则首先假设某个结论正确,例如,假设是"定时关机",则判断飞行时间是否达到了定时关机的时间,以及在此之前未收到耗尽信号、芯一级关机信号等。如果上述两个条件均成立,则 R4 成立,信号正常。

利用上述规则只能判断信号正常与否。如果发生故障,查找故障原因往往从故障树分析开始[14-16],梳理出发生故障的底事件,然后形成针对故障的规则库。

例如,假设存在如图 7-14 所示的故障树。

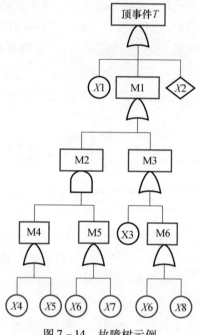

图 7-14　故障树示例

顶事件 T 用下行法,得到全部最小割集:$\{X1\}$、$\{X4,X7\}$、$\{X5,X7\}$、$\{X3\}$、$\{X6\}$、$\{X8\}$、$\{X2\}$,则形成如下规则:

R1:IF $[X1]$ THEN $[T]$

R2:IF $[X4]$ & $[X7]$ THEN $[T]$

R3:IF $[X5]$ & $[X7]$ THEN $[T]$

R4:IF $[X3]$ THEN $[T]$

R5:IF $[X6]$ THEN $[T]$

R6:IF $[X8]$ THEN $[T]$

R7:IF $[X2]$ THEN $[T]$

这是一种将故障现象与故障模式进行匹配的推理机制。但是发生故障的条件是否成立,例如,$X1$ 是否会发生,需要测试数据的支持,因此,这种方法往往起诊断咨询的作用,例如当故障 T 发生时,一开始可以提示用户共有 7 种可能;但如果{X1}、{X3}、{X6}、{X8}、{X2}这些被怀疑的故障部件,采用前述的正向或逆向推理均证明其工作正常时,则可能的原因缩小为 R2 和 R3。若判断出 X4、X7 两个部件的数据不满足规则库的要求,则至少匹配出来一条故障模式:R2。

基于规则诊断的典型产品有 NASA 推进喷气实验室开发的 SHINE(Spacecraft Health Inference Engine)。

3. 基于案例的推理机制

另一种故障定位的方法是针对以往的案例进行模式匹配[17-21],这就是基于案例的推理机制,在一些早期的专家系统中得到了应用。但由于故障案例终究属于少数,因此在许多情况下需要与其他专家系统的推理机制,例如基于模型的推理机制等结合使用才能取得较好的效果。当测试数据出现故障时,利用这种方法查找历史上是否发生类似的情况,从而为故障定位以及问题的解决提供思路。

图 7-15 是基于案例推理的某个具体应用实例[21]。历史案例是知识库中的重要内容,其数据结构应有利于存储及检索,例如,每个案例包括以下域值:

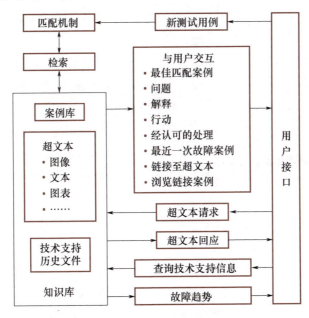

图 7-15　基于案例推理的示意图

（1）标题；

（2）问题描述；

（3）带有权值的关联问题及合适的答案；

（4）修复措施。

在这些域值中，通过内部指针指向超文本文档。

在案例的检索中，使用到文本匹配算法，一般不考虑语义学的范畴，因为这样会增加编程的复杂性。针对英语而言，常用的匹配方法有三种：字串、字和字符。字串匹配要求字与各字的顺序均匹配；字匹配只要求相应文字匹配，不用考虑字与字之间的顺序；字符匹配则采用三字母组的匹配方案，即只要三个连续字符能匹配上即可，这样即使有微小的拼写错误也不影响搜索结果。

4. 基于模型的推理机制

当简单的规则和案例等不能适应复杂系统的应用时，可以采取基于模型的故障诊断方法。这一方法涵盖的范围很广，有时模型也被看作知识的一种。对被测系统的模型描述可以是物理模型，例如由微分方程组表示的动力学模型等，由电路图组成的电气模型等；也可以是逻辑模型，如飞行软件等；对大型系统采用分层模型来描述。从总体看，模型可以分为以下几类：

1）数学仿真模型/设计模型

数学仿真模型/设计模型可以看作"预测模型"，当通过预测模型得出的结果与实际测量值不一致时，说明系统中存在故障，"基于知识的自主测试工程师"（Knowledge – based Autonomous Test Engineer，KATE）[22,23]是这种方法的典型代表之一，它采用数值仿真的方法，通过标称模型的仿真来发现故障，通过故障模型的仿真来定位故障。也可以将仿真结果与故障字典[24]进行匹配，匹配的项即为故障模式，这一点与专家系统的概念很接近。

随着控制理论的发展，各种鲁棒性强的基于模型的 FDI 技术得到了广泛的研究，如状态/参数估计法[25]、扩展卡尔曼滤波[26,27]、基于观测器[28-30]诊断、采用 H2/H∞ 范数的容错控制[31]、凸优化[32]求解等，算法的差别主要体现在对不确定的适应能力和对故障的容忍程度。这些方法也称作解析冗余方案[33]，即将"模型"而不是真正的硬件作为故障诊断的冗余部件。

图 7 – 16 给出了一种故障定位的示例[32]。故障估计算法以预测残差和故障特征为输入，其中故障特征为针对可能故障的敏感性雅可比（Jacobian）矩

阵。最终将故障定位转化为凸优化问题,通过求解最大"似然性"来确定故障源。

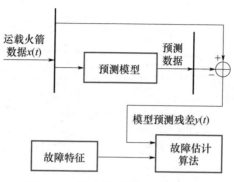

图 7 – 16　基于预测模型的故障定位

但是,这些算法应用在闭环反馈控制中时,其效能均有不同程度的下降,除了前面所提闭环系统的故障传播特性以外,反馈控制使得系统对外部的扰动更鲁棒,当故障处于早期阶段时,其影响可能被控制量所掩盖,从而导致更高的漏报率[34]。也正由于上述原因,尽管这方面的研究较多,但在大型运载器上的应用还是很少。

如果能够充分利用 BIT 信息和各种传感器信息,获取疑似故障源的直接测量信号,故障定位算法可以大大简化。

2) 功能模型

功能模型对复杂系统分析是十分有效的手段,因为提供了高层抽象的描述手段和分层设计的模型架构。更为主要的,一些工具软件支持与可靠性分析等设计结果的有机结合,形成"功能失效模型"[35]。图 7 – 17 为功能失效分析的框架示意图。

在传统功能建模的基础上,输入信息还包括 FMEA、FTA、危险分析等,从而将系统的体系架构、数据流、传感器信息、失效模式、故障传播路径和时间、最终失效影响等集成为统一的模型。其分析结果有三个方面,最主要的是地面诊断系统,该系统利用 FDIR 算法实现对故障的诊断。另两个输出结果是失效传播分析和传感器配置分析。

失效传播分析涵盖传播路径和传播时间分析,前者可以确定最终影响到什么设备、这些设备会产生什么输出,以及如何在传感器中表现出来,而后者

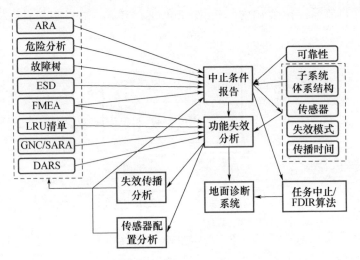

图 7 - 17　功能失效分析框架

ARA—上升(段)分析;ESD—事件序列图;LRU—现场可更换单元;

SARA—仿真辅助分析评估;DARS—动态上升(段)风险模拟。

为实时故障诊断提供了设计约束,传播时间的定义如图 7 - 18 所示。图中,
"作用时间"是故障发生至产生可以检测的征兆所需的时间,"检测时间"是故
障发生至被检测出来的时间,它包括感知到了传感器的异常,以及确定该异常
是故障而不是瞬态噪声等所花费的处理时间。

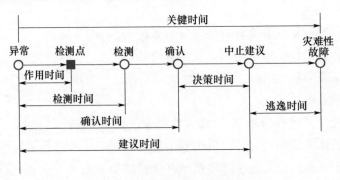

图 7 - 18　故障传播时间示意图

5. 基于自学习的推理机制

基于自学习的推理机制,在有些文献中也称作数据驱动的故障诊断方法,

它采用的是异常检测算法[36],通过对数据集的分析来发现异常情况。

对数据集的处理可以分为两类:一类是对输入/输出构成的数据集进行分类,即分为正常数据集和异常数据集;另一类是构建输入信号与输出信号之间的判别模型,通过该模型来判断特定输入下输出信号是否正常。两种处理模式都可以借鉴神经网络的算法。

分类是神经网络的一个典型应用,尤其适用于线性可分的解空间,下面以图7-19的简单用例进行说明。

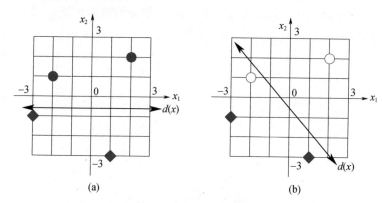

图7-19 感知器分类示意

假设存在四个样本:两个样本为正常情况,$x^1 = [1, -3]$,$x^2 = [-3, -1]$;两个样本为异常情况,$x^3 = [2,2]$,$x^4 = [-2,1]$。其中每个样本中的两个元素,分别表示输入和输出,这是一个最简单的单输入、单输出的系统。通过上述四个样本建立一个分类模型,当出现其他输入/输出对时,用这个模型判断系统是否正常。

在神经网络技术中,我们要做的是找出能对这些样本进行分类的决策函数。可以采用非对称硬限函数,若决策函数为$d(x)$,感知器输出为

$$y = 1, d(x) \geqslant 0$$
$$y = 0, d(x) < 0$$
(1表示"正常",0表示"异常")

关于决策函数的推导有许多方法,对这个示例也比较简单,本书略去其推导过程,决策函数可以取如下形式:

$$d(x) = -3x_2 - 2$$

可以验证一下,其中$d(x^1) = 7$,$d(x^2) = 1$,$d(x^3) = -8$,$d(x^4) = -5$。

感知器的输出只与系统输出相关,这只是这个示例的巧合。

上述分类可以用图 7-19(a) 做个简单示例,决策函数很好地区分类正常样本和错误样本。假设有新的一组输入/输出对 $x^5 = [-2, -2]$,则 $d(x^5) = 4 > 0$,感知器输出为1,此组测试数据正常。

决策函数的推导需要用正常和异常样本进行训练,这称作有监督的学习。但如果一直未发生异常情况,即只有正常样本参与训练,该训练称作无监督的学习。在这种情况下,决策函数有可能不同,且造成误判。例如,假设该例中只有前两个正常样本,用上述同样的推导方法,决策函数就有可能如图 7-19(b) 所示。单从两个正常样本看(用黑点表示),此分类是正确的,但它将样本4(白点)也归类为正常样本,从而造成对故障的漏判。这说明样本对分类的效果起到了重要作用。

上述感知器可以用于对单个产品的故障诊断;当多个产品组成复杂的系统时,往往构建神经网络进行分析,如图 7-20 所示。

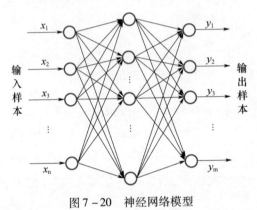

图 7-20 神经网络模型

神经网络也存在几类应用:

(1) 结合故障模式的分析实现分类。神经网络仍用于分类。其输入层是被测对象的观测数据,输出层是故障模式或故障底事件(底事件通过故障树分析得到)[37]。这种应用结果直观,但需要异常样本的学习。

(2) 建立输入/输出模型辨识故障。神经网络用于系统建模,从这一点上也可以看作基于模型的推理。其输入层仍是被测对象的观测数据,输出层是被测对象的输出或表征系统行为特性的数据集[38-41](特征集)。通过学习,使得神经网络的输出结果与训练样本尽可能吻合或误差在一定范围内,该误差称作"相似度"指标。当新的样本超出"相似度"指标时说明存在故障。

采用自学习的方法有许多处理算法,上述将输入/输出信息进行学习的算法,最后训练出的神经网络,也可以看作系统的"模型",从这一点上它也可以看作基于模型的推理。此外,像SVM(支持向量机)方法也可以应用,即将样本空间映射到一个高维甚至无穷维的特征空间中,使得在原来样本空间中非线性可分的问题转化为在特征空间中的分类问题。有关这方面的原理和应用可参看相应的专业文献,本书不再展开介绍。

6. 其他诊断技术

1)基于信息融合的故障诊断方法

如果能够在关键设备处增加各种传感器,即可利用这些设备运行的各状态信息和已知的知识进行信息的综合处理,最终得到关于系统运行和故障状态的综合评价,在这点上,故障诊断与信息融合技术所使用的方法是相近的[42]。

随着分布式控制体制的推广应用,分布在箭上各处的智能设备具备了较强的信息采集和BIT能力,信息融合技术可以对这些信息进行分析和综合,从而提高合成信息的准确度。其方法主要可以分为以下几种:

(1)贝叶斯定理,基于概率统计进行故障分类[43]。

(2)DS证据理论,根据证据(及后果)的可信度,也称信度函数值,来判定故障[44]。

(3)结合人工智能的信息融合技术,例如,人工神经网络,其输入是某症状下所有传感器的故障隶属度矢量,输出是该症状属于各类故障的隶属度矢量。又如,人工免疫系统,模拟树突细胞来检测异常[45]。

(4)信息融合与其他技术的集成等[46]。

尽管信息融合技术发展很快,但在具体算法设计时,也有各自的局限性。例如贝叶斯方法中的先验概率、DS证据理论的信度函数、神经网络中的隶属度值等的确定对算法影响很大,集成融合技术算法也十分复杂,还有许多工程问题需要解决。

2)自主诊断技术[7,47]

上述所有诊断系统一般隶属于地面测发控系统。由于对采样信号的需求量不断增加,但不可能将众多信号全部引至地面系统进行测量,因此对火箭自主诊断的需求也逐渐在增强。

自主诊断的几个主要条件已基本具备:

(1) 箭上数据普遍采用网络传输,且传输速度越来越快,这为信息的收集创造了条件。

(2) 箭上的处理能力得到了加强。

(3) 分布式控制体制进一步弥补了单个计算装置性能的不足。

(4) 箭上关键系统普遍采用冗余设计,在飞行过程中进行故障诊断,这项技术同样可以应用在射前测试的故障诊断中。

自主诊断技术主要采用前文介绍的基于模型的分析方法。此外,基于信号处理的方法、神经网络技术、基于知识的诊断等,也在自主诊断中得到了研究。

更为常用的是基于冗余信息的处理与自检测技术,依据交叉检查、一致性检查、表决机制等,将是比较有效的自主诊断方法。

7.2.3　运载火箭健康监测系统的应用示例

几乎所有运载火箭均开展了故障诊断技术的研究,NASA 在总结地面故障诊断的经验时指出,FDIR 工具应具备下述任一条件才能有效缩短故障诊断时间[48]:

(1) 增加可以立即获得的信息量(测试数据)。

(2) 能够有助于选择用于 FDIR 的重要信息。

NASA 提醒,一味增加传感器,但不能有效地从已有信息中提取重要信息,对 FDIR 没有帮助且增加系统复杂性和成本。故障诊断在美国逐渐发展为健康管理系统[49,50]。"健康管理"可以定义[51]为"防止故障发生和减少故障影响的过程、方法和技术",其核心是故障诊断,在下文中不再严格区分这两个概念。

1. 国外运载火箭故障诊断技术

开展健康管理系统设计,必须从顶层策划[52,53],一旦火箭完成设计,再考虑是否有足够的测试点和测试信号来满足健康管理的要求,将给整个项目带来技术状态的变化和进度的推延。

以美国 Delta IV[54] 火箭为例,波音公司形成了较为规范的健康管理系统研发流程。

1）建立被测系统的功能模型

被测系统的功能模型包含了对其运行模式和物理特性的描述,以及功能失效下的故障指示。可以采用已有的设计图样并经一定的抽象提炼而成。

2）确定该系统所有潜在的危险条件

利用功能模型,通过仿真和分析,确定系统所有潜在的危险条件,并梳理造成的原因以及可能采取的控制措施。

3）建立危险成因的线索树

类似于故障树,根据第2）步分析的结果,以危险事件为顶事件,列出造成该事件的原因。图7-21是线索树的一个示例。

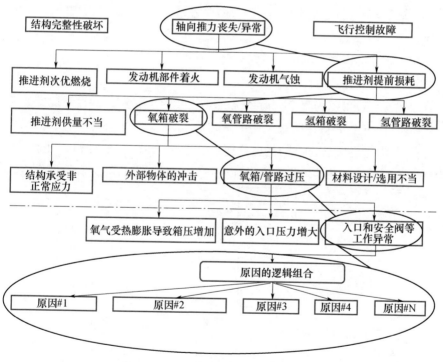

图7-21 美国Delta IV火箭线索树示例

4）危险检测的分析

（1）根据线索树,选择合适的用于控制风险的监测"深度",即确定在什么层面进行检测,是分系统级、整机级还是更底层。当然,层次越低,信息越有用,但信息量大,信息获取的硬件设计也越复杂,并且可能需要额外的硬件设施。

(2) 开发标称的处理与负载模型:

① 将传感器的信息转化为数字量传输;

② 将信息传送到处理单元;

③ 对已经存在的危险条件进行辨识;

④ 处理危险条件的线索树;

⑤ 确定达到某一危险状态的时间;

⑥ 确定数据处理过程的"休眠期";

⑦ 处理运行或配置的变化;

⑧ 确定运行变化下的最佳配置。

在此基础上,确定硬件处理带宽、内存容量等,形成健康管理系统的设计需求。

(3) 确定健康管理的电子系统设计方案。

5) 对软件功能进行划分

上述流程也可以为整个火箭系统的可靠性设计、可测试性设计提供参考。

Delta IV 最终将健康管理系统配置在箭上,充分利用遥测信息,也增加了部分传感器,并独立于已有的信息处理系统之外,如图 7 – 22 所示。但一般发射准备阶段的同类功能均设置在地面测发控系统中,其设计流程可以借鉴。

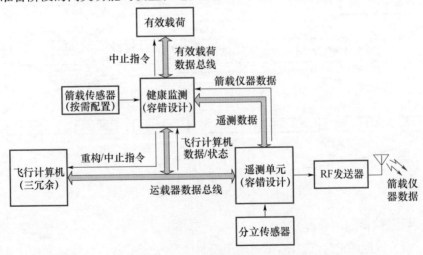

图 7 – 22　美国 Delta IV 火箭箭载健康监测系统功能框图

尽管美国在故障诊断与 IVHM 方面开展了大量研究,但综合各方面的文献看,NASA 使用的 FDIR 工具主要集中在 SHINE、TEAMS、IMS(可参考第 1 章的相关内容)。

TEAMS 设计工具集[55]的组成如图 7 - 23 所示,具有多个工具箱,能够满足不同场合的需求。

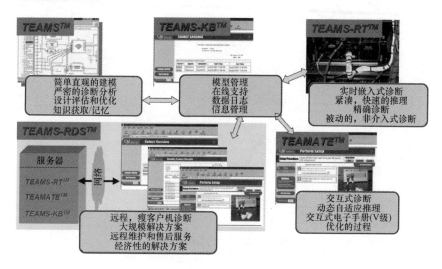

图 7 - 23   TEAMS 工具集的组成

采用 TEAMS 建立和分析功能失效模型,其形式与系统电路图相似,分析结果以关系矩阵(D - Matrix)来表示,其"行"为失效模式,其"列"为观测点或测试点。如果某个失效模式在某个测试点上被检测到,则该矩阵相应行列交叉的位置置 1。TEAMS - RT 是故障诊断实时处理软件,根据各测试点信息进行故障隔离,并输出失效模式列表,标以失效、怀疑、未知和正常四类。此外,用户可以利用 TEAMS - RDS(Remote Diagnostic Server)编写自己的实时处理软件。

IMS(Inductive Monitoring System)是基于学习的推理机制[56],它采用实测数据、仿真数据甚至相似系统的数据来学习,用户选择部分参数进行合适的编码、标度化并分配一定的权值,从而形成数据矢量,代表系统的行为,这就相当于映射到了高维特征空间,这一点与支持向量机(SVM)原理相同,使得在原来样本空间中非线性可分的问题转化为在特征空间中的分类问题。而监测的过程则是将实测数据采用同样的处理方式,形成新的数据矢量,并与训练形成的集群进行对比。采用相似性指标,即与其最近集群(clusters)中数据矢量间的距离衡量,如果距离很大且持续一段时间,则输出报警信息。图 7-24 是这种方法的简单示意图。假设样本被映射到二维平面,有 N_1、N_2 两个正常样本集,O_1、O_2 被检测出异常,它们与正常"集群"相比是孤立的个体,O_1 与 N_1 的距离、O_2 与 N_2 的距离均超出了门限。O_3 表示几个异常样本组成的小"集群",这也称作"群体异常"[57](collective anomalies),这是诊断时需要区别的现象。

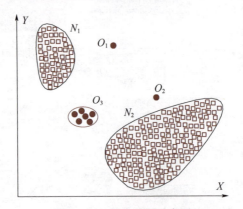

图 7-24 异常检测示意图

其他国家运载火箭的故障诊断技术可参考第 1 章以及相关文献,本书不再展开赘述。

2. 我国新一代运载火箭故障诊断技术

在载人航天工程的初期,我国运载火箭也开展了专家系统的研究[12],由于知识库对未知故障适应能力不够、维护困难,并且受制于有限的测量信息,其应用效果不理想。但测试数据的自动判读一直是技术人员追求的目标,设计人员相继开发了基于阈值的判读分析系统。一些数据浏览平台也能提供数据检索功能,但离期望的自动判读和智能化故障诊断有很大差距。

国外运载火箭健康管理系统的研究也对我国设计人员产生了影响,提出了利用 BIT 以及总线技术来改进现有测发模式的设想,并分析了健康管理所面临的技术问题,但对采用何种手段进行故障诊断,一直在型号应用上未有进展[58,59]。

中国新一代运载火箭,地面测发控系统的配置如图 7-25 所示。

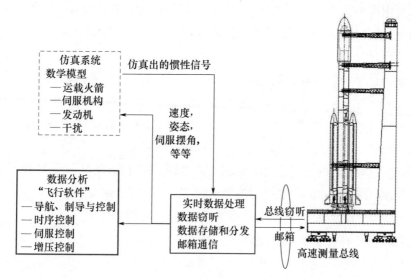

图7-25 基于模型的数据分析仿真系统

箭地之间通过高速数字总线连接,具备了将大量自检测数据同步传输到地面的功能,这使得基于模型的故障诊断分析成为可能。地面系统利用实时录取到的数据,采用与箭上飞行控制系统相同的设计模型进行计算,可以对比每个控制周期的计算结果。

图中数据分析功能块复现了箭上各类软件的功能,包括导航制导与控制、时序控制功能等。由于几乎可以获取每个重要产品的输入与输出参数,不确定的因素大大减少,故障定位十分便捷,关于这部分的详细内容可参考后续的介绍。

7.2.4 火箭健康监测的发展趋势

上面介绍各种方法在其适用的领域均表现出了出色的性能,但也都存在着局限性:

基于阈值的判断方法更多地依赖信号处理,不需要被诊断对象的数学模型,能够直接提取信息中的特征信息。但它仅仅利用了这些信息,对于系统结构、系统内部的变化没有进行深度挖掘,因而故障诊断的范围和模式还有待提高。

基于知识的专家系统需要建立较为完善、准确的知识库,无论采用故障树还是案例匹配,对过去经验的依赖性较强,因而对查找重复性故障较为有效,对新的故障模式作用不大。

采用模型的方法充分利用系统内部的深层知识,并具有检测未知故障的能力,但模型的不确定性和外加干扰等因素会影响判断的准确性,并且系统的鲁棒性设计反而增加了诊断的难度。

基于自学习的推理机制同样不需要了解被诊断对象的内部结构,也不需要事先制定知识库,它可以通过对样本的学习,建立从表征到故障源的映射关系。其准确性很大程度上取决于样本数的多少,并且故障样本数同样重要。但故障样本在实际应用中并不多见,这影响了应用效果。

基于信息融合的方法已基本具备了多种诊断方法集成的特点,但算法本身比较复杂,部分参数和函数的设定没有确定的准则,在实用中的效果还有待检验。

自诊断的优点是简化了测试系统的设计,并且便于信息的采集,同时也可以简化诊断方法。但其硬件平台的信息处理能力相对地面测试平台偏弱,许多先进的方法难以应用。

通过上文各种方法的分析,针对运载火箭射前的检测,在故障诊断技术的应用上有以下趋势:

(1) 从单一技术手段向多种手段发展。采用多种技术手段,能提高故障诊断的效率和可信度,避免误判和漏判。例如 Ares 火箭故障诊断就采用了基于模型和基于学习的两种推理机制。

(2) 基于模型的分析方法将发挥主要作用。随着建模仿真技术的发展,采用基于模型的分析方法发现故障,采用多传感器测量以及信息融合技术定位故障将成为主要的故障诊断手段。尤其是如果能够获取疑似故障源的直接测量数据,将大大简化诊断算法。

(3) 采用产生式规则的专家系统将逐渐被其他技术手段所取代。一方面知识库的组建不是十分便捷;另一方面产生式规则本身也可以通过建模进而集成到基于模型的分析工作中。未来这种方法将主要作为其他方法的补充手段,或者用于咨询与培训。

此外,采用各种控制理论和算法的 FDI 技术有较好的发展前景,拓展了故障诊断的能力,这些算法在解决不确定性问题上有优势,但随着测量手段的提升,许多信息可以通过传感器直接测量而得到。因此,这一类方法对远程诊断主要起补充作用,对飞行中的自主诊断可能作用更显著。

考虑到未来航天器深空探测的需求,自主诊断技术是需要突破的关键技术之一。这一方面可以简化地面的测试分析工作;另一方面其方法也可以在远程诊断中应用。但完全依赖箭上自主测试,与完全采用地面系统进行故障诊断一样,均会增加各自系统的负担。因此对于大型液体运载火箭,采用箭地协同的测试方案更为合适。

7.3　基于模型和数据驱动的自动分析技术

火箭在发射场一般采用基于标准总线的地面测试系统来进行测试,电子技术的发展使得地面测控设备的总线标准也在不断更新,无论是跟踪总线标准的更新造成前期投资的损失,还是停留在原有设计水平带来日后维护的困难,均不是系统设计所期望的。另一种解决措施是采用自检测来简化地面测试设备,但由于箭地总线的带宽受限,如果仅能将自检测的"结论"下传,而无法传送所有的原始数据,将减弱测试的可信度,或者仅能检测出非常明显但有限的典型故障。1.1.3 节介绍的日本新一代固体小运载 Epsilon 火箭似乎解决了这一问题,箭上设备自主完成检测、故障诊断与隔离,最终将是否允许发射的信息送至地面控制中心,地面仅起到流程控制的作用,但其具体技术细节未见公开介绍。在测试用例的设计上,为解决测试数据自动分析的问题,系统级测试用例固定为有限几种状态,这样测试结果是预知的,从而可以事先制定测试判据。但对于时变参数,缺乏一种合适的判据描述方式。这种方法也限制了测试的覆盖性。针对这些问题,需要为我国新一代运载火箭选择合适的测试方案[60]。

新一代运载火箭与传统火箭相比,在测试需求上有以下显著的差异。

(1) 直接测量的信号显著减少。为简化操作,新一代运载火箭取消了专用测试插头,仅在火箭尾部保留了"脱拔连接器",能够通过该连接器直接测量的信号非常有限。

(2) 需要测试的信号量增多。发动机控制、闭式增压控制的信号量大大增加,且这些信号在一次完整的飞行中可能发生多次接通与断开的状态转换,而传统型号只有一次通断的状态转换,这导致了测试量的增加。

(3) 测试覆盖性的要求在提高。对于采用冗余设计的设备,每个冗余部件的信号均要求能被测试到。

(4) 从功能测试向功能、性能兼重。尤其针对惯性器件的测试,仅功能性的测试往往掩盖了设备性能的退化和故障前期的发展，导致了多次的漏判，因此在系统级测试中对性能指标进行考核的需求在增大。

（5）精简技术保障人员，提高效率。

针对上述差异，本书提出箭上设备利用 BIT 功能完成数据的采集，由地面系统对数据进行分析，这是一种较为合理的分工模式。由于控制系统的模型是确定的，如果能够将箭上的数据"镜像"般地传送至地面，利用这些数据并采用同样的算法，地面计算机可以复现箭上的处理过程，并将处理结果与箭上的处理结果进行比对，这无疑大大简化了结果分析工作，对查找故障也十分有效。为此，箭地之间建立高速串行数据传输通道，地面以收到的数据触发相应的分析工作，这就是"数据驱动"概念的由来。

地面测发控系统将得以简化，无须专用测试设备，前端设备利用通信终端录取箭上下传的测试数据，采用实时操作系统和网络将数据及时分发到后端控制中心或设计单位。后端控制中心的设备将主要由计算机组成的各种终端构成，数据分析工作将在数据处理终端上完成，箭地之间的接口也可以简化为供电接口（PWR）和总线接口集（含 HMB 等）。系统的组成如图 7 - 26 所示。

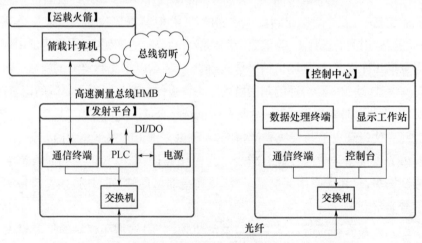

图 7 - 26　采用自检测技术的地面测发控系统组成框图

🖉 7.3.1　信息流分析及测试点的选择

由于箭地只有一个脱拔连接器使得硬件连接接口受限，为此必须选择合适的监测点,通过合理设计信息流,使得监测点能够录取到分散在全箭各处设备的自检数据。下面介绍为实现上述方案而开展的适应性改进设计。

控制系统箭上的智能设备主要包括三大类,分别是箭载计算机、综合控制器(含推力调节控制器)、伺服控制器,其信息统计见表7-3。

从表7-3中可以看出,箭机主要录取惯性器件的信号和耗尽传感器的信号,将姿态控制指令通过1553B总线传送至伺服控制器,将关机指令通过1553B总线和422接口传送至综合控制器。综合控制器接收耗尽信号、压力传感器信号和关机信号,完成时序信号和增压信号的输出。而伺服控制器主要通过总线接收姿控指令,并将伺服驱动信号送至伺服机构。

表7-3　箭上系统信息种类统计

参数类型	输入信息	信息源及接口	处理装置	输出指令	执行机构
导航、制导与控制	角度视加速度	惯组(1553B)	箭载计算机	姿态控制指令	伺服控制器(1553B)
	角速度	速率陀螺(485)		关机指令	综合控制器(1553B,422)
	横法向加速度	横法向加速度计组合(1553B)		姿态控制指令	伺服控制器(1553B)
				姿态控制指令	伺服控制器(1553B)
	耗尽信号	耗尽传感器(开关量)		关机指令	综合控制器(1553B,422)
增压控制	压力信号	压力传感器(485)	综合控制器	增压信号	各类阀门(直连信号)
时序控制	耗尽信号	耗尽传感器(开关量)		时序信号	各类阀门,火工品(直连信号)
	关机指令	箭载计算机(1553B)			
姿态控制	姿控指令	箭载计算机(1553B)	伺服控制器	伺服驱动信号	伺服机构(直连信号)
推力调节控制	启动指令	箭载计算机(1553B)	推力调节控制器	脉冲控制信号	推力调节驱动器及电机(直连信号)

表7-3中阴影部分所示的压力传感器信号、增压信号、时序信号等均无法由箭机自动获取,但这些信号本身都编入了各控制器的自检信息和遥测信息,并通过1553B总线或422接口传送至箭机,与飞控软件的内部计算结果一并作为数字量遥测信息(俗称"计算机字"),通过1553B总线传送至遥测系统。图7-27中加粗箭头所示为表7-3中阴影部分参数传递至遥测系统的过程。

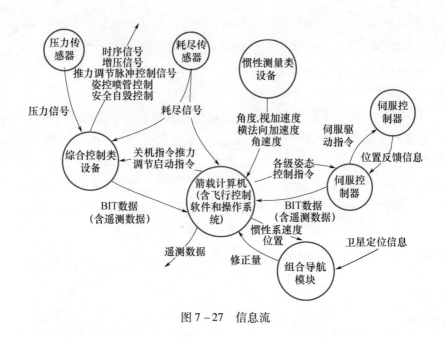

图 7 - 27　信息流

✍ 7.3.2　总线窃听技术

考虑到箭机是火箭控制系统的主控设备,因此将监测点设置在计算机的内总线端,可以获取计算机的所有输入(对应各种传感器)和输出(对应各种控制指令)信号。对与计算机没有直接接口关系的信号,由计算机录取 BIT 数据(遥测数据),在转发给遥测系统的过程中进行监测,因此监测箭机 1553B、485、422 接口可以获取三类数据:

(1) 飞行控制软件的输入、输出数据。

(2) 各类控制器的自检测数据。

(3) 数字量遥测信息。

但是,传统箭地通信方式存在以下两个问题:

(1) 箭地通信速率较低,使得传输数据量受到了限制。RS – 422 总线在 200m 传输距离下传输速率通常为 19.2kb/s;1553B 总线传输速率为 1Mb/s,对于 200m 长度的传输距离已不推荐使用。

(2) 下传测试数据均需飞行控制软件主动参与这一过程,增加了软件负担。

为此,本书提出了一种全新的"总线窃听"[13](Bus Interception)技术,以区别于 1553B 总线等的"总线监听"(BM)技术,其特点如下:

(1) 数据的监测工作全部由测试电路自动完成,无须飞行软件参与。

(2) 可以监测所有地址线上的数据,由用户在初始化时设置需要监测的地址范围,各种接口地址(I/O 地址)、内存地址均可以设置,因此"总线窃听"也可以监测内存数据。

(3) 采用中断触发模式,仅被监测地址范围内的数据发生变化时才录取数据并发送。采用双缓冲 FIFO 实现"乒乓"操作,以确保总线监测的无间断采集和传输。

(4) 软件协议具有不定长数据的适应性,并含有信源编码和时间标记。

(5) 地面通信终端设计较大容量的缓冲区,仅缓冲区写满时或较长时间内缓冲区未更新时,将缓冲区数据存盘并启动后续通信,同时清空缓冲区,避免过多占用网络资源。

(6) 为保证通信的可靠,箭地通信应适应并接两个或多个地面通信终端的情况。

如果地面监测系统能够自动获取箭上原始参数,且适应长距离高速传输,就可以在测试过程中得到更多的数据,有利于提高测试覆盖性。

为满足上述要求,可以设计总线监测器,实时监测所有挂接在箭载计算机主处理器上的外围设备,并根据用户设置自主采集及下传数据,整个过程不需要飞行控制软件的参与。之所以不再监测其他智能设备,因为无论是箭载计算机主动录取的参与控制的各种 I/O 信息,还是其他智能设备通过箭载计算机作为总线控制器转发的遥测信息,通过监测箭机主处理器的数据总线均能获取。设计中将数据监测与通信功能集成在一起,实现数据的主动收发。总线监测器的原理框图如图 7 − 28 所示。

各功能块的功能简要介绍如下:

(1) 总线监控器。自动监控处理器运行状态,按指定状态提取存储空间或 I/O 空间操作地址、数据及总线操作状态,将提取的信息组装成数据单元,存入发送缓冲 FIFO 中。

(2) 定时器。用于控制总线监测数据的发送周期,其周期在 0 ~ 100ms 之间根据系统需要设置。

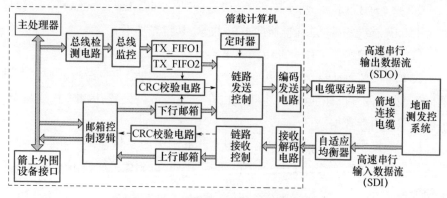

图 7-28　总线监测器内部逻辑框图

（3）链路发送控制。根据定时器设置的发送周期，控制两块发送缓冲 FIFO 实现"乒乓"操作，将监控数据单元等时分流到两个数据缓冲 FIFO 中。一块 FIFO 缓存总线监测数据，另一块 FIFO 发送监测数据，两块 FIFO 相互切换从而实现总线监测的无间断采集。

（4）链路接收控制。将上行数据写入上行邮箱后，发出箭地通信中断信号并置相应的状态位，通知主处理器接收上行数据。

（5）用户邮箱。提供数据的主动收发功能。飞行程序可将需要下传地面的数据写入下行邮箱后，发出启动发送指令通知"链路发送控制"单元启动邮箱数据发送。地面也可以发送指令通过上行邮箱由飞行控制软件录取。

（6）编解码电路。编码发送电路将需发送的数据组装协议帧发送至地面通信计算机，直至发送缓冲 FIFO 或用户邮箱空为止，每次发送帧长不同，协议具有不定长数据的适应性。接收解码电路则对接收数据进行解码。

为实现长距离高速传输，采用 LVDS 技术，以 8B/10B 编码作为传输码，总线传输速率按一定的降额设计，通信距离为 200m，通信速率不小于 10Mb/s。为避免信号衰减，发送端增加驱动，接收端采用自适应均衡器使传输的串行信号能够恢复其发送时的原有特性。

由于总线监测器监测的是主处理器数据总线上的信息，因此也自然地可以获取指定存储地址的数据，这就具备了对软件重要内部参数的监测能力。这种设计方案增大了测试覆盖性，使得地面测发控系统实时获取了较为全面的箭上原始参数，为基于模型的自动判读创造了条件。

箭上飞行控制软件的功能需要为自动判读进行适应性调整,增加数据管理任务,即其功能分为两大部分:一是用于导航制导与控制,包括主控任务(MC)、关机控制(CC)等;二是"数据管理"(DM)功能,主要获取各站点的 BIT 数据以及数字量遥测信息,并转发给遥测系统。两大任务将由实时嵌入式操作系统管理,其原理框图如图 7 - 29 所示,DM 任务的优先级最低,INIT、MB 分别代表初始化和邮箱通信任务。

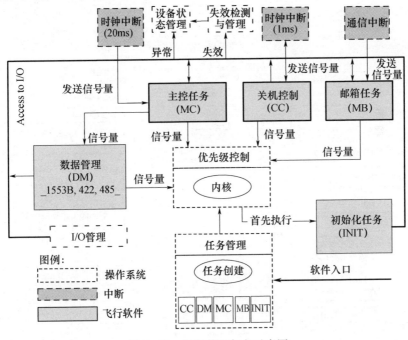

图 7 - 29　数据管理任务示意图

嵌入式操作系统并非专为测试而设计,但却为数据管理带来了便利。由于每个控制周期箭上数据量不均等,采用操作系统能够有效管理在峰值数据量情况下的软件运行。例如,如果在 DM 任务中数据量较多一时难以处理完,此时 MC 的任务中断到来,因其任务优先级高,MC 将优先运行不受影响。MC 完成后,DM 继续未完成的数据处理工作,这样可以充分利用计算机的处理时间且不影响高优先级的任务。

除了飞行软件以外,各级控制器也需针对测试的需求进行适应性改进。由于箭地之间没有同步时钟,因此箭上所有传感器的采样数据必须附带时间标识。对于采用滤波算法的软件,由于滤波中不同的数据分组会产生不同的结果,因此有关滤波分组的信息也应作为辅助信息下传至地面。

7.3.3 数据分析技术

根据控制系统的特点,数据的分析分为三个方面:惯性器件输出信号的分析、导航与控制参数的分析、时序信号的分析以及增压控制信号的分析,分析的流程如图 7 - 30 所示。

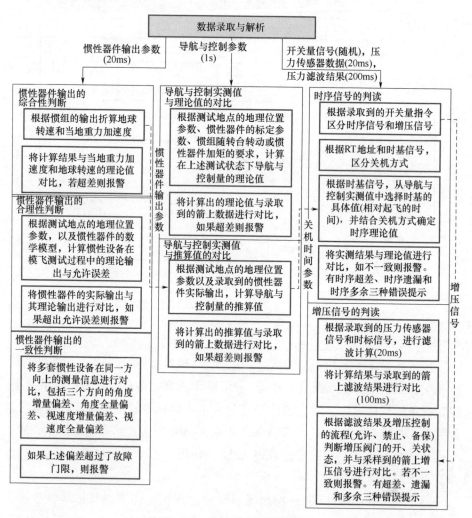

图 7 - 30　数据录取与解析流程

1. 导航与控制计算结果的分析

首先对惯性器件的输出信号进行分析,主要是确保控制系统的输入参数正确可信。其中包括三部分的内容:

（1）惯性器件输出的综合性判断。

（2）惯性器件输出的合理性判断。

上述测试方法可参考4.1.1节的介绍。

（3）惯性器件输出的一致性判断。

"一致性"判断,是将冗余的某一套惯组作为标尺去衡量其他惯组输出的数据,由于多套惯组安装在一个支架上,在静止条件下支架的变型和安装误差均很小,因此不用再考虑调平和瞄准对判断误差的影响。

以三冗余设计中的滚动方向角速度（$\delta\theta_{xi}, i=1\sim3$）增量偏差判断为例,累加周期为 T_g,式（7-1）中任意一个等式不成立则报警,其中 ε_x 为误差阈值:

$$
\begin{cases}
\left| \sum\limits^{T_g} \delta\theta_{x1} - \sum\limits^{T_g} \delta\theta_{x2} \right| < \varepsilon_x \\[2ex]
\left| \sum\limits^{T_g} \delta\theta_{x2} - \sum\limits^{T_g} \delta\theta_{x3} \right| < \varepsilon_x \\[2ex]
\left| \sum\limits^{T_g} \delta\theta_{x3} - \sum\limits^{T_g} \delta\theta_{x1} \right| < \varepsilon_x
\end{cases}
\qquad (7-1)
$$

除了角速度增量偏差以外,进行比对分析的还包括角度增量偏差、视速度增量偏差、视速度全量偏差,这也是飞行中冗余管理判断和隔离故障的依据。由于地面测试不存在振动等环境,因此地面判断的误差门限可以严于飞行中的故障判别门限,但二者的方法是相同的,不再赘述。

与传统系统级测试相比,上述方案加严了考核力度,尤其"一致性"判断,几乎不受当地重力加速度、射向以及安装不水平度等的影响,这为从功能测试向性能测试创造了条件。

在惯性器件数据可信的情况下,开展下述两类分析以检查导航与控制功能:

（1）实测值与理论值的对比。"实测值"是箭上飞行控制软件根据录取的惯组数据而计算出的导航量与姿态信息;而"理论值"是地面系统根据测试地点的大地物理参数、瞄准方位、重力加速度及地球自转角速度,用上述量采用四阶龙格-库塔积分而计算出的。

（2）实测值与推算值的对比。"推算值"是地面系统根据"窃听"的惯组输出数据,采用与箭上系统相同的算法进行导航、制导与姿控运算而得出的结果。

2. 开关量信号的分析

控制系统的输出信号分为两类:一是姿态控制信号,包括伺服控制指令及发动机位置反馈信息,这可以用"导航与控制计算结果的分析"中介绍的方法进行分析;二是开关量信号,包括由制导关机方程决定的时序信号,闭式增压方案带来的增压控制信号。

时序信号判读中重要的数据是时基信号,即一组时序的时间基准,该组时序中的所有信号均与该时基有确定的时间关系。时基信号一般选为各级的关机信号,但关机方式不同,时序指令也会有差别,因此要区分关机方式,如耗尽关机、制导关机、定时关机以及其他备保关机等。

增压信号的判断比时序信号更加复杂一些,箭上的增压控制由各级的综控器实现,在地面分析中由一个软件统一处理,这增加了地面软件的复杂度。为此,将这项分析工作分由四个线程来完成,如图 7 - 31 所示。图中最左列确定增压控制策略:根据时间基点,对允许/禁止增压的时间段进行更新,并计算不同时间段的压力控制带。压力控制带包括下限值和上限值:当压力信号小于下限值时,需要增压;当压力信号大于上限值时,停止增压。压力带并非定常值,地面软件需要根据时间基点对上述压力控制的上下限值进行实时解算。

第二列为压力原始采样数据,信号来自箭上的压力传感器。根据箭上软件的处理流程,每采样 10 个压力数据后进行滤波。

第三列为压力滤波结果,信号来自箭上的综合控制器,将箭上的滤波结果与地面第二列线程所计算的滤波结果进行对比,如果结果不一致,则提示出错。如果结果一致,则判断是否需要增压。首先判断是否在允许增压时间段内,其次判断压力滤波结果与当前压力带的关系,同时还存在一种特殊情况,当压力值超过合理范围时,说明压力信号不可信,此时应按备保增压的逻辑进行控制。最终经过上述分析确定增压信号的状态。上述过程分析的是综合控制器中单个模块处理的结果,对于冗余的另两路压力传感器和综控器中的另两个处理模块,同样进行上述的处理,最终将处理结果进行 3 取 2 判断,得出增压控制的最终状态。

第四列为压力时序的回采,将箭上采样的增压时序与地面第三列线程计算且经过 3 取 2 表决的结果进行对比。分析的内容包括指令发出的时间是否一致、指令的开/关状态是否一致、是否漏发指令、是否误发指令等。

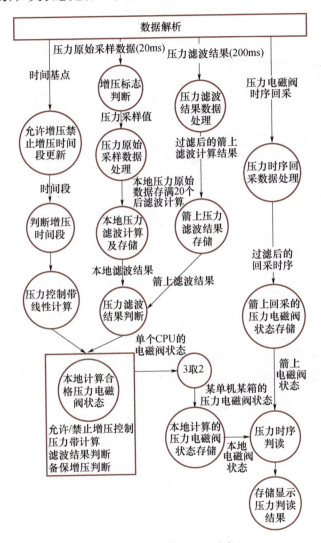

图 7-31 增压信号的判读

3. 故障检测与隔离

数据分析同样为故障定位创造了条件,与传统故障专家系统或健康监测系统相比,其定位更加准确、快捷。

以图 7 - 32 为例,为说明方便,对系统的组成进行了简化。

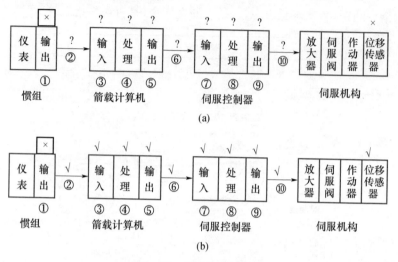

(a)

(b)

图 7 - 32　故障诊断示意图

在图 7 - 32 中,惯组的输出由箭载计算机采样,经过姿控运算,将姿控指令发送至伺服控制器,伺服控制器经过滤波计算和指令分解,将驱动信号送至伺服机构。当惯组输出故障时,最终由位移传感器表征的伺服机构摆角不满足事先的设计值,系统测试会指示"出错"。在传统的测试方案中,当位移传感器的数据与设计值不符时,专家系统会提出可能产生问题的环节,如图 7 - 32(a)中编号①~⑩的部位,任一部位故障都会造成上述问题,其中②、⑥、⑩表示设备之间的通信线路。如果测试系统同时监测了计算机和伺服控制器的输出,则部位⑤、⑨的采样结果也一定与设计值不符,同样会报错。专家系统在指示出上述故障后,需要进一步进行故障隔离工作。

采用本方案后,故障的定位会十分方便,如图 7 - 32(b)所示。上述监测点的数据均会通过"总线窃听"技术被采集并传送至地面分析终端,通过7.3.3 节介绍的方法,惯组的输出故障首先会被判断出。由于惯组的输出数据与计算机采样的数据相同,可以旁证出部位②(惯组至计算机的通信线路)、③(箭机的采样端口)工作正常。地面分析终端与箭机根据采样到的相同参数进行姿控计算,得出了相同的结果,进而证明部位④(飞行软件的处理)也是正确的。依此类推,后续部位均可以证明工作正常,唯一出错的环节是部位①。可以看出,在本方案中,当惯组故障后,尽管箭机的输出、伺服控制器的输出、伺服机构的反馈信号均与预想的设计值不符,但系统并不会报错,因为这些信号与其自身的输入信号对应,这由地面系统旁证了,所以不会对故障定位造成误导。事实上,传统的专家系统在进行故障隔离时,也只能通过各单机的输入/输出数据进行分析,因此本方案比专家系统更深入了一步。但同时应该看到,在没有"总线窃听"功能的情况下,获取上述部位的数据本身就比较困难,甚至有些数据因没有测试点而无法获取,这些都限制了专家系统的应用。

▷7.4　闭路综合试验

借助于箭地高速总线,可以开展闭路综合试验,将这种技术称作"系统在回路"测试技术,与传统概念上"硬件在回路"的仿真试验相比,该项试验技术是电气系统综合试验和半实物(物理)仿真试验的集成,没有改变系统的任何连接状态,所有的硬件设备与配套软件均参与测试,并且适合在总装厂和发射现场实施。在系统级测试中,能够在地面仿真终端中设置各种干扰,检查飞行控制算法的鲁棒性,既满足了闭环制导测试的需求,也增大了系统级测试的覆盖性。在这种配置中,运载火箭的运动仿真在地面测发控系统的地面仿真终端中运行,该仿真终端利用"总线窃听"技术获取了箭上系统的必要信息,如惯性导航的输出、飞行软件解算出的速度和位置、伺服机构的摆角等,进而开展仿真运行,在计算出火箭的飞行状态后,将状态信息模拟成惯性测量设备的输出信号,通过上行的"邮箱"将其送至箭载计算机。闭环测试系统的原理框图如图 7 – 33 所示。

闭环测试的数据流如图 7 – 34 所示,时间数据流如图 7 – 35 所示。从 t_0 开始,在 t_1 时,箭机录取到舵偏角、时间及控制指令信息,地面仿真终端也将同步获取这些信息,随后调用箭体运动模型,然后将计算出的箭体姿态、速度/加速度、位置等转换为惯性器件输出和导航信息传至通信邮箱;t_2 时,箭上从通信邮箱中取走脉冲信号,进行本周期的导航、制导和姿态计算,并输出控制指令。下一周期同样按照上述顺序操作,直到模飞测试结束。

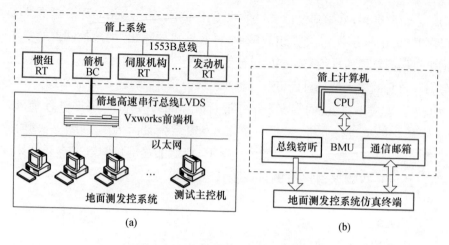

(a)   (b)

图 7 - 33　闭环测试系统原理框图

（a）系统组成框图；（b）箭上计算机内部功能框图。

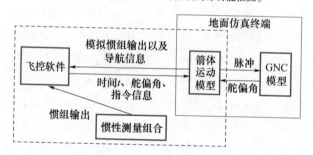

图 7 - 34　闭环数据流

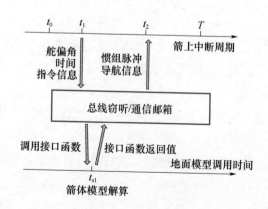

图 7 - 35　时间数据流

为避免仅仿真的惯组数据参与系统级测试,采取如下策略:

(1) 假设地面模拟出的飞行条件下惯性器件输出为 w_c,而惯组在测试场所静置条件下的理论输出为 w_s,则通过邮箱送至箭载计算机的信号为

$$w_m = w_c - w_s \qquad (7-2)$$

(2) 假设惯组在静置条件下的真实输出为 w_i,它包括理论输出 w_s 随机误差 δ。

(3) 箭载计算机采样的信号为

$$w_{sample} = w_m + w_i = w_c - w_s + w_s + \delta = w_c + \delta \qquad (7-3)$$

采用这种方式,将随机误差引入了计算,避免全部用地面模拟数据参与计算而无法对真实惯组输出进行检查的弊端。但需要注意的是,误差项只包含静态条件下的误差,动态误差无法考核。

由于地面模飞和真实飞行的飞行控制软件代码是一致的,而飞行中不需要仿真的惯组数据,为此可设置飞行/模飞诸元 SIGN 及两个权值变量 C_m 和 C_i,将箭载计算机的采样值修订为

$$w_{sample} = C_m w_m + C_i w_i \qquad (7-4)$$

其工作原理如图 7-36 所示。

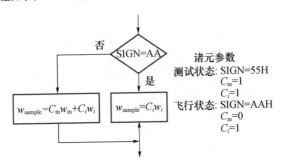

图 7-36　惯性测量信号采样的可靠性设计

(1) SIGN 为表征飞行状态的诸元,55H 代表测试状态,飞行软件运行测试状态的分支,箭载计算机同时采样邮箱和惯组数据;AAH 代表飞行状态,箭载计算机只采样惯组数据。

(2) 如果在飞行条件下误运行了测试状态的分支(N 分支),由于在飞行诸元中 $C_m = 0$,因此对信号的采样没有影响。

(3) 为了进一步提高可靠性,在飞行状态下邮箱通信被禁止且所有内存

置为 0。

采用上述测试方法，拓展了系统测试的覆盖性，也可以灵活地设置不同的测试用例而无须事先准备测试判据，因为测试判据均在地面系统中同步计算出了，提高了数据分析的效果。并且箭上系统每个计算周期的结果均可以与地面计算结果比对，细化了数据分析的粒度。所有工作由地面终端自动进行，测试保障人员也由此可以大幅减少。

参 考 文 献

[1] 宋征宇. 采用敏捷发射和自由飞行技术提升运载火箭竞争力[J]. 航天控制,2013,31 (6):3-9,43.

[2] 周建平. 空间交会对接技术[M]. 北京:国防工业出版社,2013.

[3] 宋征宇. 新一代航天运输系统测发控技术发展的方向[J]. 航天控制,2013,31(4): 2-10.

[4] 黄家彬,訾向勇,刘刚鹏. 某型号导弹电爆管测试仪的设计与实现[J]. 弹箭与制导学报,2006,26(2):393-395.

[5] 周欢,宋征宇. 基于 BMU/LVDS 总线的闭环总检查测试技术研究[J]. 航天控制, 2013,31(3):45-49.

[6] Patterson-Hine A, Narasimhan S, Aaseng G, et al. A review of diagnostic techniques for ISHM applications [EB/OL]. [2006-06-26]. http://ntrs. nasa. gov/archive/nasa/ casi. ntrs. nasa. gov/20060019235. pdf.

[7] 姜连祥,李华旺,杨根庆,等. 航天器自主故障诊断技术研究进展[J]. 宇航学报,2009, 30(4):28-34.

[8] 龙兵,宋立辉,荆武兴,等. 航天器故障诊断技术回顾与展望[J]. 导弹与航天运载技术,2003(3):31-36.

[9] Schwabacher M, Waterman R. Pre-launch diagnostics for launch vehicles [C]. //Proceedings of the IEEE Aerospace Conference, March 1-8, 2008, Big Sky, USA. Piscataway: IEEE, c2008:1-8.

[10] 蔡自兴. 智能控制[M]. 2版. 北京:电子工业出版社,2004.

[11] 王振华. 卫星姿态控制系统故障诊断方法研究[D]. 哈尔滨:哈尔滨工业大学,2010.

[12] 何桂青,陈英,范丽云,等. 运载火箭故障诊断专家系统[J]. 北京理工大学学报, 1998,18(6):685-688.

[13] 陈璐璐,刘成瑞,任章. 运载火箭故障诊断专家系统中知识库的设计[J]. 导弹与航天运载技术,2008(6):11-15.

[14] 刘成瑞,张庆振,任章. 基于扩展故障树的运载火箭故障诊断专家系统[J]. 宇航学

报,2008,29(6):258-263.

[15] 夏勇. 基于故障树的运载火箭故障诊断专家系统[D]. 重庆:重庆大学,2007.

[16] 金亮亮. 基于故障树的航天器故障诊断专家系统研究[D]. 南京:南京航空航天大学,2008.

[17] Watson I, Marin F. Case-based reasoning: review [J]. The Knowledge Engineering Review, 1994,9(4):327-354.

[18] Aamodt A, Plaza E. Case-based reasoning: foundational issues, methodological variations, and system approaches [J]. AI Communications, 1994,7(1): 39-59.

[19] Heider R. Improving the quality of technical data for developing case based reasoning diagnostic software for aircraft maintenance [C]//Proceedings of 13th International Conference on Data Engineering, Birmingham, UK, April 7-11, 1997. Washington, DC: IEEECS, c1997:584.

[20] 杨健,赵秦怡. 基于案例的推理技术研究进展及应用[J]. 计算机工程与设计,2008, 29(3):710-712.

[21] Yoshimoto B. Vertical launching system (VLS) technical assistance expert system (VTAEXS)[C]//11th Conference on Artificial Intelligence for Applications, February 20-23, 1995, Los Angeles, USA. Washington, DC: IEEECS, c1995:170-176.

[22] Pepe C, Beltz S, Merchant R, et al. KATE: From the lab to the firing room [R]. NASA, NASA-CR-201411, 1994.

[23] Parrish C L, Brown B. Knowledge-based autonomous test engineer (KATE) [R], NASA, N92-22685, 1991.

[24] 侯雄. 运载火箭控制系统故障诊断系统[J]. 航天控制, 2000,18(1):67-72.

[25] 符文星,朱苏朋,阎杰,等. 参数估计法在运载火箭动力系统故障诊断中的应用[J]. 弹箭与制导学报,2007, 27(1):181-183.

[26] Kobayashi T. Aircraft engine sensor/actuator/component fault diagnosis using a bank of Kalman filters [R]. NASA, NASA/CR-2003-212298.

[27] Falcoz A, Henry D, Zolghadri A. Robust fault diagnosis for atmospheric reentry vehicles: A case study [J]. IEEE Transactions on Systems, Man and Cybermetics, Part A: Systems and Humans, 2010, 40(5):885-899.

[28] Patton R J, Chen J. Observer-based fault detection and isolation: robustness and applications [J]. Control Engineering Practice, 1997,5(5):671-682.

[29] Wells S R. Application of sliding mode methods to the design of reconfigurable flight control systems [D]. California: University of California Davis, 2002.

[30] Zhang J. Evaluation of observer structures with application to fault detection [D]. Massachusetts: Northeastern University, 2009.

[31] 陈雪芹,耿云海,张世杰,等. 基于混合 H2/ H∞ 的集成故障诊断与容错控制研究

［J］. 宇航学报,2007,28（4）:124 – 130.

[32] Gorinevsky D. , Samart S. , Bain J, et al. Integrated diagnostics of rocket flight control ［C］//IEEE Aerospace Conference, March 5 – 12, 2005, Big Sky, USA. Piscataway: IEEE, c2005:3831 – 3842.

[33] Frank P M. Fault diagnosis in dynamic – system using analytical and knowledge – based redundancy: a survey and some new results ［J］. Automatica, 1990,26(3):459 – 474.

[34] 周东华,刘洋,何潇. 闭环系统故障诊断技术综述[J]. 自动化学报,2013,39(11): 1933 – 1943.

[35] Kurtoglu T, Johnson S B, Barszcz E, et al. Integrating system health management into the early design of aerospace systems using functional fault analysis ［C］//International Conference on Prognostics and Health Management, October 6 – 9, 2008, Denver, USA. Piscataway:IEEE, c2008:1 – 11.

[36] Chandola V, Banerjee A, Kumar V. Anomaly detection: a survey ［J］. ACM Computer Surveys, 2009,41(3):15:1 – 15:58.

[37] 刘小明,李辉,蒋吉兵. 基于故障树和神经网络的火箭故障诊断方法[J]. 计算机仿真,2010,27(7):38 – 42,77.

[38] Bay S D, Schwabacher M. Mining distance – based outliers in near linear time with randomization and a simple pruning rule ［C］//Proceedings of the 9th ACM International Conference on Knowledge Discovery and Data Mining, August 24 – 27, 2003, Washington, USA. New York: ACM, c2003:29 – 38.

[39] Ferrell B, Oostdyk R. Modeling and performance considerations for automated fault isolation in complex systems ［C］//IEEE Aerospace Conference Proceedings, March 6 – 13, 2010, Big Sky, USA. Piscataway:IEEE, c2010:1 – 8.

[40] 吕子健,陈政,吕延辉,等. 控制系统故障诊断的模糊神经网络方法研究[J]. 航天控制,2005,23(4):5 – 9.

[41] 尹茂君. 运载火箭故障诊断系统研究与实现[D]. 成都:电子科技大学,2011.

[42] 朱大奇,刘永安. 故障诊断的信息融合方法[J]. 控制与决策,2007,22(12):1321 – 1328.

[43] Gros X E, Lowden D W. Bayesian approach to NDT data fusion ［J］. Non – destructive Testing and Condition Monitoring, 1995,37(5):462 – 468.

[44] Bogler P L. Shafer – dempster reasoning with application to multisensor target identification system ［J］. IEEE Trans. on Systems, Man and Cybernetics, 1987,17(3): 968 – 977.

[45] Greensmith J, Aickelin U, Tedesco G. Information fusion for anomaly detection with the dendritic cell algorithm ［J］. Information Fusion, 2010,11(1):21 – 34.

[46] 吕锋,王秀青,杜海莲,等. 基于信息融合技术故障诊断方法与进展[J]. 华中科技大学学报(自然科学版), 2009,37(S1): 217 – 221.

[47] 邢琰,吴宏鑫,王晓磊,等. 航天器故障诊断与容错控制技术综述[J]. 宇航学报, 2003,24(3):221 –226.

[48] Gross A R, Gerald – Yamasaki M, Trent R P. Analysis of space shuttle ground support system fault detection, isolation, and recovery process and resources [R]. NASA, NASA/ TM – 2009 – 215406.

[49] Johnson S B, Gormley T J, Kessler S S. System health management: with aerospace applications [M]. Hoboken: John Wiley & Sons Ltd, 2011.

[50] Fox J J, Glass B J. Impact of integrated vehicle health management (IVHM) technologies on ground operations for reusable launch vehicles (RLVs) and spacecraft [C]//IEEE Aerospace Conference Proceedings, March 18 – 25, 2000, Big Sky, USA. Piscataway: IEEE, c2000(vol. 2):179 – 186.

[51] Johnson S B. Introduction to system health engineering and management in aerospace [R/ OL]. (2005 – 08 – 19)[2006 – 01 – 30]. http://ntrs. nasa. gov/archive/nasa/casi. ntrs. nasa. gov/20060003929. pdf.

[52] Saxena A, Roychoudhury I, Lin W, et al. Towards requirements in systems engineering for aerospace IVHM design [C]//AIAA@ Infotech 2013, August 19 – 22, 2013, Boston, USA. Red Hook, NY: Curran Associates Inc, c2013:404 – 418.

[53] Datta K, Jize N, Maclise D, et al. An IVHM systems analysis & optimization process [C]. IEEE Aerospace Conference Proceedings, March 6 – 13, 2004,Big Sky, USA. Piscataway:IEEE, c2004(vol. 6):3706 – 3716.

[54] Edwards J, Farner S, Gershzohn G R, et al. Space transportation – Delta launch vehicle system health monitoring, failure detection, diagnosis and response [C]// AIAA Space Conference & Exposition, September 18 – 20, 2007,Long Beach, USA. Reston: AIAA, 2007 – 6122.

[55] Poll S, Iverson D, Ou J, ey al. System modeling and diagnostics for liquefying – fuel hybrid rockets [R]. NASA, NASA/TM – 2003 – 212270,2003.

[56] Iverson D L. Inductive system health monitoring [R/OL]. (2004 – 01 – 01)[2004 – 06 – 03]. http://ntrs. nasa. gov/archive/nasa/casi. ntrs. nasa. gov/20040068062. pdf

[57] Biswas G, Mack D, Mylaraswamy D, et al. Data mining for anomaly detection [R]. NASA:Langley Research Center, NASA/CR – 2013 – 217973,2013.

[58] 张素明,安雪岩,颜廷贵,等. 大型运载火箭的健康管理技术应用分析与探讨[J]. 导弹与航天运载技术,2013(6):33 – 38.

[59] 伯伟,蔡远文,同江,等. IVHM 对我国运载火箭及测试发控系统的影响分析[J]. 兵工自动化, 2009,28(1):78 – 80.

[60] 宋征宇. 新一代运载火箭的数据驱动快速测试技术[J]. 宇航学报,2015,36(12): 1435 – 1443.

内 容 简 介

本书系统地总结了作者在运载火箭测试与发射控制领域所取得的研究成果,全书共分为七章,重点介绍了电气系统测试的总体技术、设备级测试、系统级试验、仿真试验、发射控制技术等。在本书的最后,对如何实现快速测试、如何提高数据分析效率等进行了专题论述,以满足不断增长的"快速、可靠、经济"地进出空间的需求。作者使用了大量的、已经在国内外运载火箭领域得到应用的实例,来增强内容的丰富性和实用性。

本书的读者主要为运载火箭测发控系统设计人员、电气系统综合设计人员、总体设计人员以及发射基地的测发控岗位操作人员。本书对导弹武器的测发控系统设计也有一定的借鉴意义。

This book sums up systematically the author's research work in test and launch control system (TLCS) of launch vehicle, and the book is divided into seven chapters, in which the overall technology of electrical system testing, equipment – level test, system – level test, simulation test and launch control technology are introduced emphatically. In the end of the book the author discussed special subject for quick launch and data analysis, which are essential to the increasing demands for responsive, reliable and economical to the space. To enhance the richness and practicality of the content, there are abundant examples of applications in launch vehicles of different countries throughout the book.

This book can serve as reference of designers for TLCS, overall and avionics system, and operators in launch site. It also has certain reference value to the design in TLCS of missiles.